教材使用调查问卷

尊敬的老师：

欢迎您使用我社"高等学校土建类应用型本科规划教材《土木工程制图习题集》"，请您拨冗填写以下简短问卷。反馈问卷即进入我社教材服务贵宾数据库，我们将向您提供周到细致的服务：**赠送新版教材，赠送教师教学辅助用书，赠送相关图书多媒体课件，赠送业界最新资讯信息，提供购书优惠，优先参与教材编写，提供教师培训和定期举办的假期研讨班，等等。**

教师姓名：__________ 电　　话：__________

邮　　箱：__________ 主讲课程：__________

学　　校：__________ 院　（系）：__________

地　　址：__________（　　　）

1. 贵校工程管理专业下设哪些方向：

□工程项目管理　□投资与造价　□物业管理

□房地产经营与管理　□公路工程管理　□不分方向

2. 您认为本书的印刷装帧质量：

□好　□一般　□差　需要改进之处__________

3. 您对本书的选材和内容编排评价：

□好　□一般　□差　需要改进之处__________

4. 本书文字、公式、图、表是否存在错、漏，请指出：

____

5. 您认为本门课程的教材还需要如何改进，以更好地契合教学？

____

____

同时，我们也热烈欢迎与您交换教学用资料，如案例、课件、多媒体资料等，以充实、完善教学服务体系。

联系人：王霞（wx@ccpress.com.cn）

反馈方式：邮寄（北京市安定门外外馆斜街3号人民交通出版社
土木与建筑图书出版中心 100011）

传真（010-85285927）

e-mail（tumu@ccpress.com.cn）

在线填写（http://www.ccpress.com.cn）

高等学校工程管理专业应用型本科规划教材

教材名称		主编	主审
技术平台	土木工程制图	张　英　谭海洋	陈锦昌
	土木工程制图习题集	郭全花　张　英	陈锦昌
	建筑工程 CAD	冯小平　郭全花	马　华
	工程测量	贺跃光　高成发	过静珺
	工程测量实践教学指导书	李广文　马　斌	过静珺
	土力学地基与基础	邵光辉　吴能森	陈　轮
	工程力学	刘淑红　田玉梅	沈蒲生
	工程结构	叶　玲　孙敦本	沈蒲生
	土木工程材料	张正雄　姚佳良	黄政宇
	土木工程材料试验指导书	米文瑜	黄政宇
	土木工程施工	张云波　苏有文	朱宏亮
	专业英语	孙春玲　韦　嘉	卢有杰
管理平台	工程估价	马　楠	尹贻林
	工程项目管理基础	周建国	刘长滨
经济平台	工程经济学	宋　伟　王恩茂	刘晓君
	金融与保险	张国兴	
工程项目管理方向	建设工程项目管理	庞南生　周建国	刘长滨
	工程合同管理	杨　平　丁晓欣	成　虎
	建设项目评估	吴文平　等	谭大璐
	建筑企业经营管理	张涞贤	庞永师
房地产经营与管理	房地产经济学	余　宏	武永祥
	房地产估价	李　杰	盛承懋
	房地产开发	陈　双　郭　平	李启明
	房地产市场营销	刘鹏忠　苏　萱	
	房地产财务管理	赵玉霞	邵军义
	房地产经纪	薛　姝	盛承懋
	房地产项目策划	张敏莉	黄安永
	房地产金融	寇慧丽	田金信
	物业管理	周　云　周建国	王建廷
	房地产法规	李　岫	朱宏亮
投资与造价管理	工程造价管理	吴怀俊　马　楠	陈起俊
	工程计量与计价	李锦华	王雪青
	工程定额管理	李建峰	
公路工程管理	路桥工程施工	王首绪　夏　伟	邬晓光
	公路工程材料	柳俊哲	申爱琴
	桥梁与隧道工程	颜东煌	顾安邦
	工程英语	贾艳敏	张建仁
	道路与交通工程	凌天清	杨少伟
	工程项目管理	周　直	任　宏
	公路工程质量管理	袁剑波	陈忠达
	公路工程合同管理	原　驰	袁剑波
	施工企业经营管理	陈传德	杨华峰
	建设工程安全管理	张国志	刘浩学
	工程经济学	石勇民	石振武
	公路工程项目招标与投标	周　直	刘开生
	工程管理教学案例	魏道升	王选仓
	公路工程造价编制与管理	崔新媛	石勇民
	公路工程造价管理案例分析	姚玉玲	沈其明
	计算机辅助管理教程	高　幸	王选仓
	工程风险管理	陈　赟	王选仓

相关图书推介

简明英汉—汉英土木工程词汇(主编:孙跃东)

简明英汉—汉英公路工程词汇(主编:刘开生)

简明英汉—汉英工程管理专业词汇(主编:天津理工大学)

高等学校
土建类应用型本科规划教材

Tumu Gongcheng Zhitu Xitiji

土木工程制图习题集

主　编　郭全花　张　英
副主编　谭海洋　冯小平
主　审　陈锦昌

人民交通出版社
China Communications Press

内 容 提 要

本书由高等学校工程管理专业应用型本科规划教材编委会组织编写。

本习题集作为《土木工程制图》教材的配套用书。内容涵盖了土木工程制图的基本知识以及土木工程各专业的相关知识，内容全面，体系完整，作业量及难度适中，便于学生通过具体训练深入掌握工程制图的基本知识。

本书可供高校土木工程专业、工程管理专业、工程造价专业、房地产经营与管理专业的学生使用，亦可供各类成人教育的土木工程及相关专业学生选用。

图书在版编目(CIP)数据

土木工程制图习题集 / 郭全花，张英主编 .—北京：人民交通出版社，2007.9

高等学校土建类应用型本科规划教材

ISBN 978-7-114-06589-7

Ⅰ.土… Ⅱ.①郭…②张… Ⅲ.土木工程-建筑制图-高等学校-习题 Ⅳ.TU204-44

中国版本图书馆 CIP 数据核字（2007）第 080146 号

书　　名：土木工程制图习题集
著 作 者：郭全花　张　英
责任编辑：王　霞（wxccpress@126.com）
出版发行：人民交通出版社
地　　址：（100011）北京市朝阳区安定门外外馆斜街 3 号
网　　址：http://www.ccpress.com.cn
销售电话：（010）59757973
总 经 销：人民交通出版社发行部
经　　销：各地新华书店
印　　刷：北京鑫正大印刷有限公司
开　　本：787×1092　1/16
印　　张：21.5
插　　页：1
版　　次：2007 年 9 月　第 1 版
印　　次：2016 年 5 月　第 5 次印刷
书　　号：ISBN 978-7-114-06589-7
定　　价：29.00 元
（有印刷、装订质量问题的图书由本社负责调换）

前　　言

本习题集与张英等主编的《土木工程制图》教材配套使用。为便于教学，习题的编排次序与教材体系一致。内容的编写由易到难、由浅入深。考虑到土建学科各专业的不同学时数的要求，在保证本课程教学基本要求的前提下，习题和作业数有一定的余量，以便根据教学实际情况加以选择。

本习题集由郭全花、张英主编，谭海洋、冯小平副主编。参加编写工作的有底素卫（三面投影图的形成、换面法、螺旋线与螺旋面），陈永强（点的投影、直线的投影、平面的投影、直线与平面、平面与平面的相对位置），郭全花（基本形体的投影、平面与立体相交——截交线、两立体相交——相贯线、轴测图），刘晓群（字体练习、线型练习、几何作图），张英（组合体的投影、组合体的构型设计、工程形体的基本视图、工程形体的剖面图、工程形体的断面图、工程形体的表达方法、建筑施工图），周传鹏（结构施工图），冯小平（给排水设备施工图、供暖设备施工图、电气设备施工图、燃气设备施工图），谭海洋（标高投影、道路工程图、桥梁工程图、隧道工程图、涵洞工程图、水利工程图），郭树荣（装饰施工图）。其中郭全花、底素卫、陈永强、刘晓群为河北建筑工程学院教师，张英、周传鹏为山东理工大学教师，冯小平为江南大学教师，谭海洋为长沙理工大学教师。

本习题集承蒙华南理工大学陈锦昌教授审定，为本书提出了许多建设性的意见和建议，在此表示衷心感谢。

书中疏漏及错误之处，恳请读者批评指正。

编　者

2007 年 5 月

目　　录

1-1 看懂立体图，找出相应的投影图，标出号码。

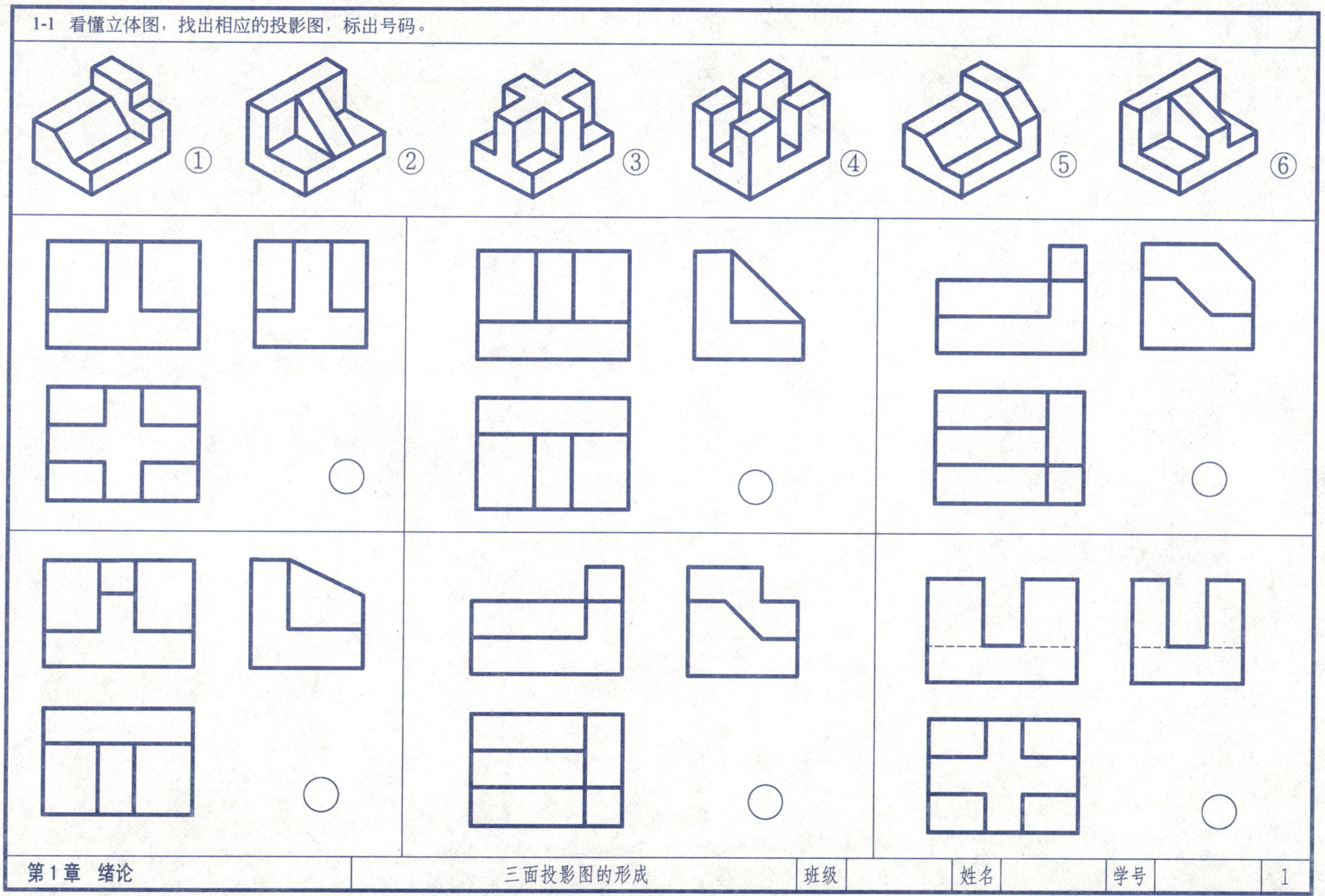

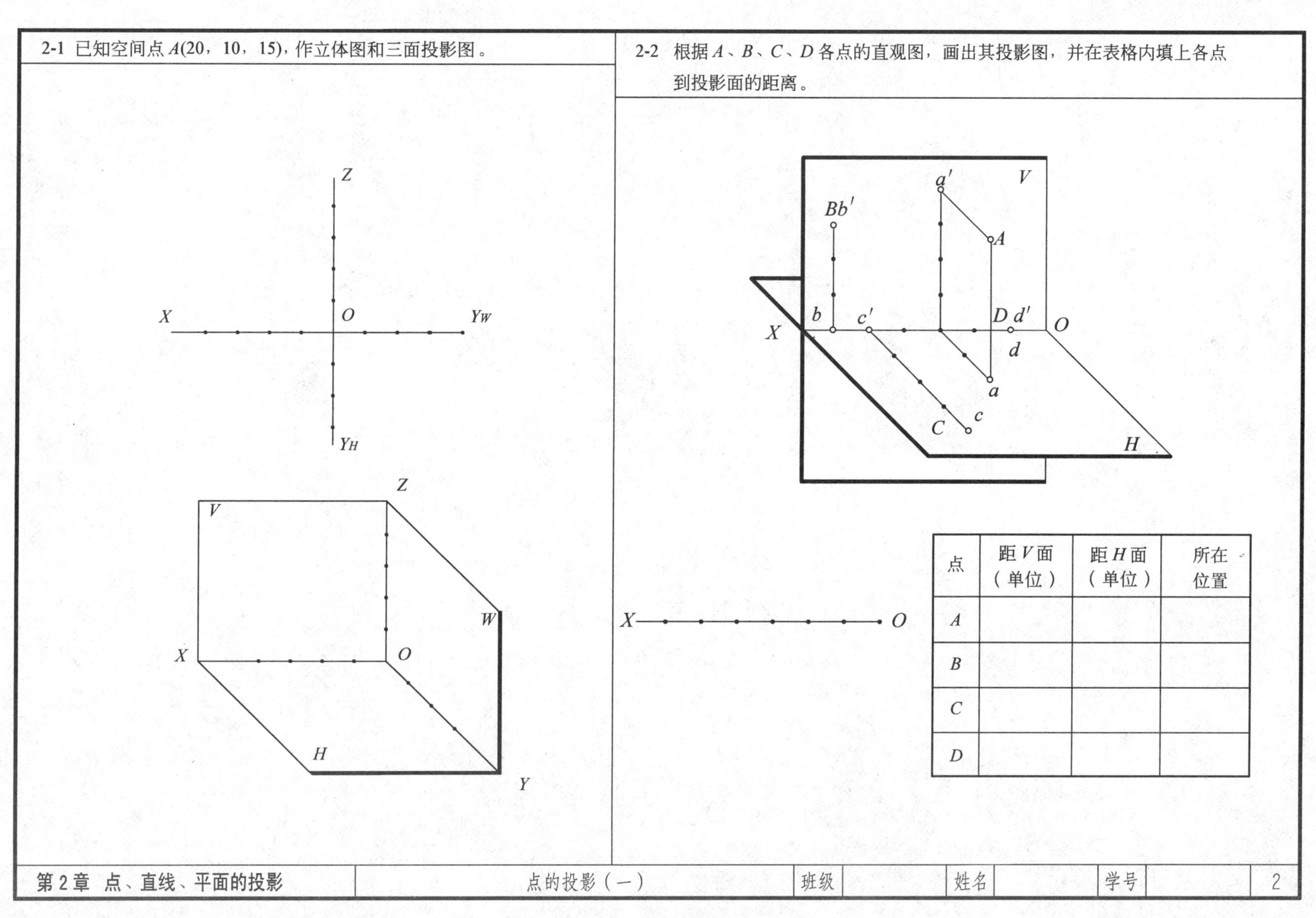

2-1 已知空间点 $A(20，10，15)$，作立体图和三面投影图。

2-2 根据 A、B、C、D 各点的直观图，画出其投影图，并在表格内填上各点到投影面的距离。

点	距 V 面（单位）	距 H 面（单位）	所在位置
A			
B			
C			
D			

2-3 根据 *A*、*B*、*C*、*D*、*E* 各点的直观图，画出其投影图，并在表格内填上各点到投影面的距离。

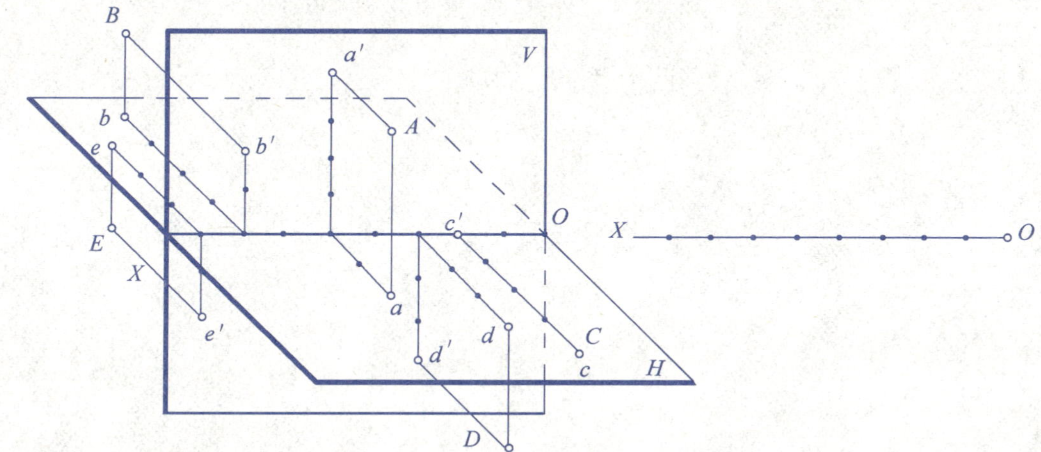

点	距 *V* 面（单位）	距 *H* 面（单位）	所在位置
A			
B			
C			
D			
E			

2-4 已知各点的两面投影，补画第三面投影。

(1)

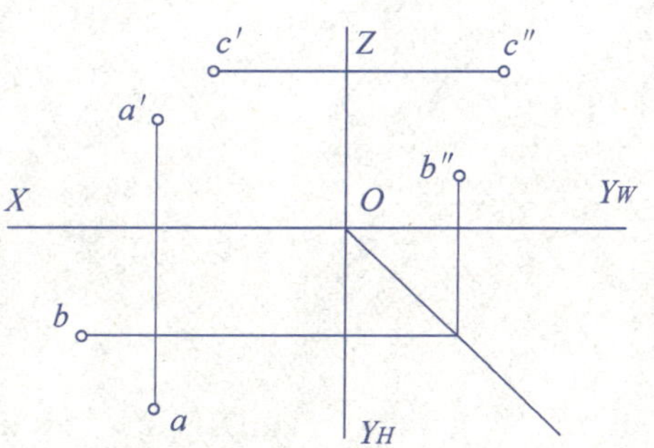

(2)

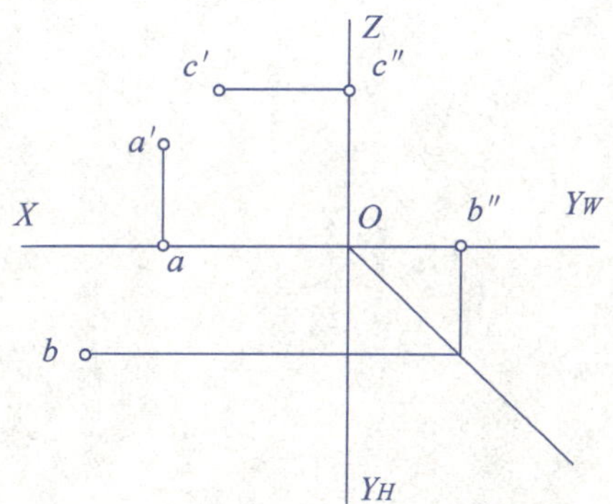

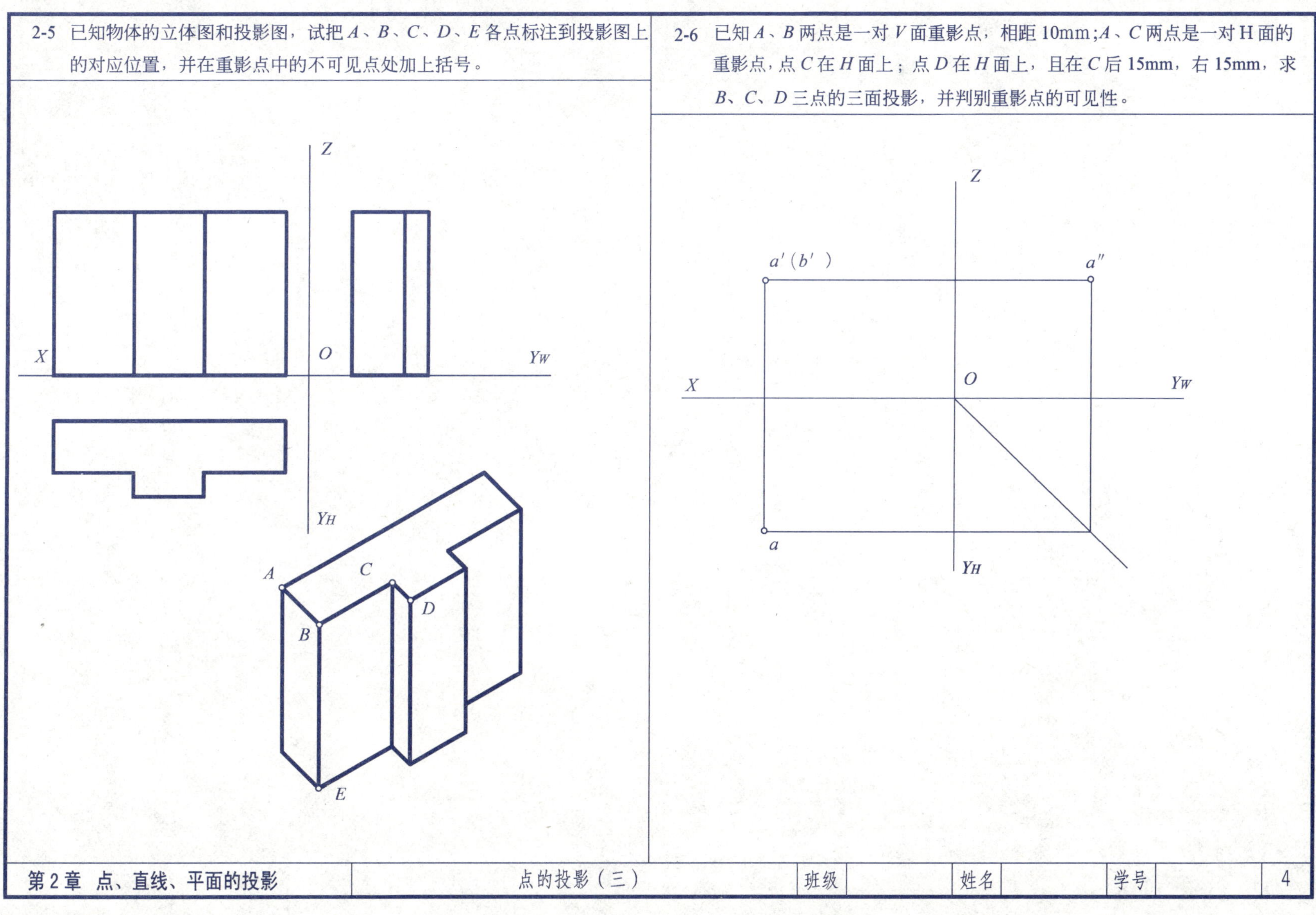

2-5 已知物体的立体图和投影图，试把 A、B、C、D、E 各点标注到投影图上的对应位置，并在重影点中的不可见点处加上括号。

2-6 已知 A、B 两点是一对 V 面重影点，相距 10mm；A、C 两点是一对 H 面的重影点，点 C 在 H 面上；点 D 在 H 面上，且在 C 后 15mm，右 15mm，求 B、C、D 三点的三面投影，并判别重影点的可见性。

2-7 在立体的投影图上，标出直线的三个投影，并说明其对投影面的相对位置（参照立体图）。

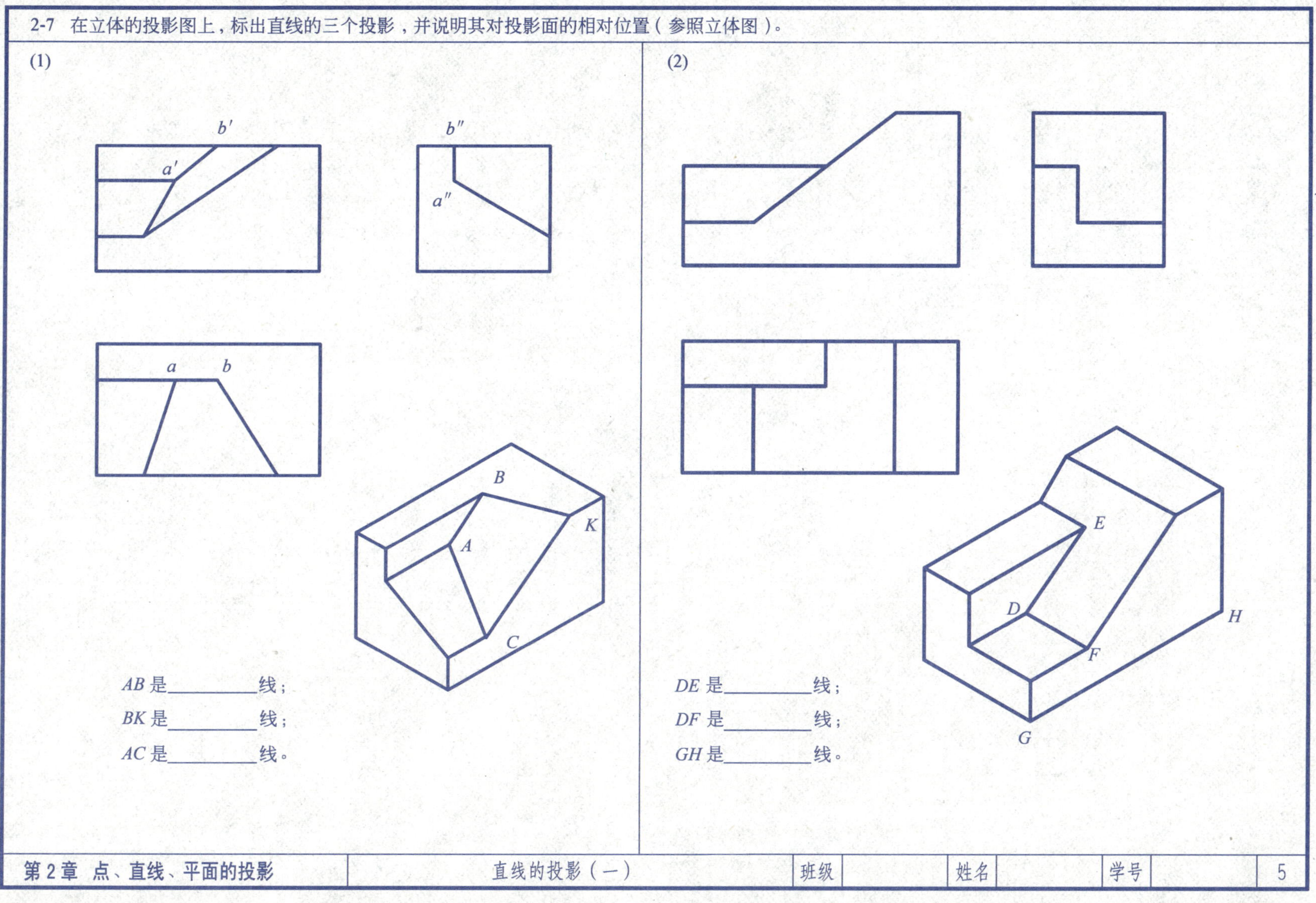

(1)

AB 是________线；

BK 是________线；

AC 是________线。

(2)

DE 是________线；

DF 是________线；

GH 是________线。

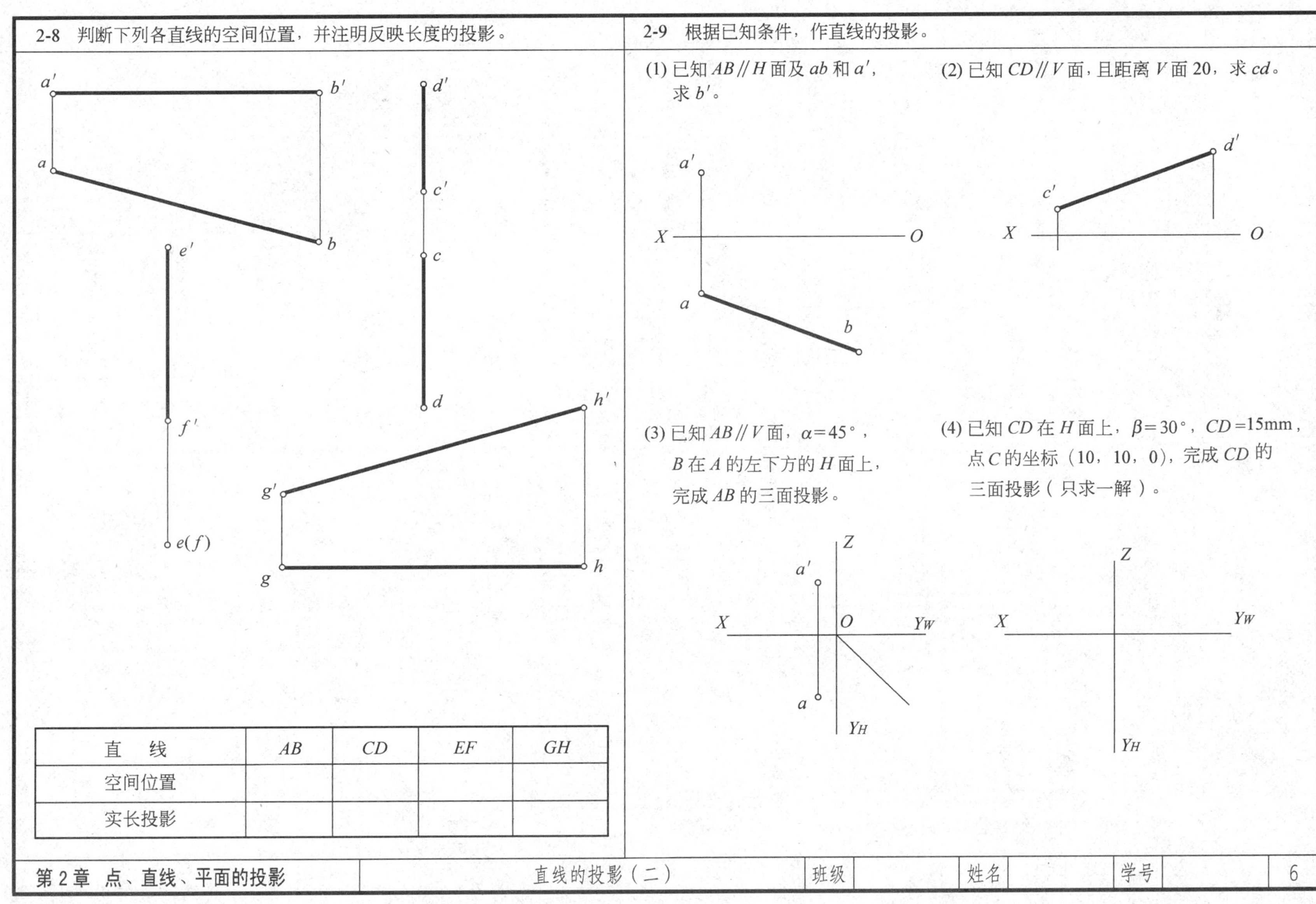

2-8 判断下列各直线的空间位置，并注明反映长度的投影。

直　线	AB	CD	EF	GH
空间位置				
实长投影				

2-9 根据已知条件，作直线的投影。

(1) 已知 AB // H 面及 ab 和 a'，求 b'。

(2) 已知 CD // V 面，且距离 V 面 20，求 cd。

(3) 已知 AB // V 面，$\alpha=45°$，B 在 A 的左下方的 H 面上，完成 AB 的三面投影。

(4) 已知 CD 在 H 面上，$\beta=30°$，CD=15mm，点 C 的坐标（10，10，0），完成 CD 的三面投影（只求一解）。

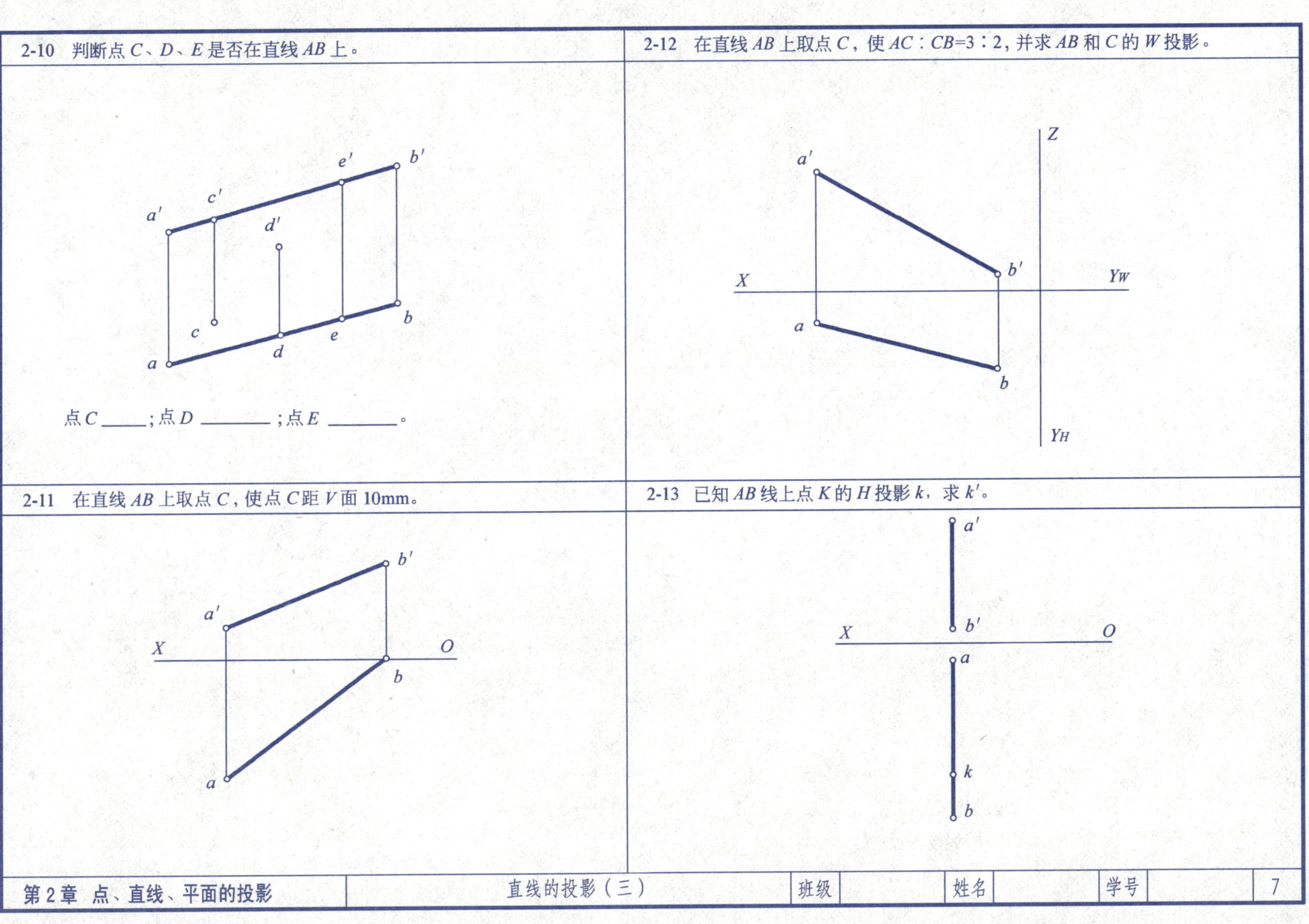
2-10 判断点 C、D、E 是否在直线 AB 上。
a′
c′
d′
e′
b′
a
c
d
e
b
点 C ____；点 D ____；点 E ____。
2-12 在直线 AB 上取点 C，使 AC∶CB=3∶2，并求 AB 和 C 的 W 投影。
Z
a′
b′
X
YW
a
b
YH
2-11 在直线 AB 上取点 C，使点 C 距 V 面 10mm。
b′
a′
X
O
b
a
2-13 已知 AB 线上点 K 的 H 投影 k，求 k′。
a′
b′
X
O
a
k
b

2-14 作图判断点 K 是否在直线 AB 上。(　　)

2-16 试求线段 AB 的实长及对 H 面的倾角 α 和对 V 面的倾角 β。

2-15 在直线 AB 上求一点 C，使 C 与 V、H 面等距。

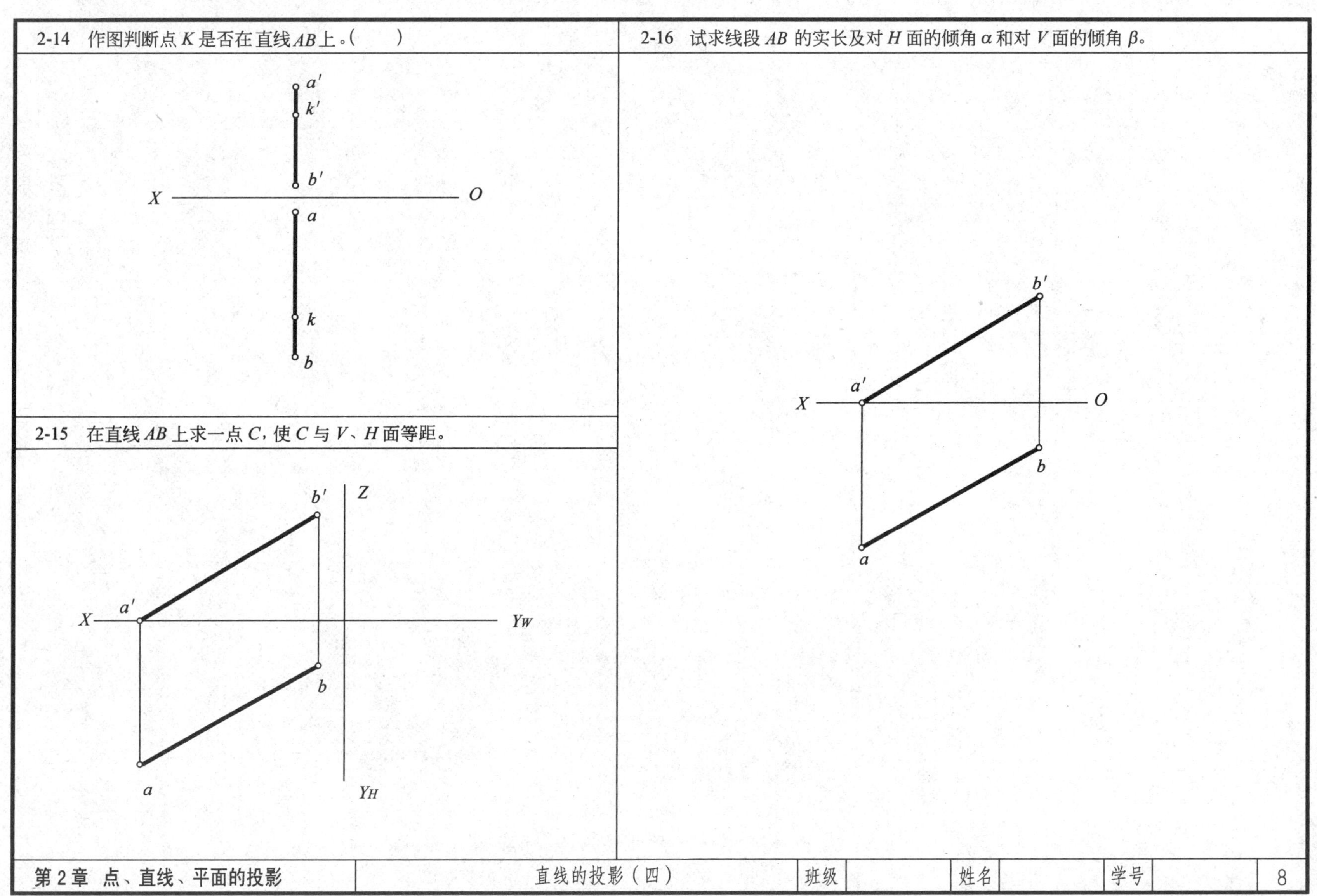

2-17 已知直线 $AB=AC$，求 ac。

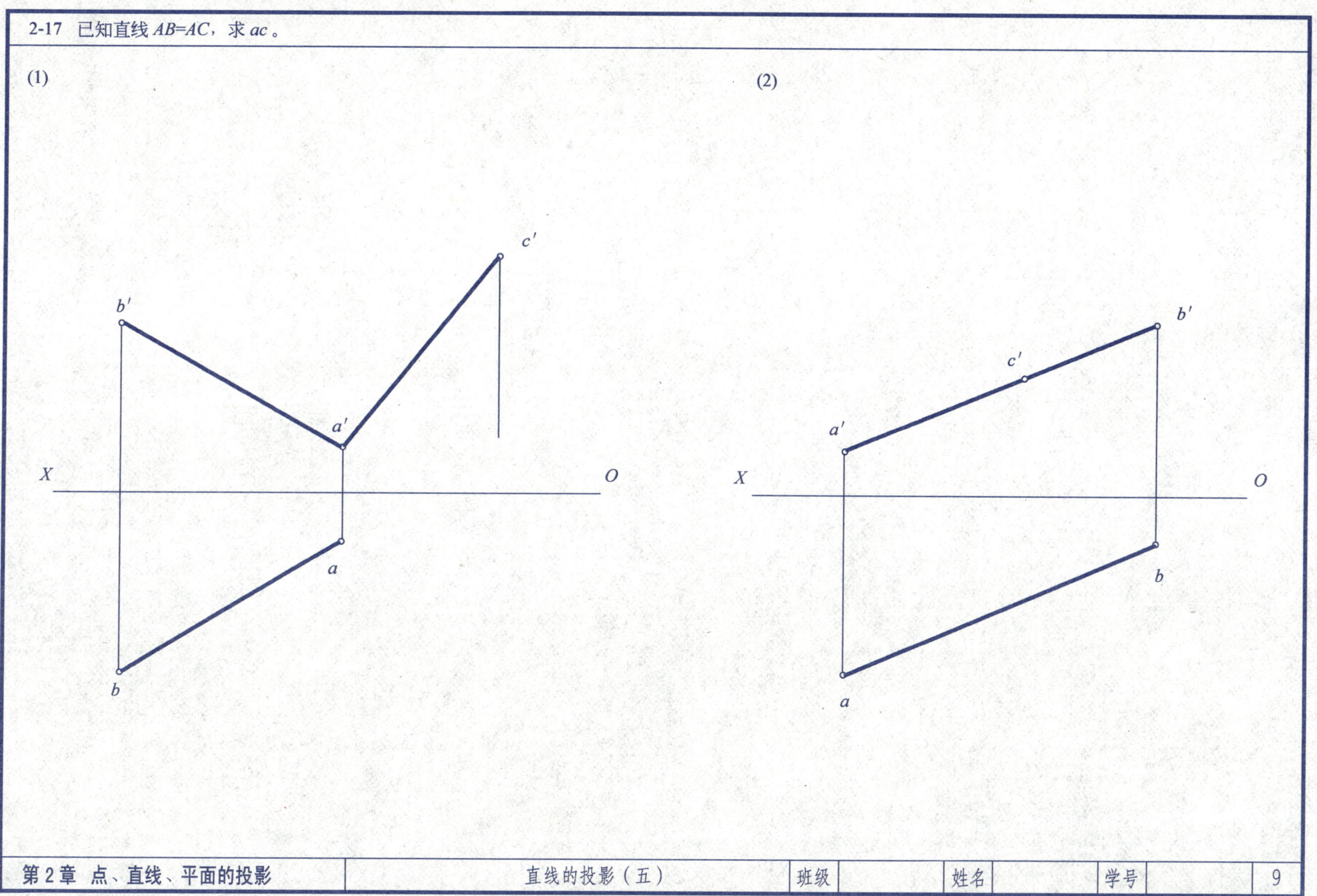

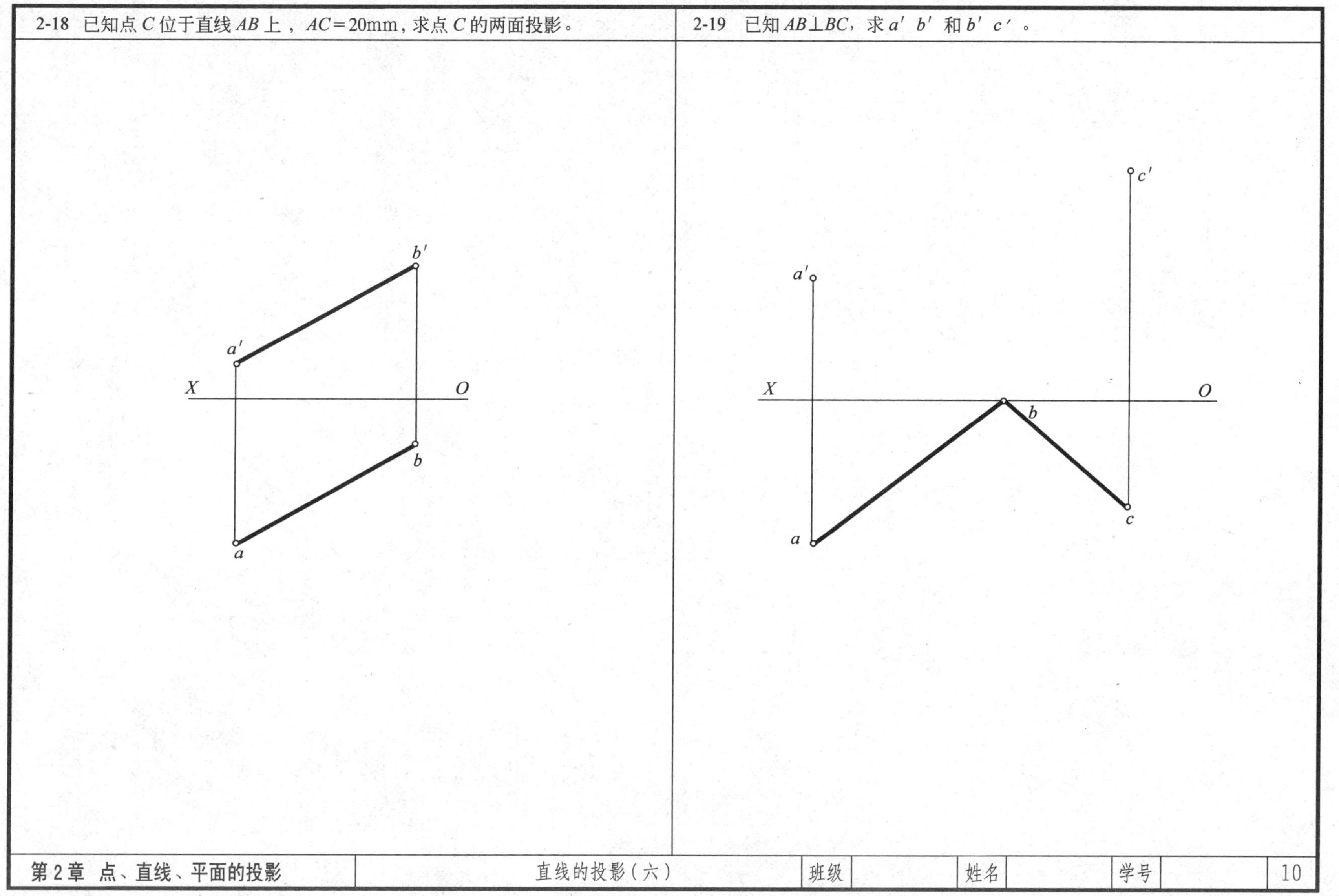
2-18 已知点 C 位于直线 AB 上，AC＝20mm，求点 C 的两面投影。
b′
a′
X
O
b
a
2-19 已知 AB⊥BC，求 a′ b′ 和 b′ c′ 。
c′
a′
X
O
b
c
a
第 2 章 点、直线、平面的投影
直线的投影（六）
班级
姓名
学号
10

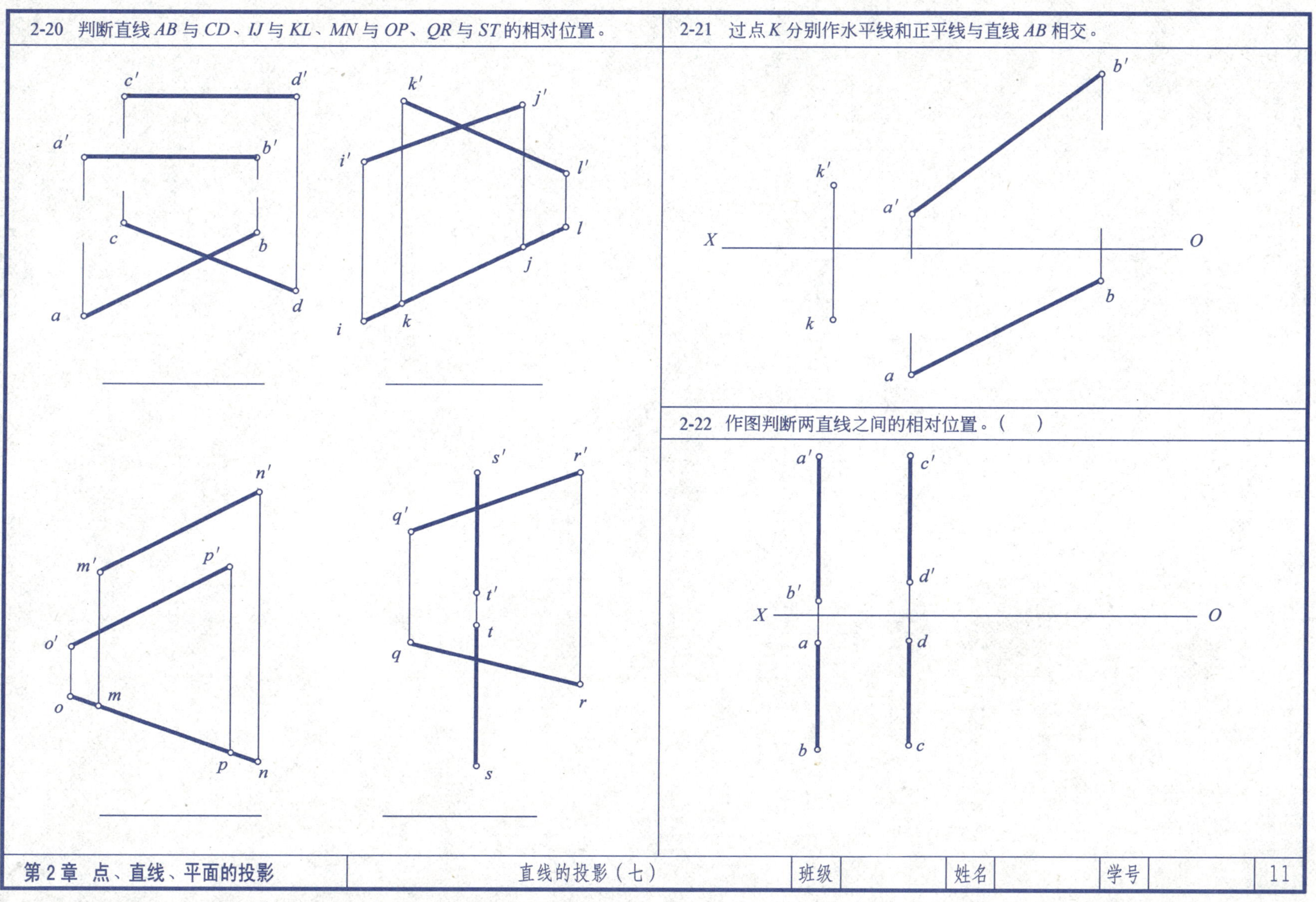
2-20 判断直线AB与CD、IJ与KL、MN与OP、QR与ST的相对位置。
c′
d′
a′
b′
c
b
a
d
k′
j′
i′
l′
l
j
i
k
n′
m′
p′
o′
o
m
p
n
s′
r′
q′
t′
t
q
r
s
2-21 过点K分别作水平线和正平线与直线AB相交。
b′
k′
a′
X
O
b
k
a
2-22 作图判断两直线之间的相对位置。(　　)
a′
c′
d′
b′
X
O
a
d
b
c

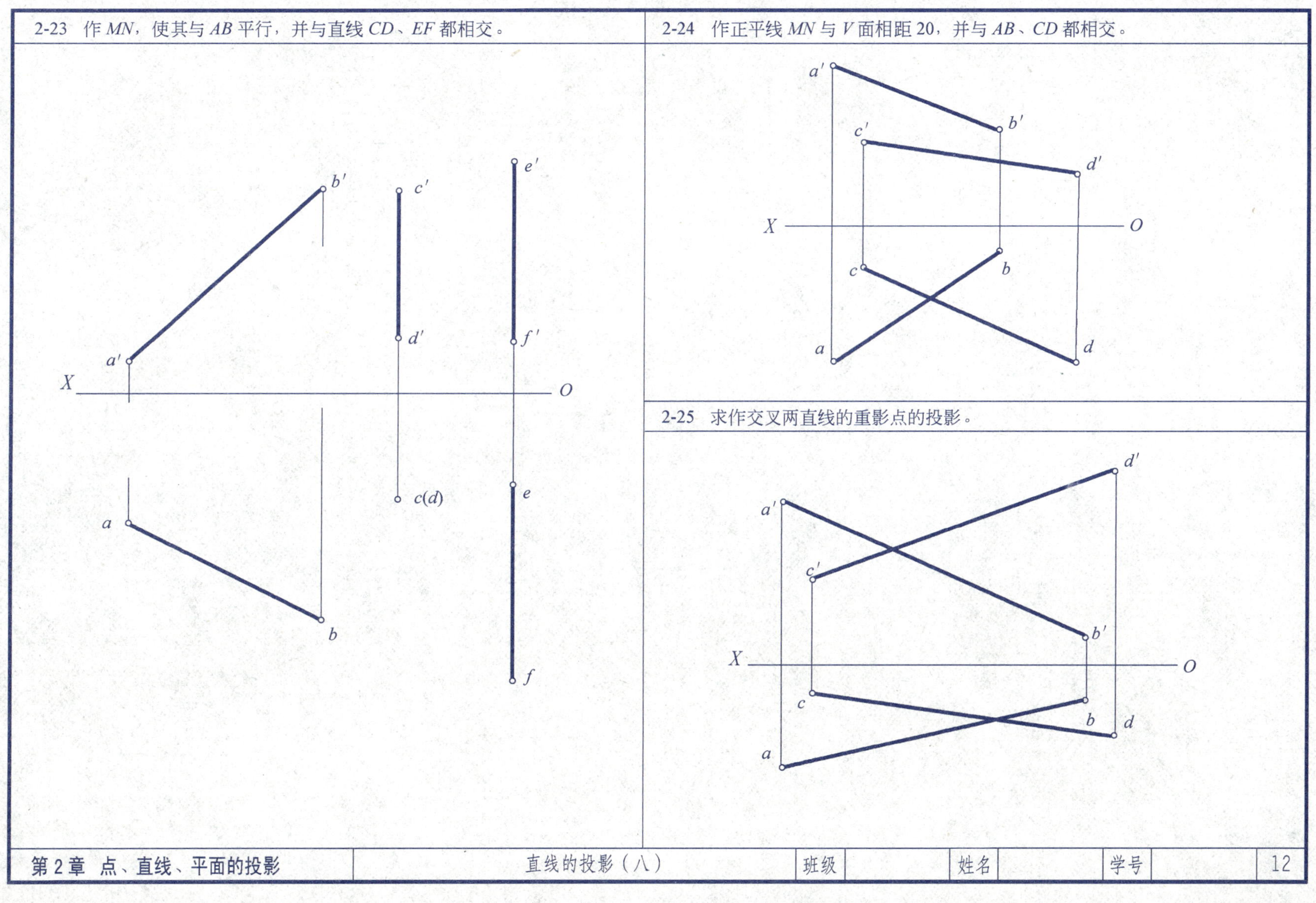
2-23 作 MN，使其与 AB 平行，并与直线 CD、EF 都相交。
b′
c′
e′
d′
f′
a′
X
O
c(d)
e
a
b
f
2-24 作正平线 MN 与 V 面相距 20，并与 AB、CD 都相交。
a′
b′
c′
d′
X
O
c
b
a
d
2-25 求作交叉两直线的重影点的投影。
d′
a′
c′
b′
X
O
c
b
d
a

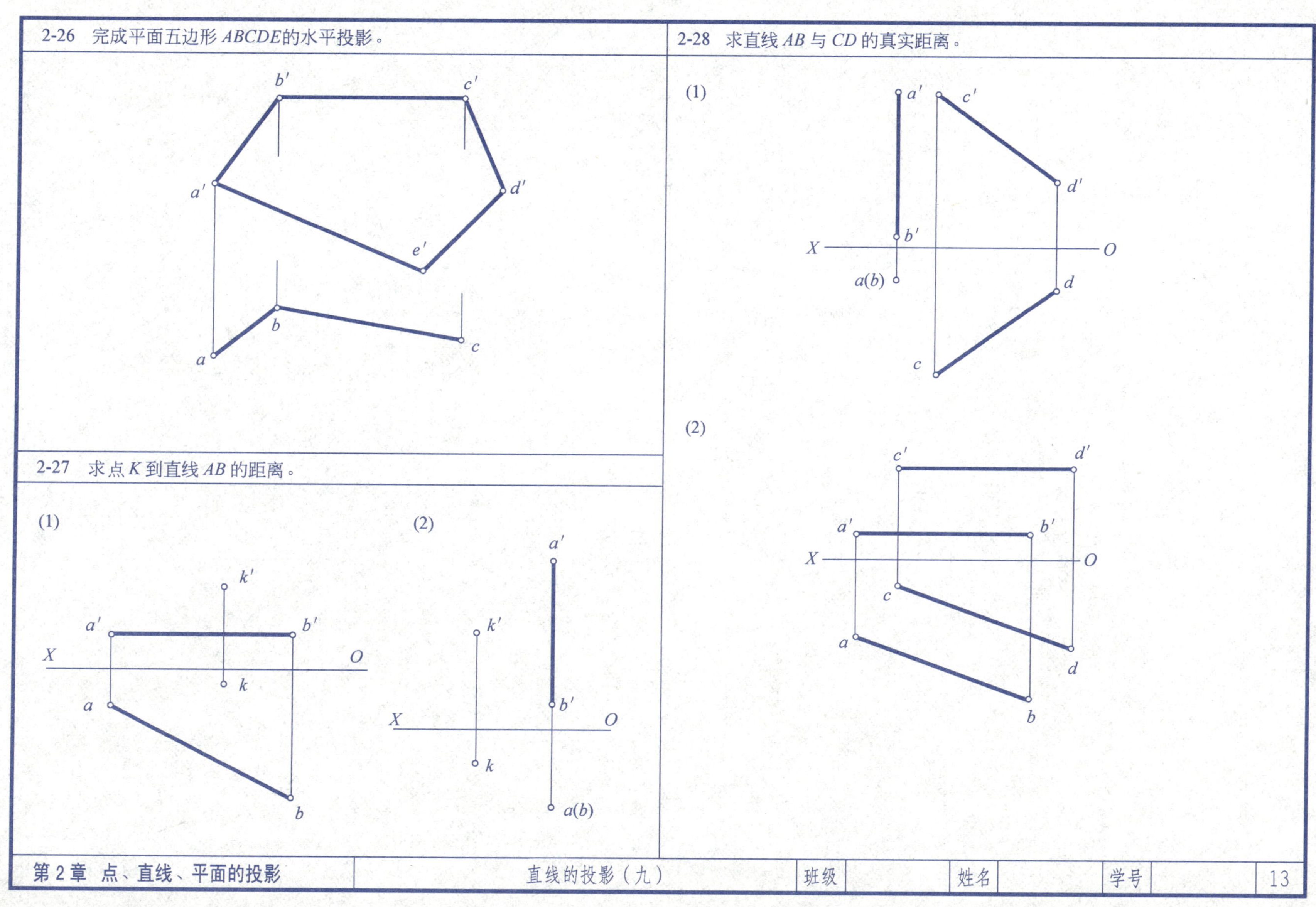

2-26 完成平面五边形 *ABCDE* 的水平投影。

2-27 求点 *K* 到直线 *AB* 的距离。

(1)

(2)

2-28 求直线 *AB* 与 *CD* 的真实距离。

(1)

(2)

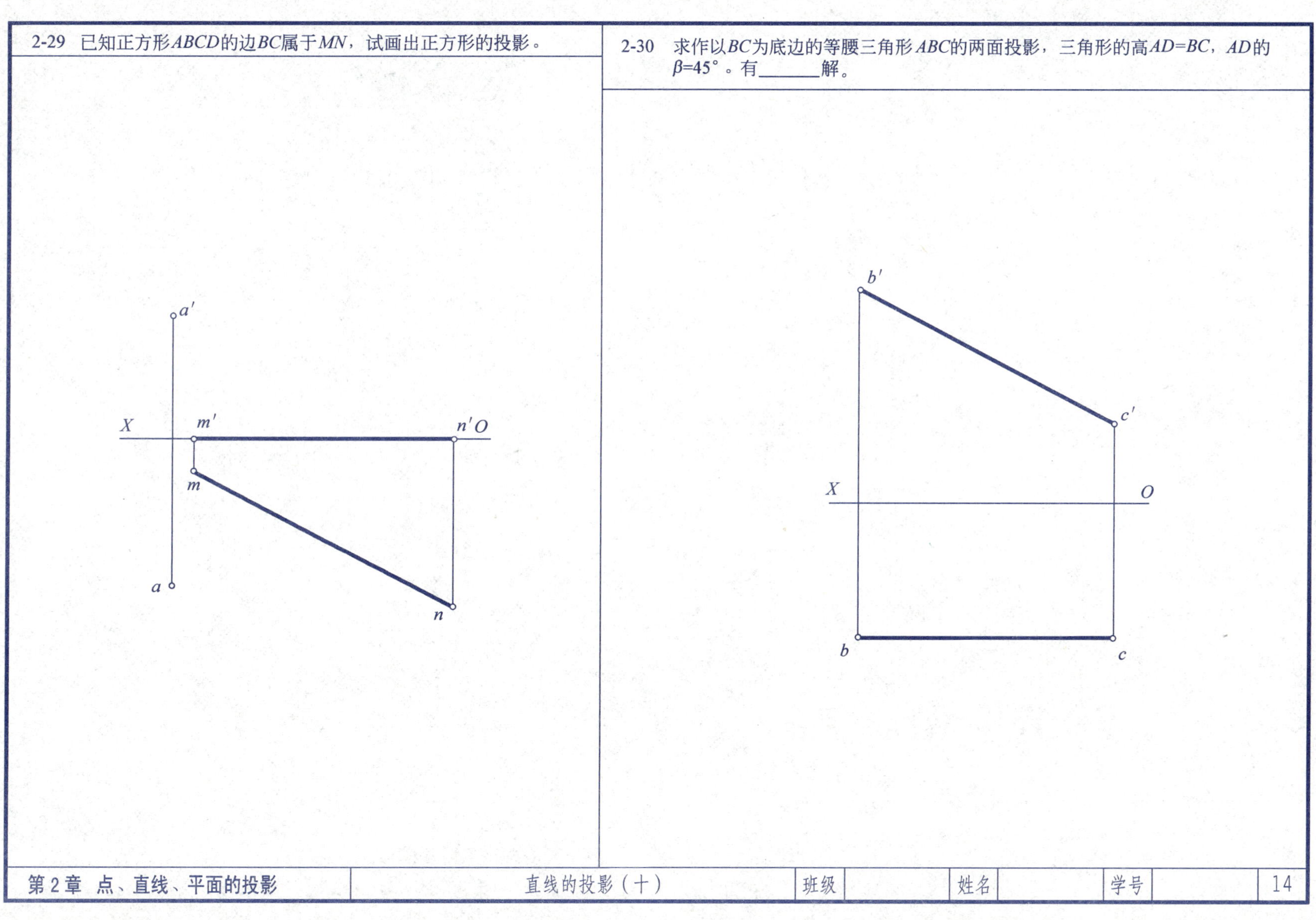
2-29 已知正方形ABCD的边BC属于MN，试画出正方形的投影。
a′
X
m′
n′
O
m
a
n
2-30 求作以BC为底边的等腰三角形ABC的两面投影，三角形的高AD=BC，AD的β=45°。有______解。
b′
c′
X
O
b
c

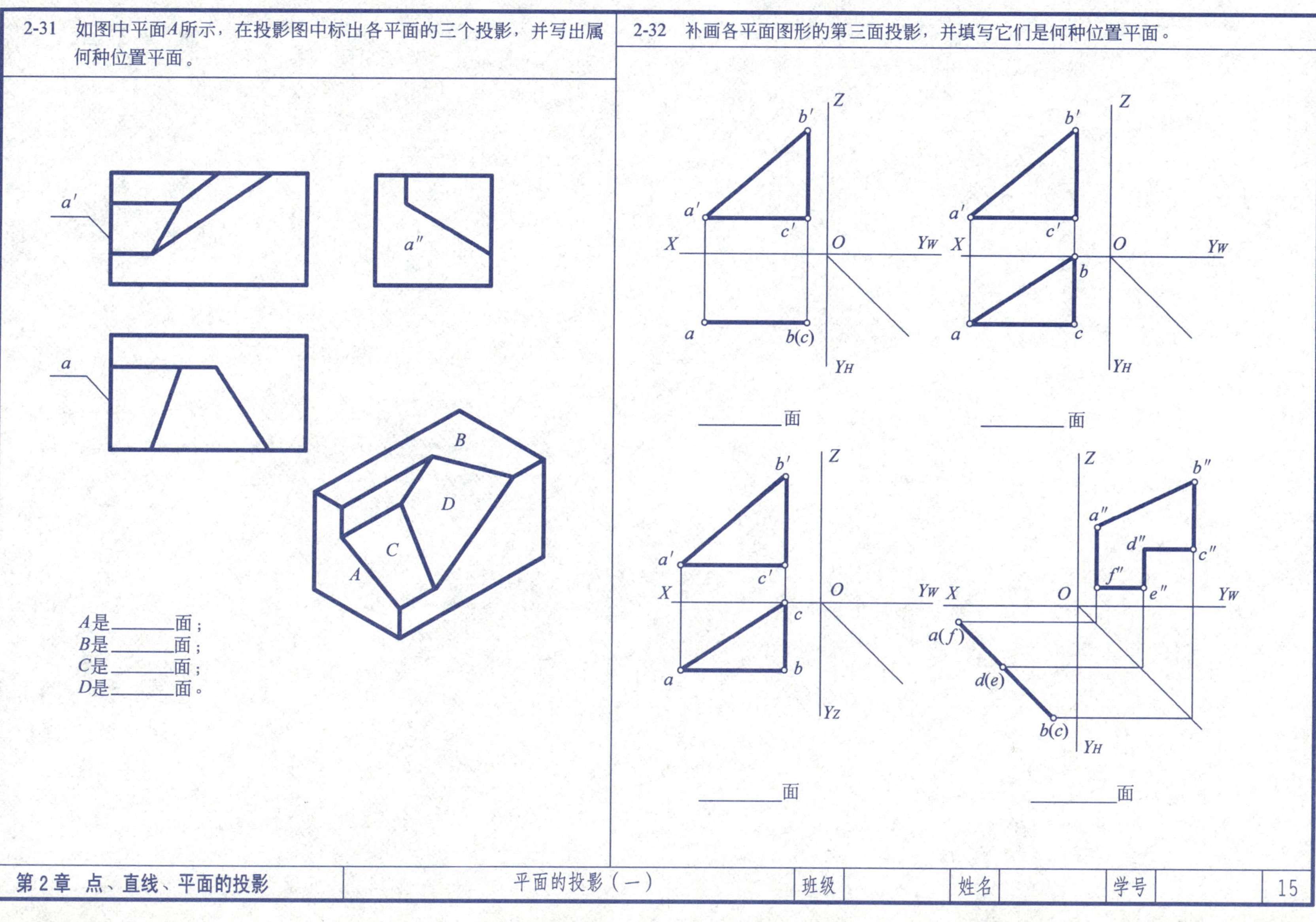
2-31 如图中平面A所示，在投影图中标出各平面的三个投影，并写出属何种位置平面。
a′
a″
a
B
D
C
A
A是________面；
B是________面；
C是________面；
D是________面。
2-32 补画各平面图形的第三面投影，并填写它们是何种位置平面。
Z
b′
a′
c′
X
O
YW
a
b(c)
YH
________面
Z
b′
a′
c′
X
O
YW
b
a
c
YH
________面
Z
b′
a′
c′
X
O
YW
c
a
b
YZ
________面
Z
b″
a″
d″
c″
f″
e″
X
O
YW
a(f)
d(e)
b(c)
YH
________面
第2章 点、直线、平面的投影
平面的投影（一）
班级
姓名
学号
15

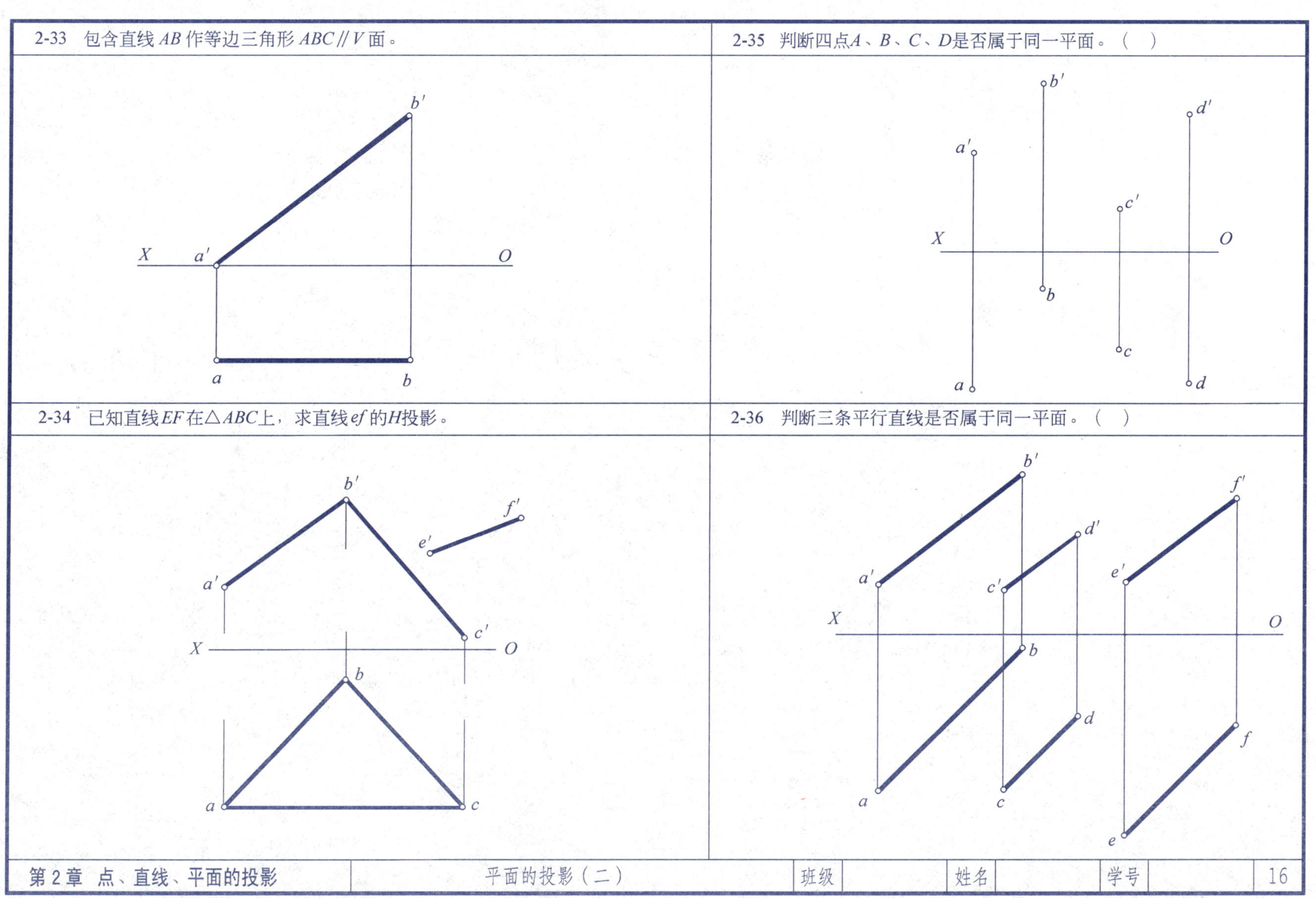
2-33 包含直线 AB 作等边三角形 ABC // V 面。
b′
X a′ O
a b
2-35 判断四点A、B、C、D是否属于同一平面。（ ）
b′
d′
a′
c′
X O
b
c
a d
2-34 已知直线EF在△ABC上，求直线ef 的H投影。
b′
f′
e′
a′
c′
X O
b
a c
2-36 判断三条平行直线是否属于同一平面。（ ）
b′
f′
d′
a′
c′
e′
X O
b
d
f
a
c
e
第 2 章 点、直线、平面的投影
平面的投影（二）
班级
姓名
学号
16

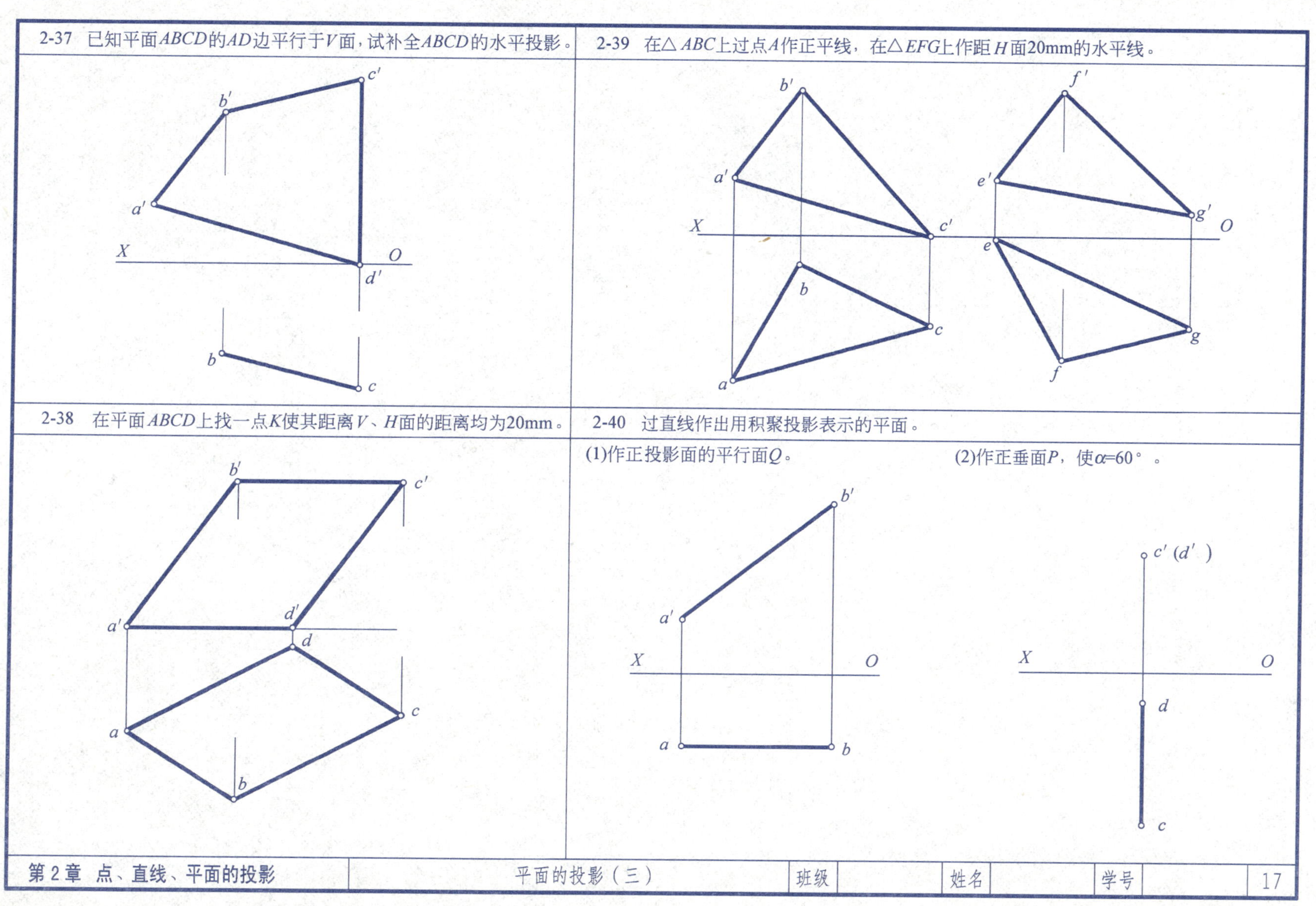

2-37 已知平面ABCD的AD边平行于V面，试补全ABCD的水平投影。
2-39 在△ABC上过点A作正平线，在△EFG上作距H面20mm的水平线。
2-38 在平面ABCD上找一点K使其距离V、H面的距离均为20mm。
2-40 过直线作出用积聚投影表示的平面。
(1)作正投影面的平行面Q。
(2)作正垂面P，使α=60°。
X
O

2-41 已知正方形 $ABCD$ 的一边 AB 的 H、V 投影，另一边 BC 的 V 投影方向，完成正方形 $ABCD$ 的两面投影。

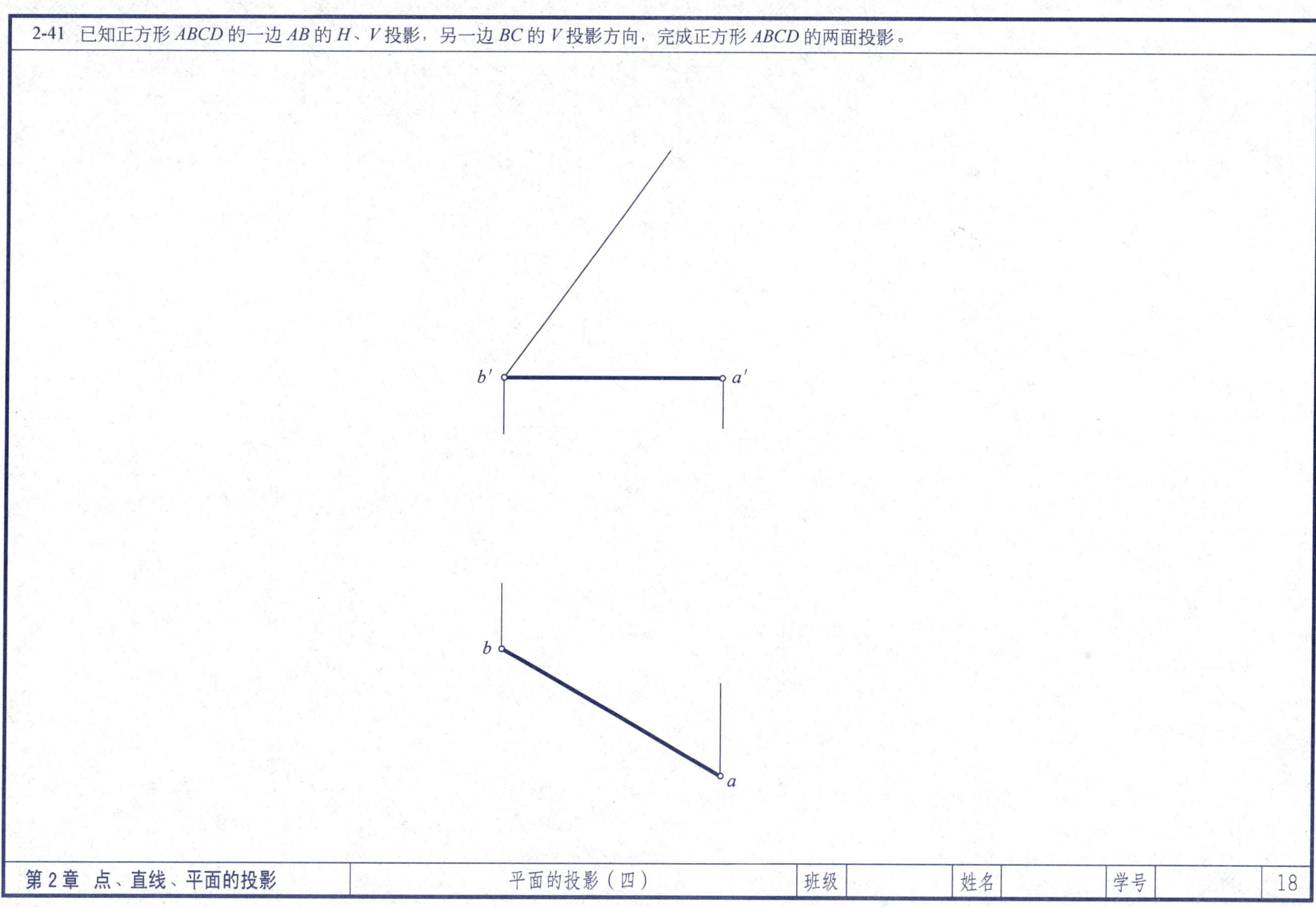

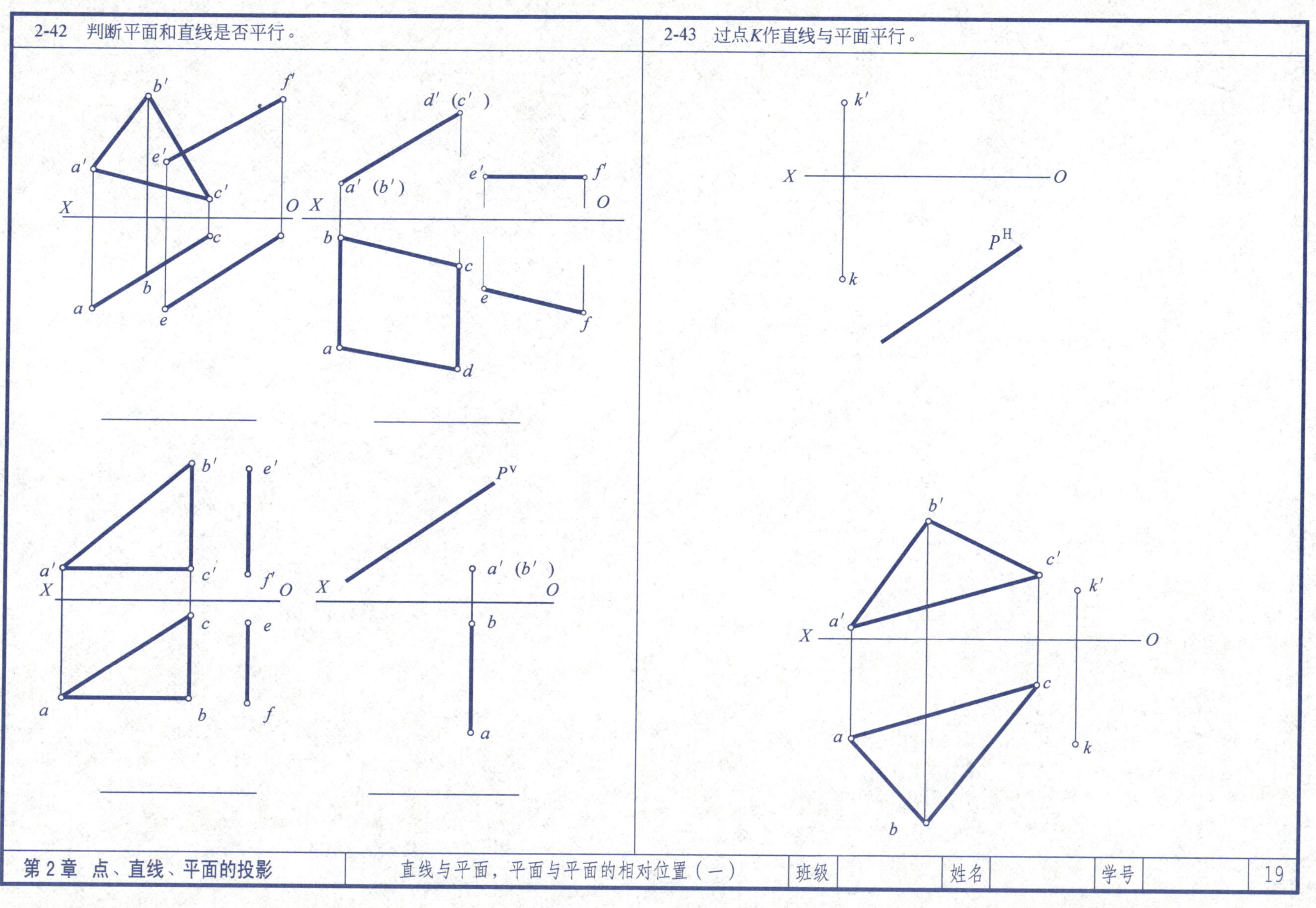
2-42 判断平面和直线是否平行。
2-43 过点K作直线与平面平行。
b′ f′ e′ a′ c′ X O c b a e
d′ (c′) a′ (b′) e′ f′ X O b c a d e f
b′ e′ a′ c′ f′ X O c e a b f
P^V a′ (b′) X O b a
k′ X O P^H k
b′ c′ k′ a′ X O c a k b
第 2 章 点、直线、平面的投影
直线与平面，平面与平面的相对位置（一）
班级
姓名
学号
19

2-44 判断两平面是否平行。

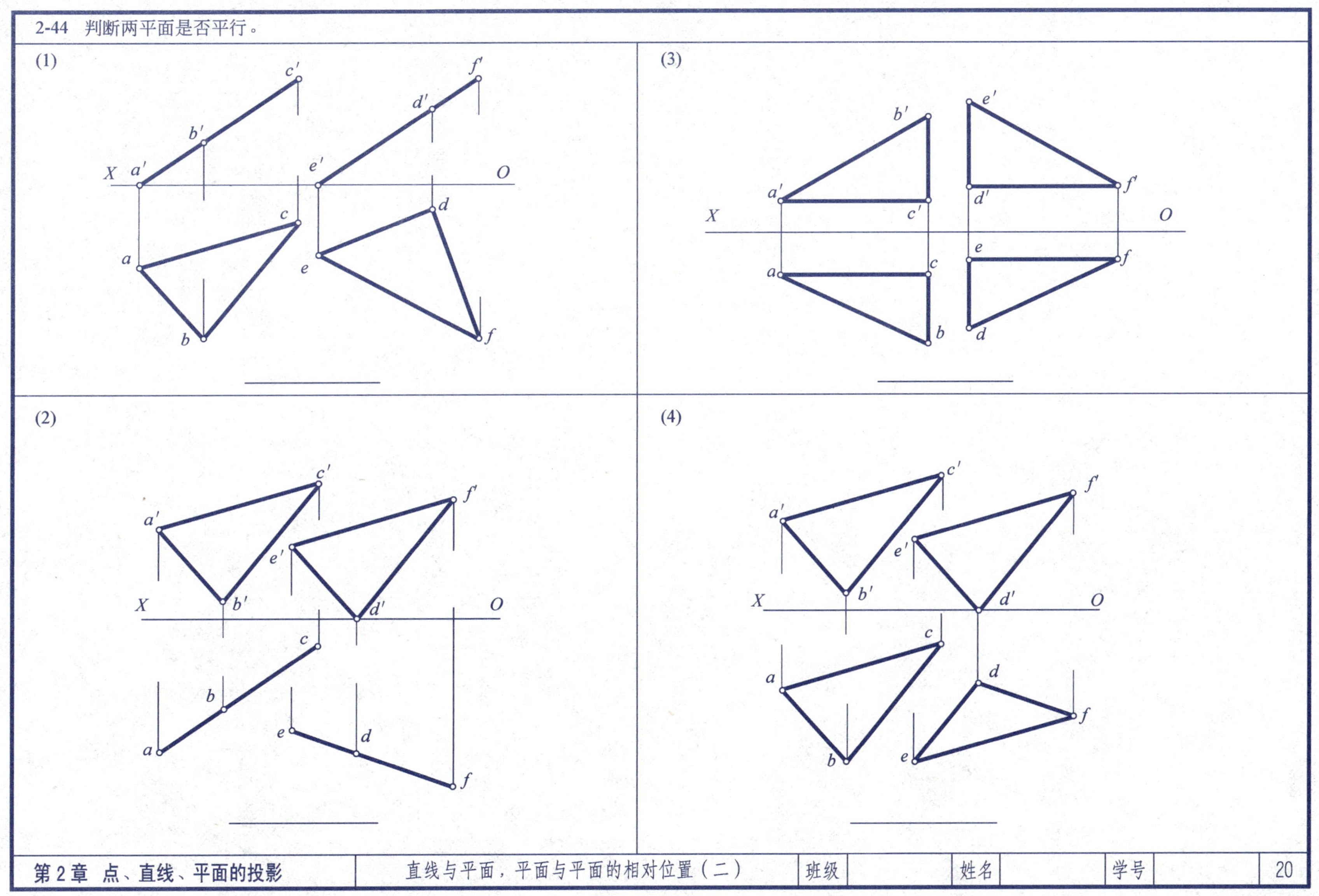

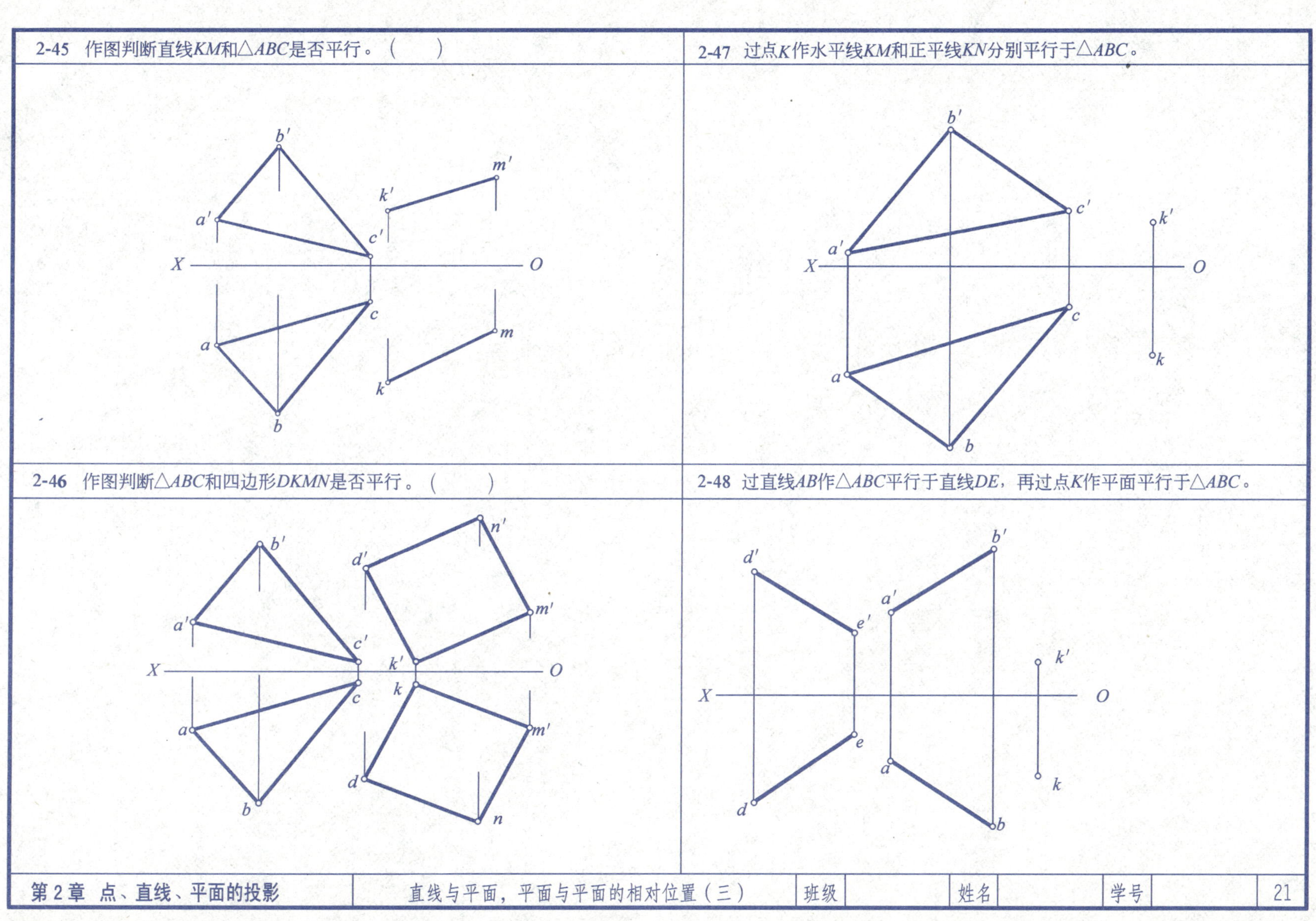

2-45 作图判断直线KM和△ABC是否平行。（ ）
b′
m′
k′
a′
c′
X
O
c
a
m
k
b
2-47 过点K作水平线KM和正平线KN分别平行于△ABC。
b′
c′
k′
a′
X
O
c
k
a
b
2-46 作图判断△ABC和四边形DKMN是否平行。（ ）
n′
b′
d′
m′
a′
c′
k′
X
O
k
c
m′
a
d
b
n
2-48 过直线AB作△ABC平行于直线DE，再过点K作平面平行于△ABC。
b′
d′
a′
e′
k′
X
O
e
a
k
d
b
第 2 章 点、直线、平面的投影
直线与平面，平面与平面的相对位置（三）
班级
姓名
学号
21

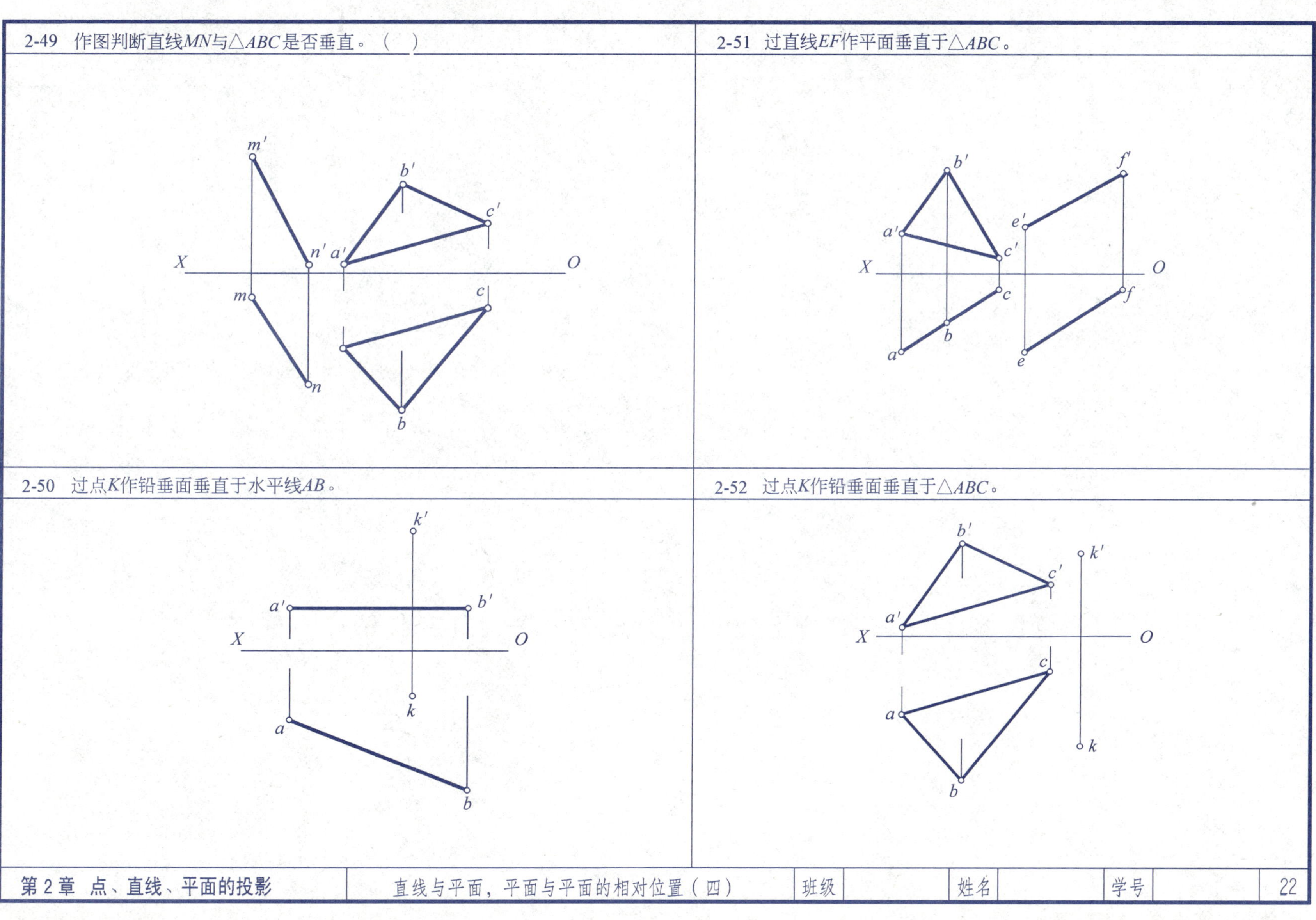
2-49 作图判断直线MN与△ABC是否垂直。（ ）
m′
b′
c′
n′ a′
X
O
m
c
n
b
2-51 过直线EF作平面垂直于△ABC。
b′
f′
e′
a′
c′
X
O
c
f
b
a
e
2-50 过点K作铅垂面垂直于水平线AB。
k′
a′
b′
X
O
k
a
b
2-52 过点K作铅垂面垂直于△ABC。
b′
k′
c′
a′
X
O
c
a
k
b

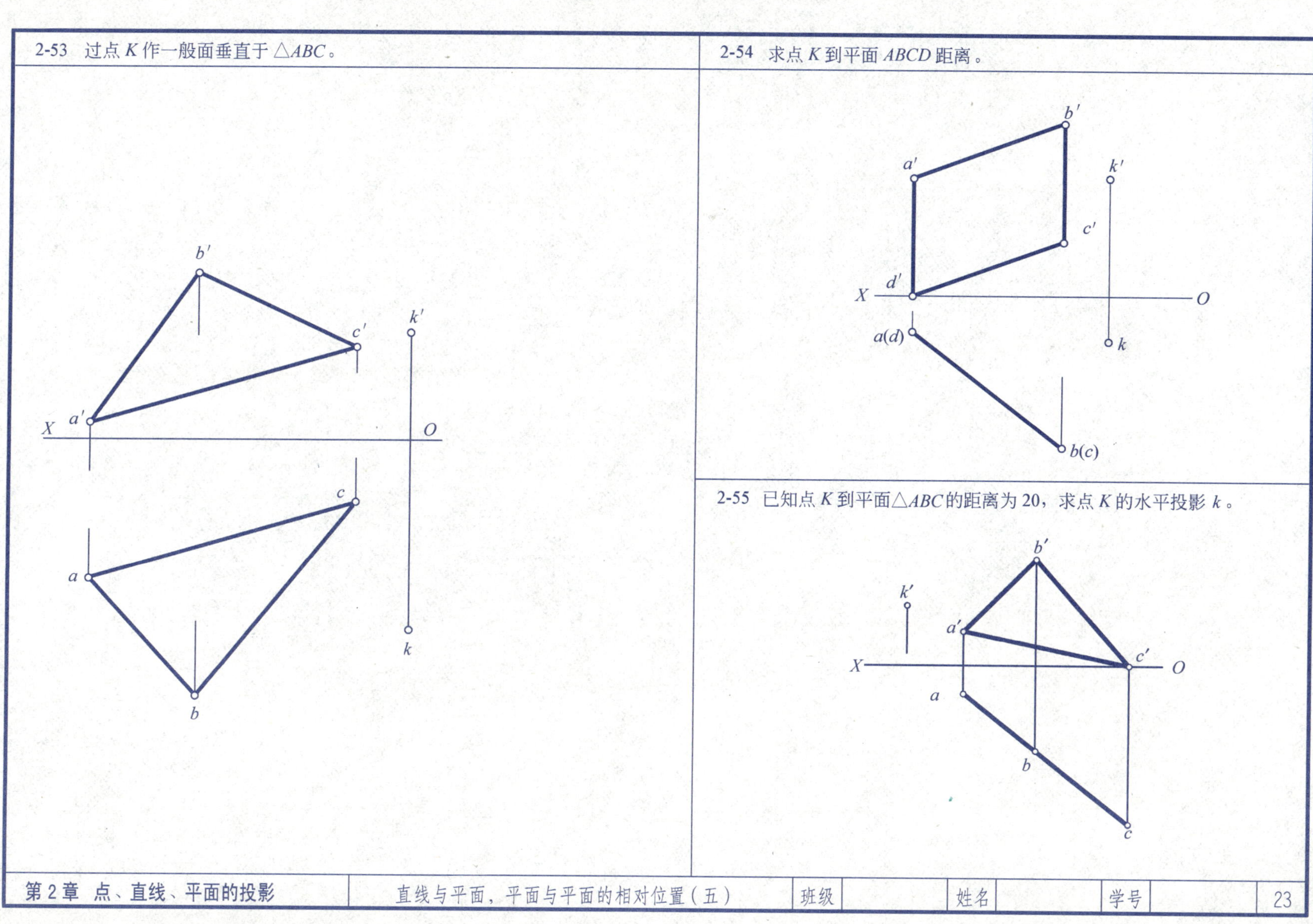
2-53 过点 K 作一般面垂直于△ABC。
b′
c′
k′
a′
X
O
c
a
k
b
2-54 求点 K 到平面 ABCD 距离。
b′
a′
k′
c′
d′
X
O
a(d)
k
b(c)
2-55 已知点 K 到平面△ABC 的距离为 20，求点 K 的水平投影 k。
b′
k′
a′
c′
X
O
a
b
c

2-56 求直线与平面的交点 K，并判断（1）（2）（3）的可见性。

2-57 求两平面的交线 MN 的投影，并判断（1）的可见性。

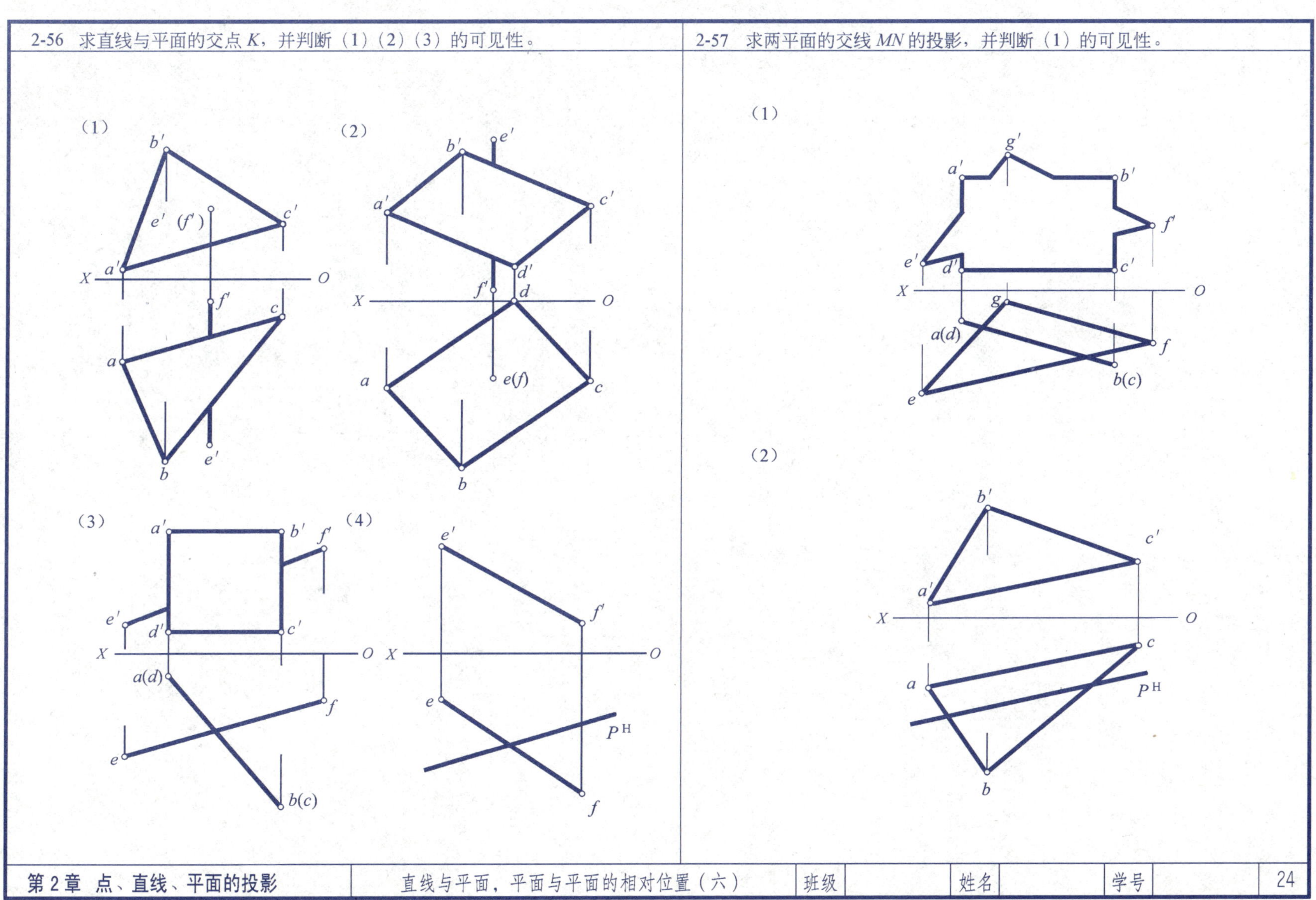

2-58 求直线与平面的交点 K，并判断可见性。

2-59 求两平面的交线并判断可见性。

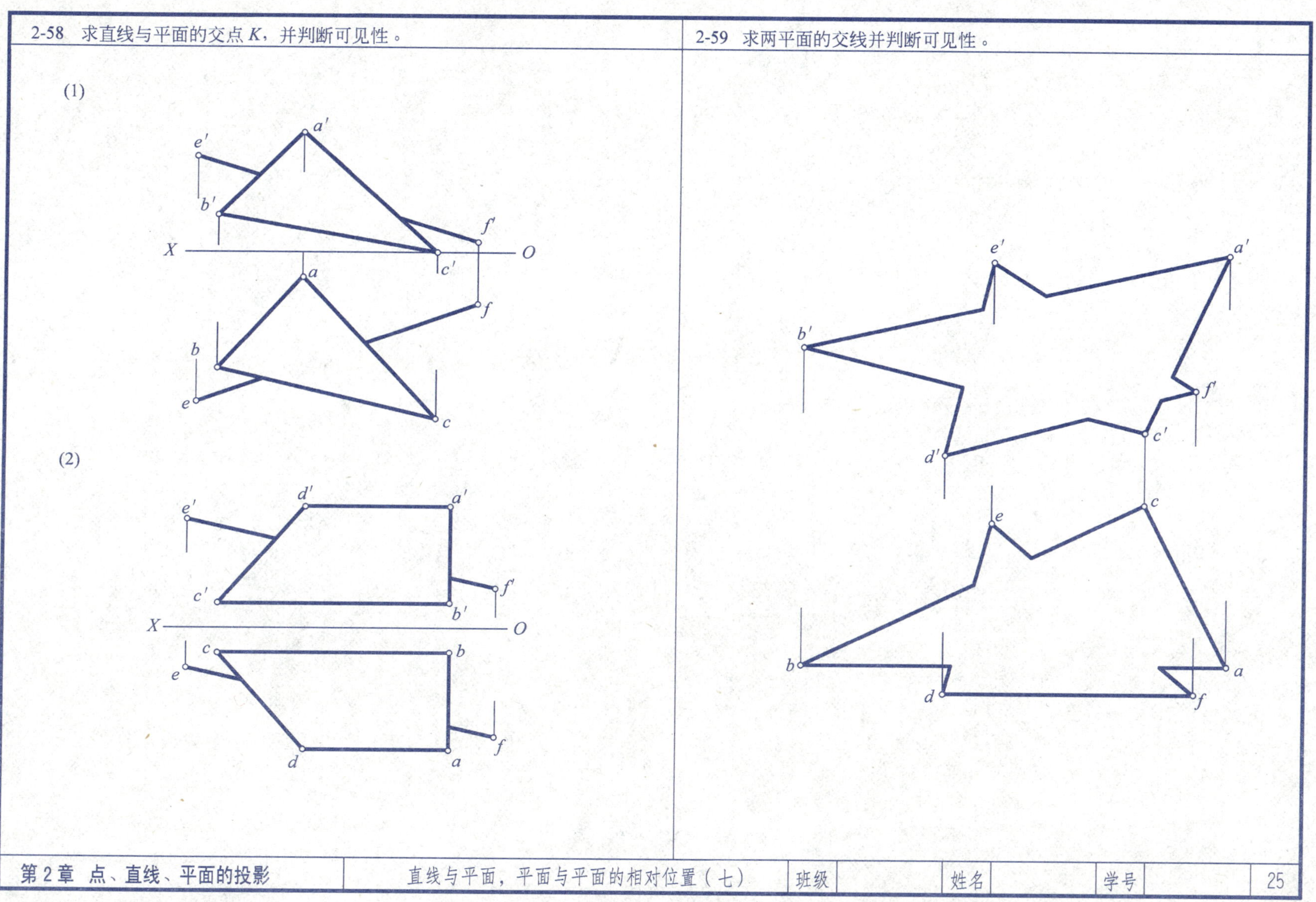

2-60 求两平面的交线并判断可见性。

2-61 求两平面的交线。

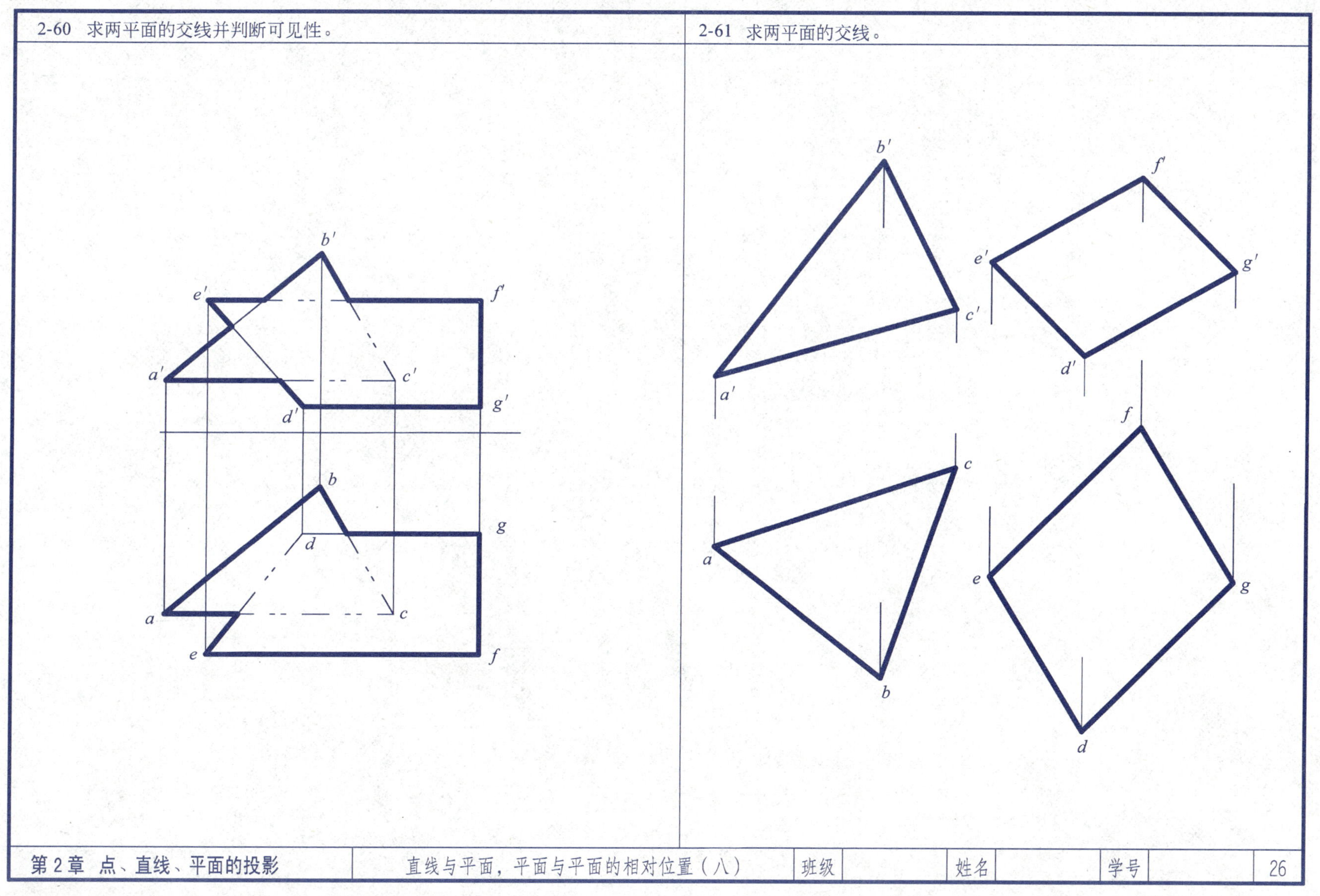

2-62 过点 K 作平面垂直于平面△ABC，并使两平面的交线为水平线。

2-63 求点 K 到直线 AB 的真实距离。

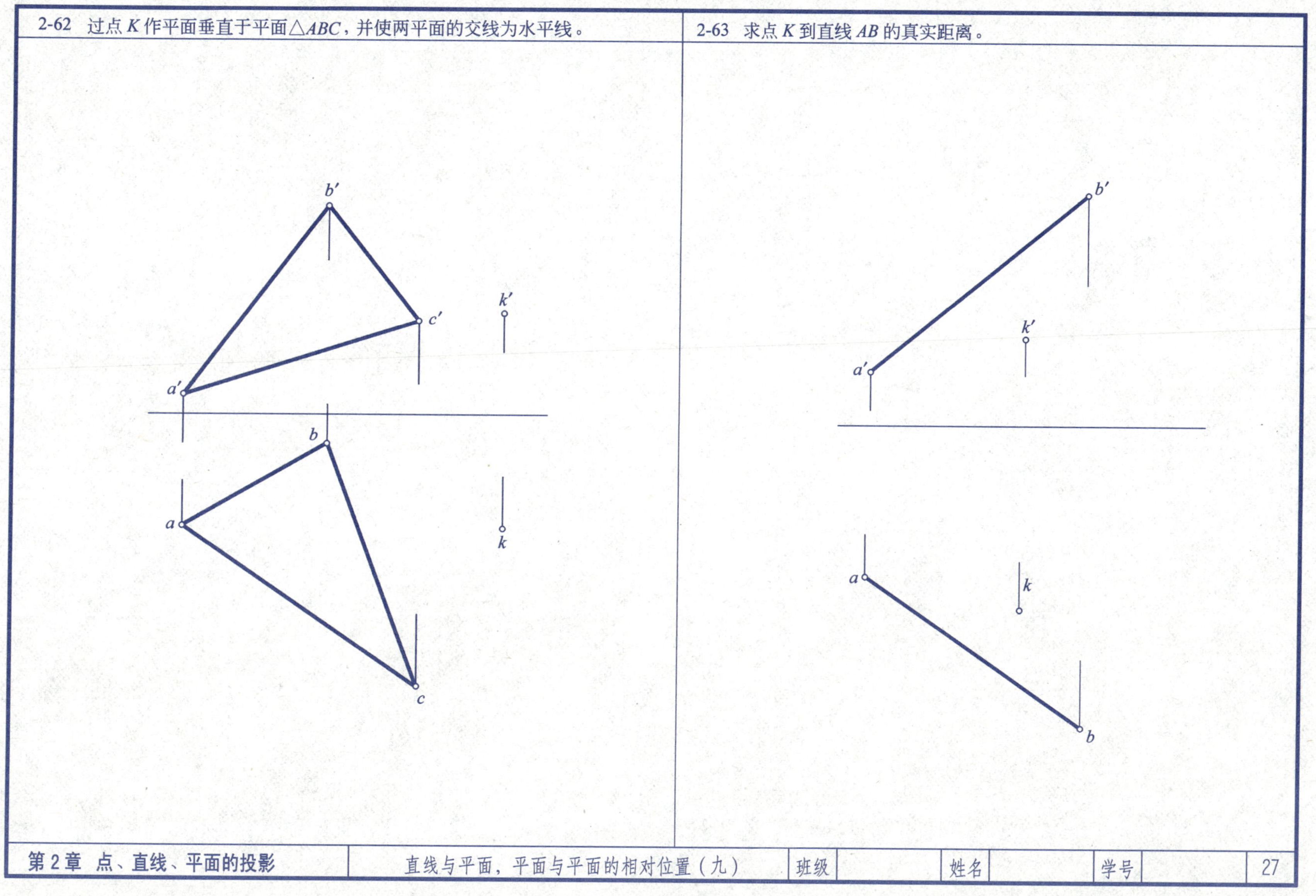

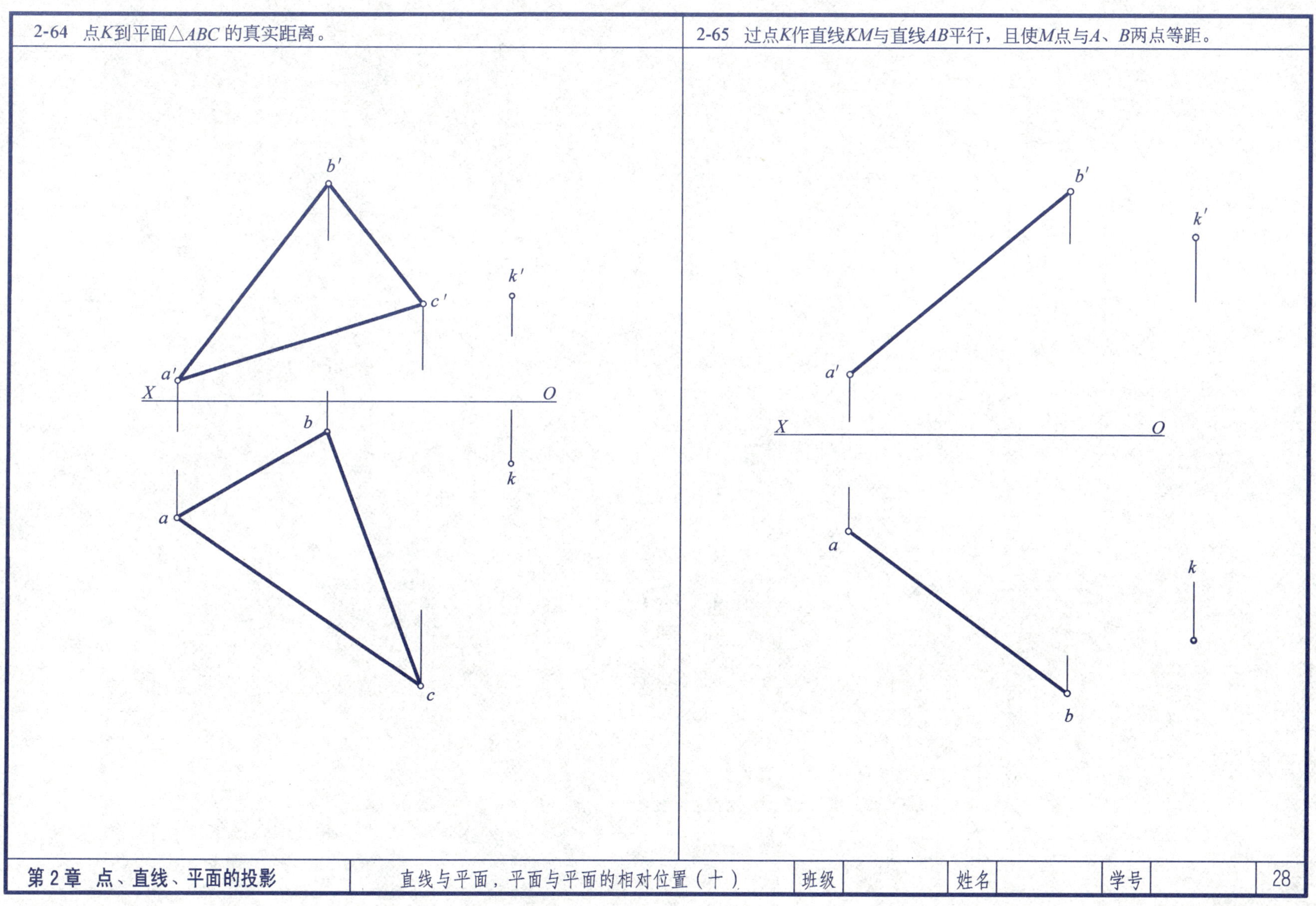
2-64 点K到平面△ABC的真实距离。
b′
k′
c′
a′
X
O
b
k
a
c
2-65 过点K作直线KM与直线AB平行，且使M点与A、B两点等距。
b′
k′
a′
X
O
a
k
b

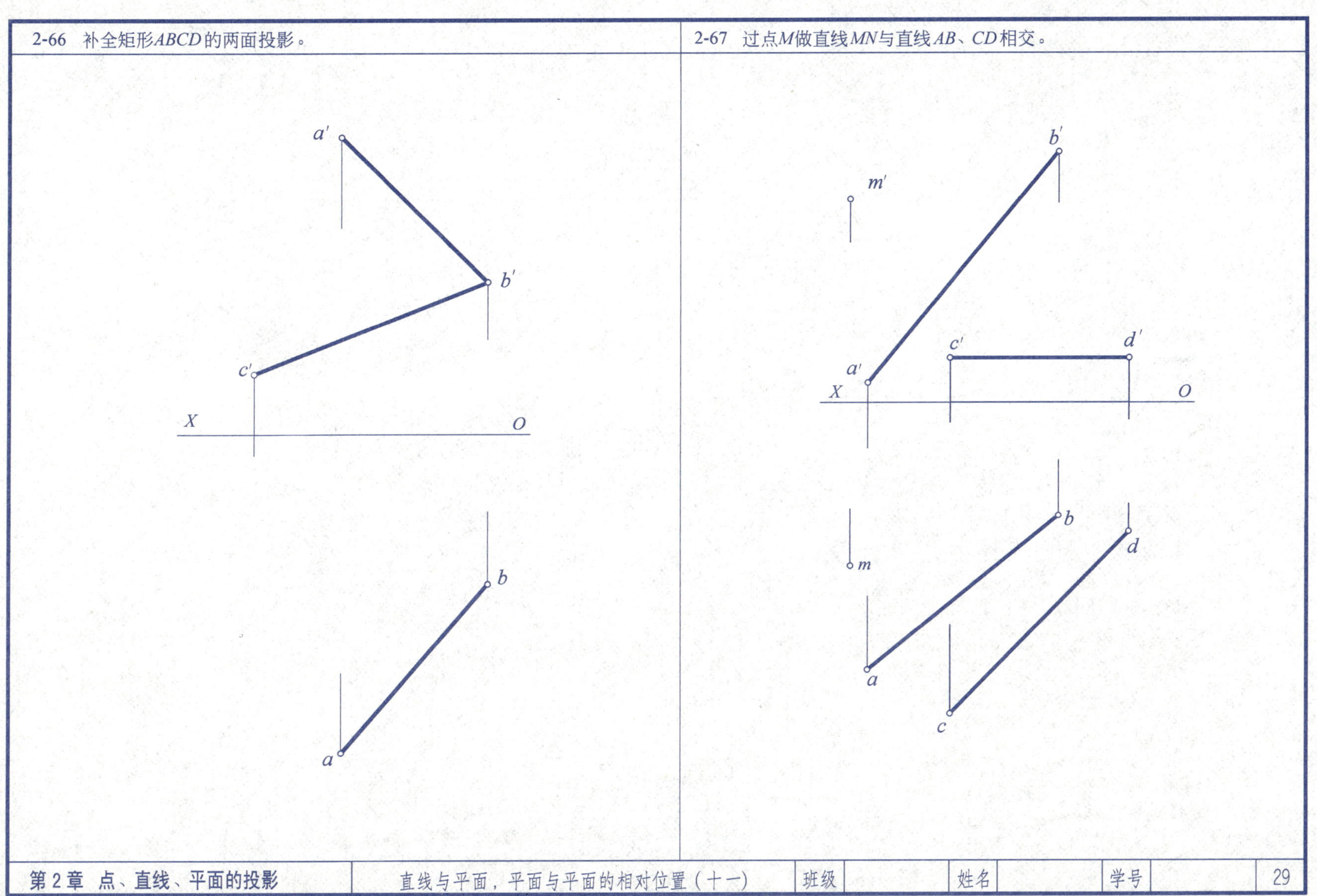

2-66 补全矩形$ABCD$的两面投影。

2-67 过点M做直线MN与直线AB、CD相交。

2-68　已知矩形*CDEF*的一边*CD*及一顶点在直线*AB*上，作此矩形。

2-69　已知*BC*为等腰三角形*ABC*的底边，顶点*A*在*EF*上，完成三角形的两面投影。

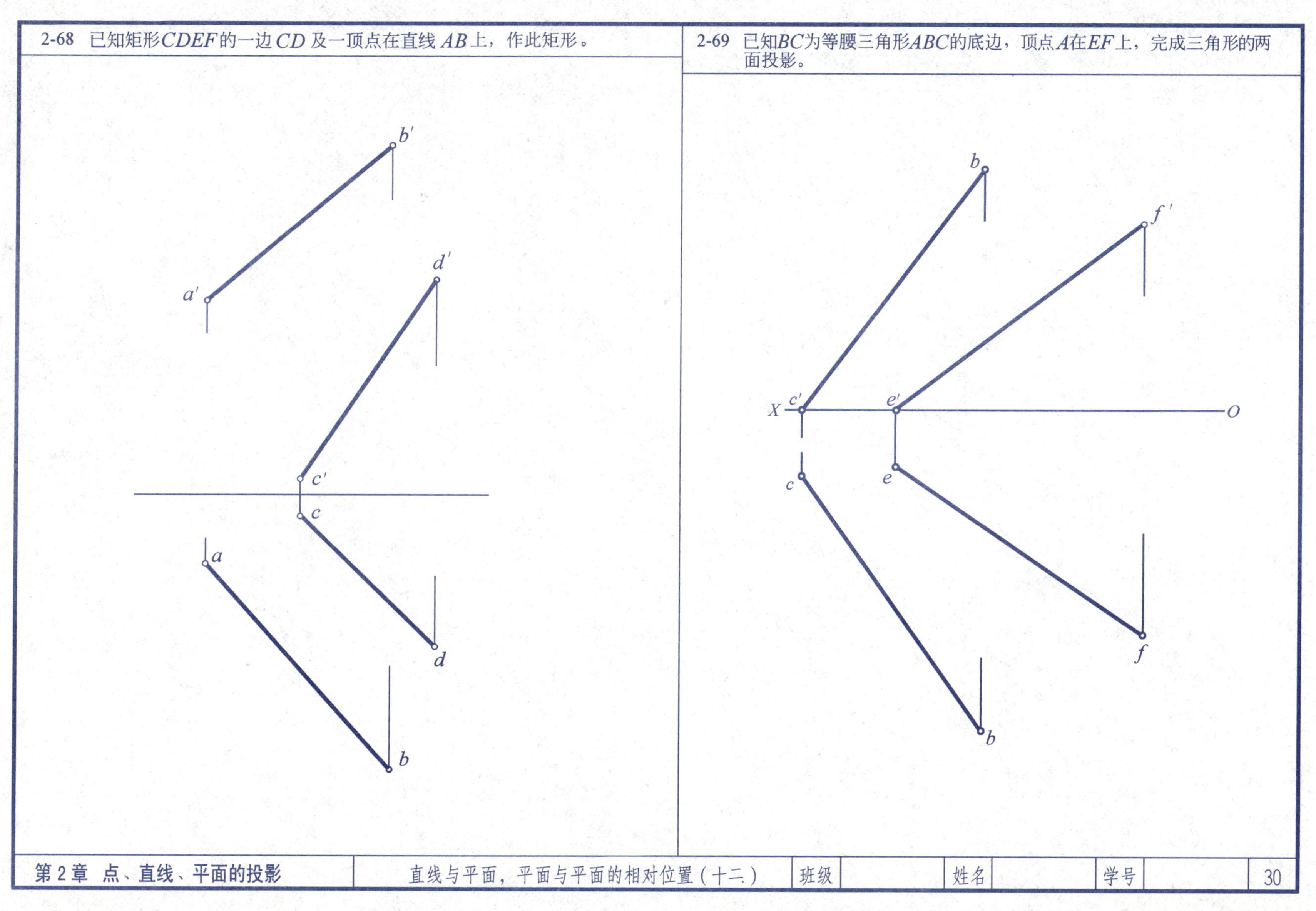

2-70 已知线段AB与V面夹角为30°，求其H投影。

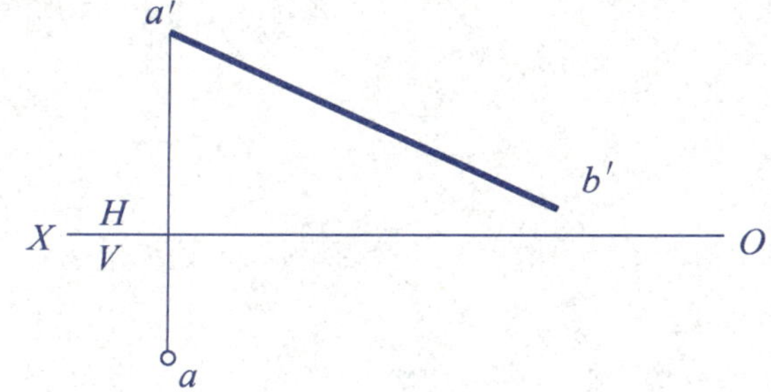

2-71 已知$AB \perp BC$，补全其V面投影。

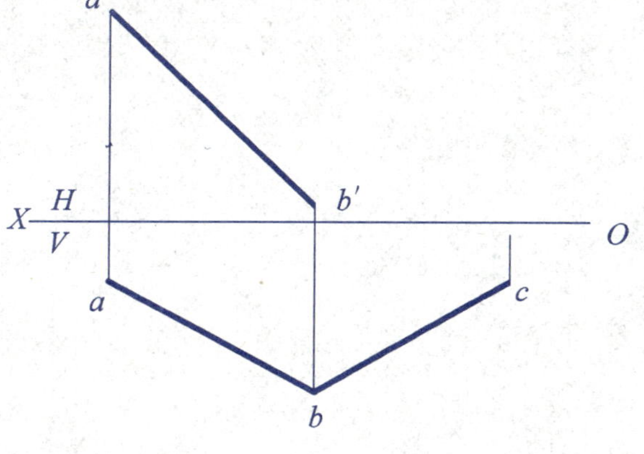

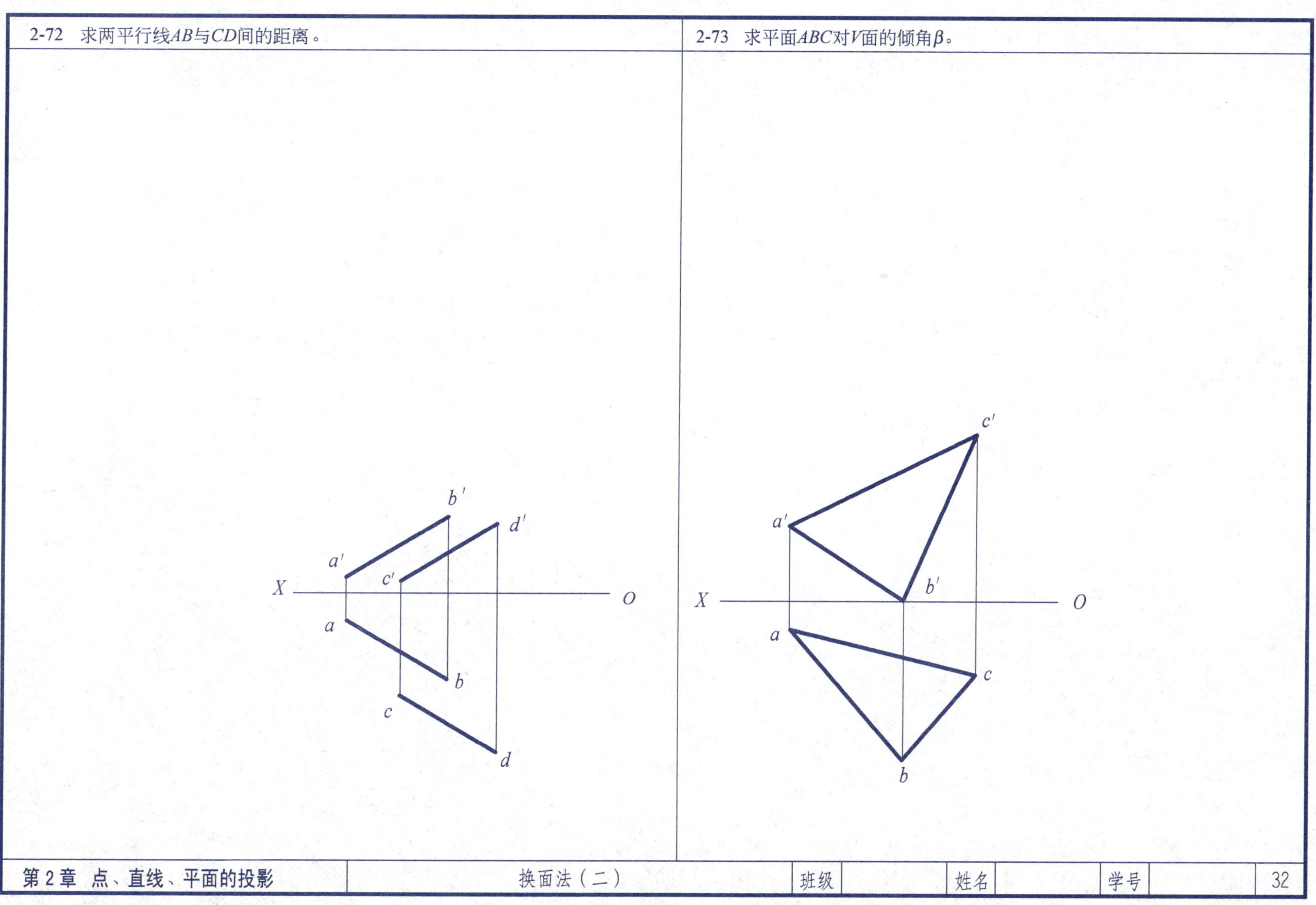
2-72 求两平行线AB与CD间的距离。
2-73 求平面ABC对V面的倾角β。
b′
d′
a′
c′
X
O
a
b
c
d
c′
a′
b′
X
O
a
c
b

2-74　求两交叉直线AB、CD的公垂线。

2-75　求点C到直线AB的距离。

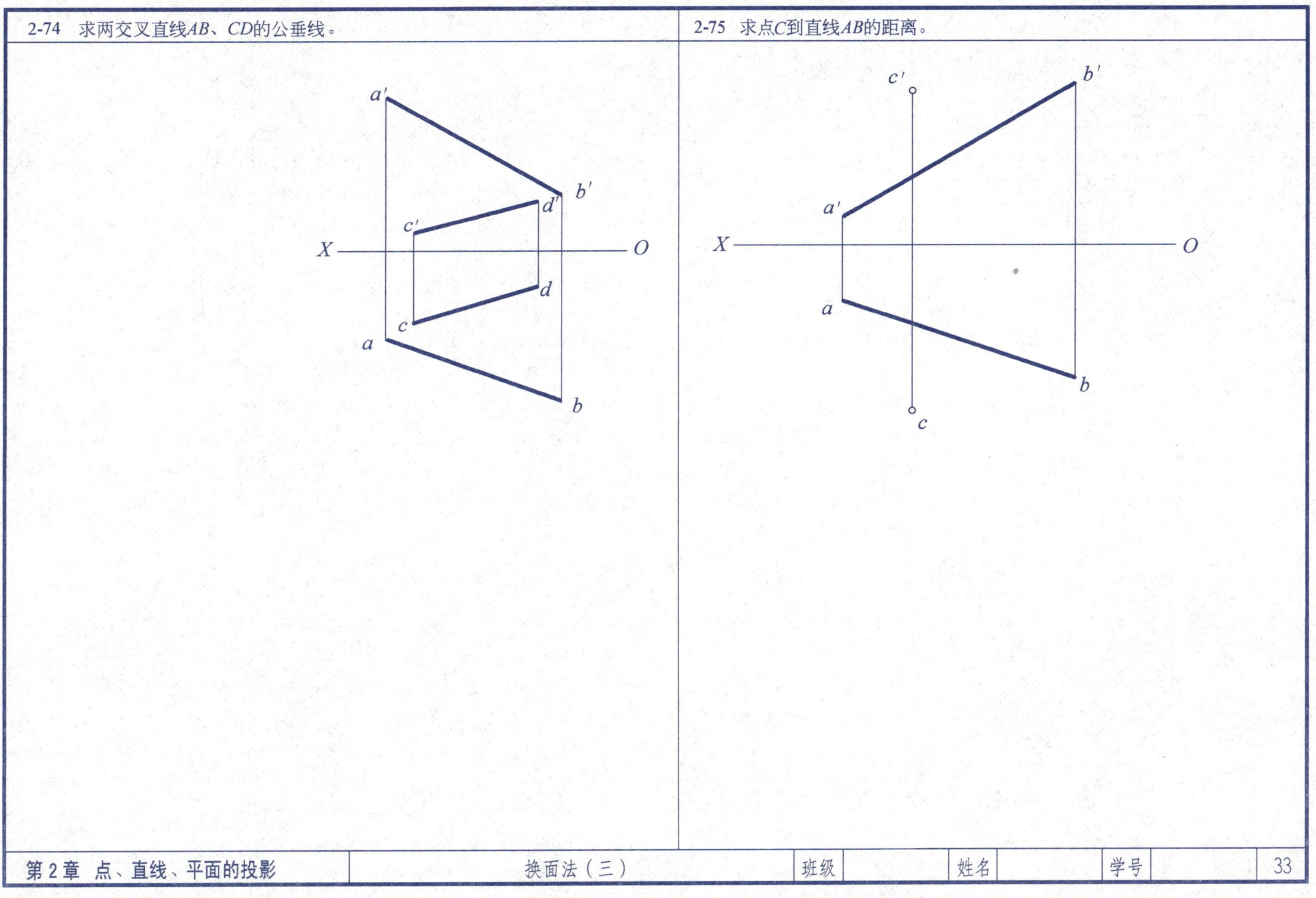

2-76 求∠*BAC*角平分线的投影。

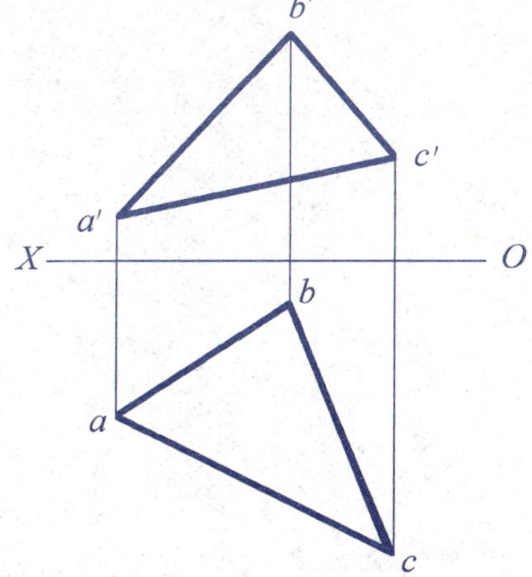

2-77 求平面*ABC*与*BCD*之间的夹角。

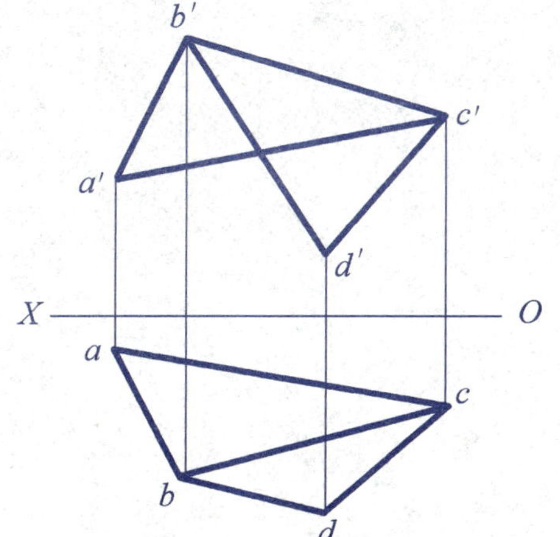

2-78 在ABC平面内作一直线EF，使其平行于BC，且距BC为15mm。

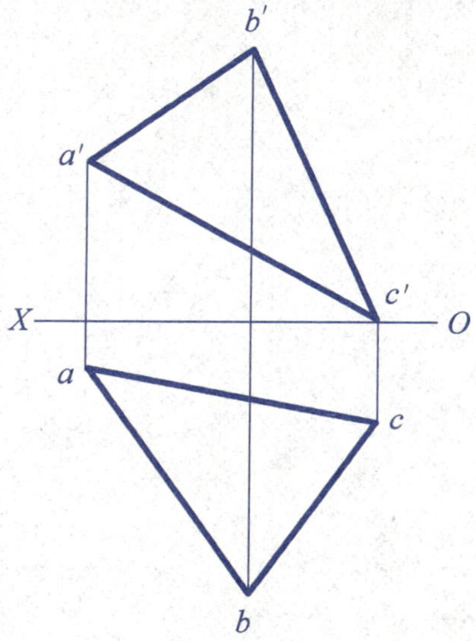

b'
a'
c'
X
O
a
c
b

2-79 求一点K，使点K到A、B、C三点的距离相等，且点K到△ABC的距离为10mm。

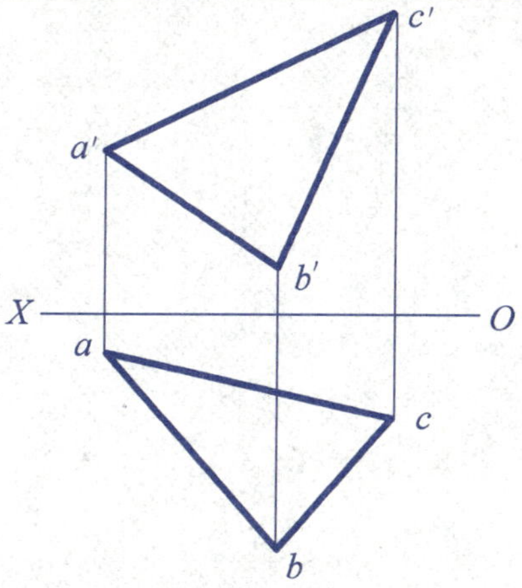

c'
a'
b'
X
O
a
c
b

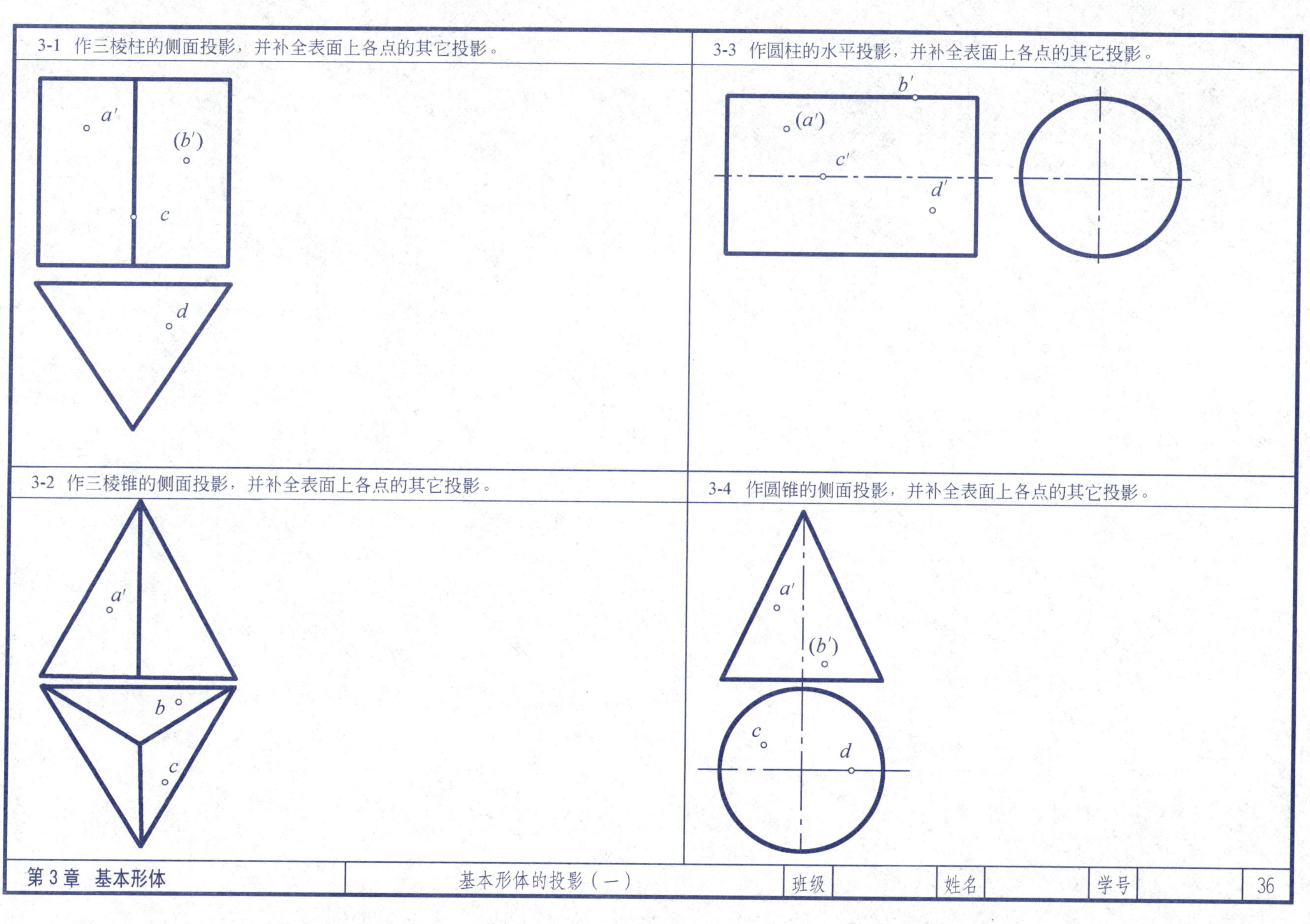
3-1 作三棱柱的侧面投影，并补全表面上各点的其它投影。
a′
(b′)
c
d
3-3 作圆柱的水平投影，并补全表面上各点的其它投影。
b′
(a′)
c′
d′
3-2 作三棱锥的侧面投影，并补全表面上各点的其它投影。
a′
b
c
3-4 作圆锥的侧面投影，并补全表面上各点的其它投影。
a′
(b′)
c
d

3-5 作圆台的水平投影，并补全表面上各点的其它投影。

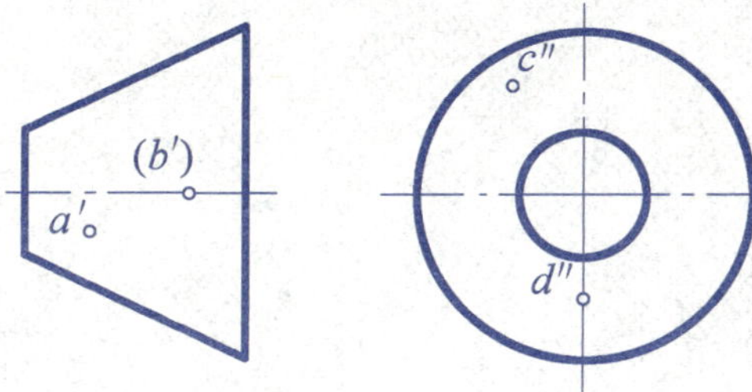

3-6 作圆球的水平投影，并补全表面上各点的其它投影。

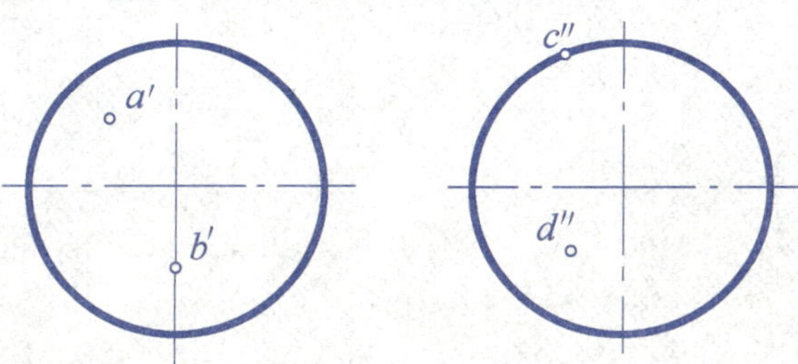

3-7 作圆环表面上各点的水平投影，点 B 的水平投影有几个？

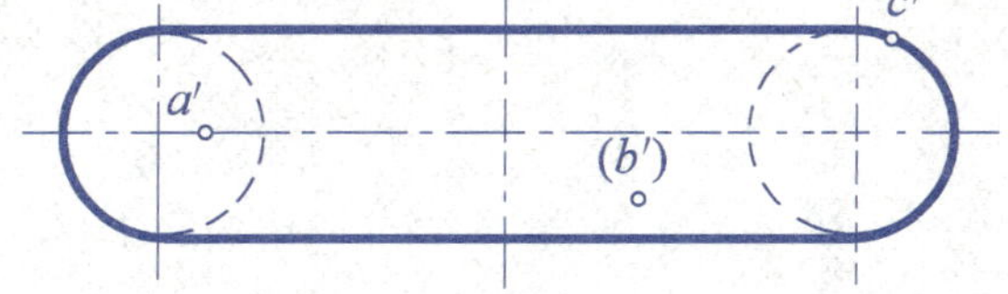

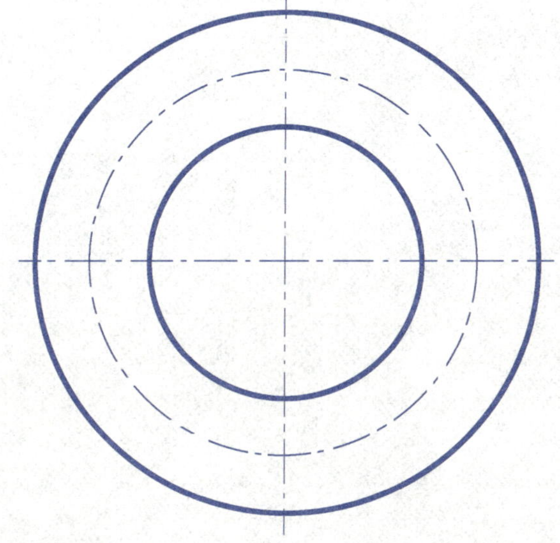

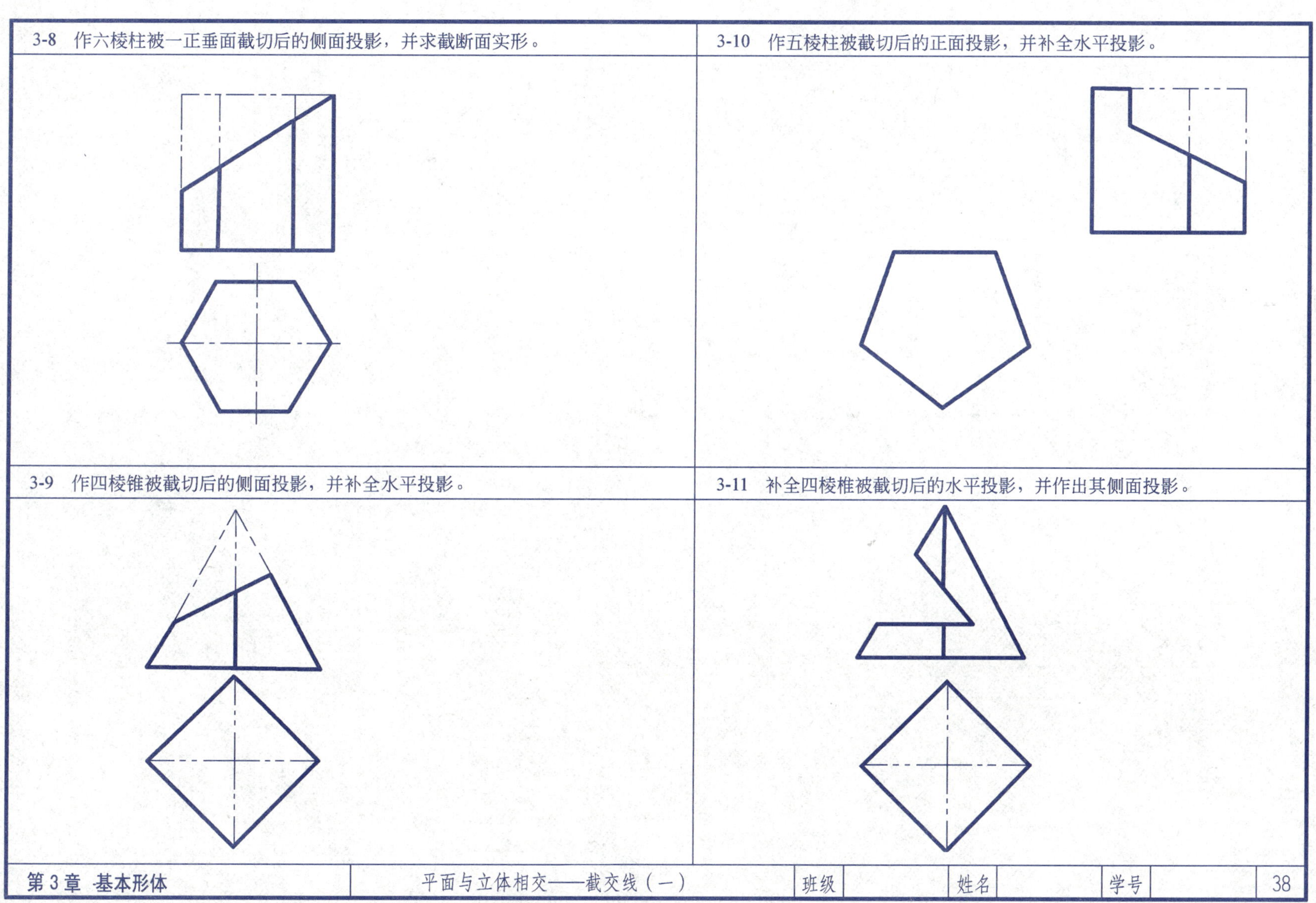
3-8 作六棱柱被一正垂面截切后的侧面投影，并求截断面实形。
3-10 作五棱柱被截切后的正面投影，并补全水平投影。
3-9 作四棱锥被截切后的侧面投影，并补全水平投影。
3-11 补全四棱椎被截切后的水平投影，并作出其侧面投影。

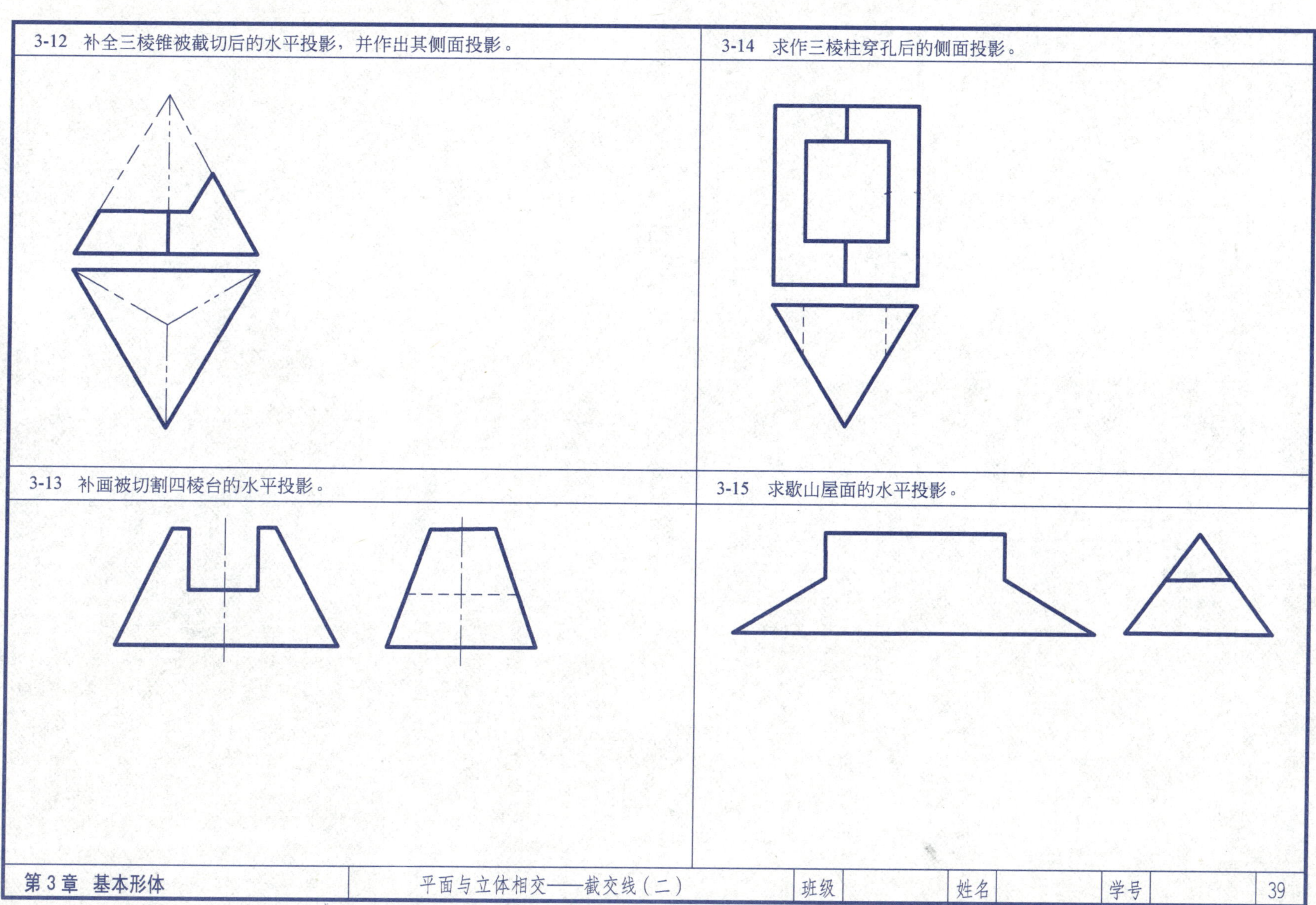
3-12 补全三棱锥被截切后的水平投影，并作出其侧面投影。
3-14 求作三棱柱穿孔后的侧面投影。
3-13 补画被切割四棱台的水平投影。
3-15 求歇山屋面的水平投影。

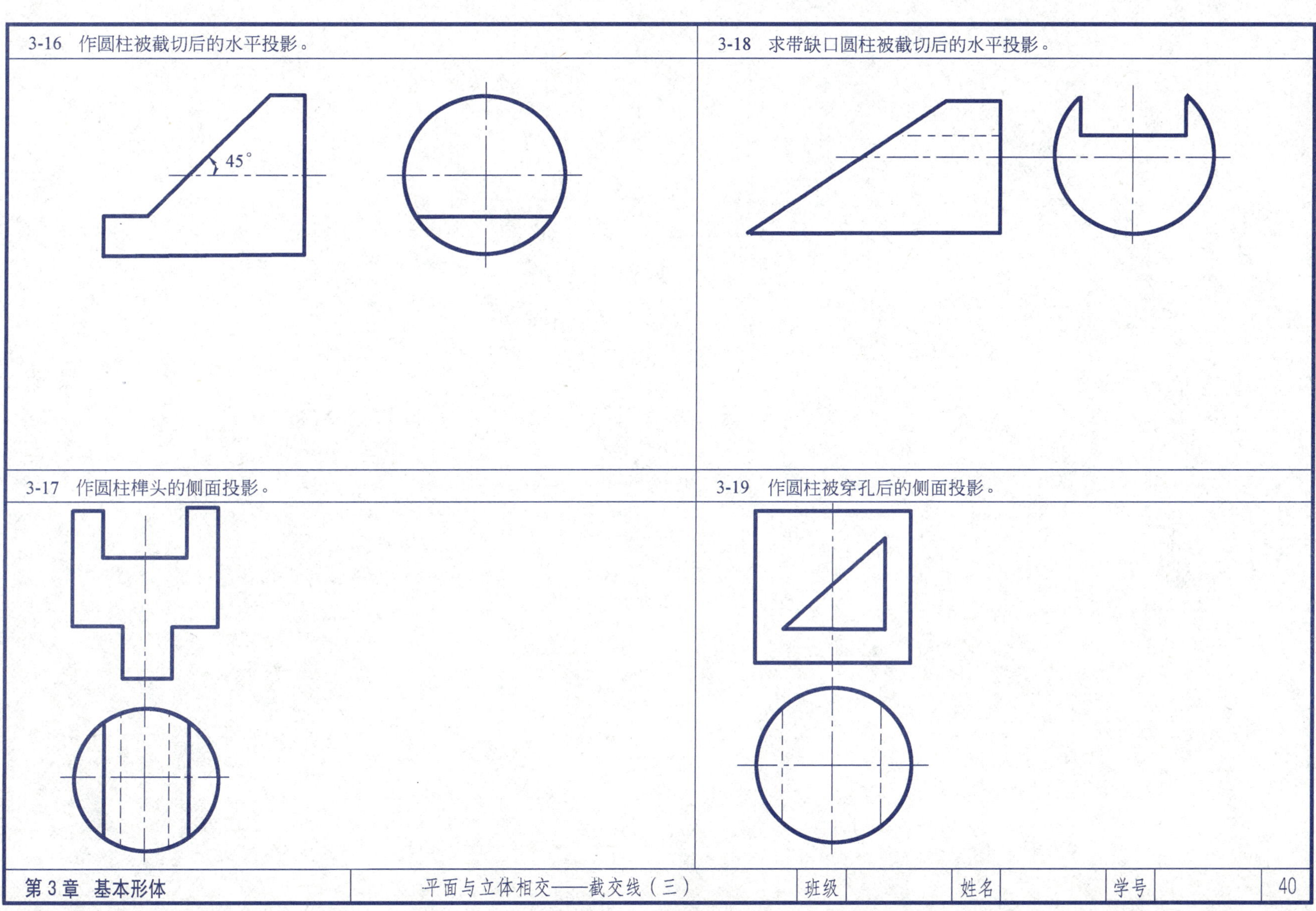
3-16 作圆柱被截切后的水平投影。
45°
3-18 求带缺口圆柱被截切后的水平投影。
3-17 作圆柱榫头的侧面投影。
3-19 作圆柱被穿孔后的侧面投影。
第 3 章 基本形体
平面与立体相交——截交线（三）
班级
姓名
学号
40

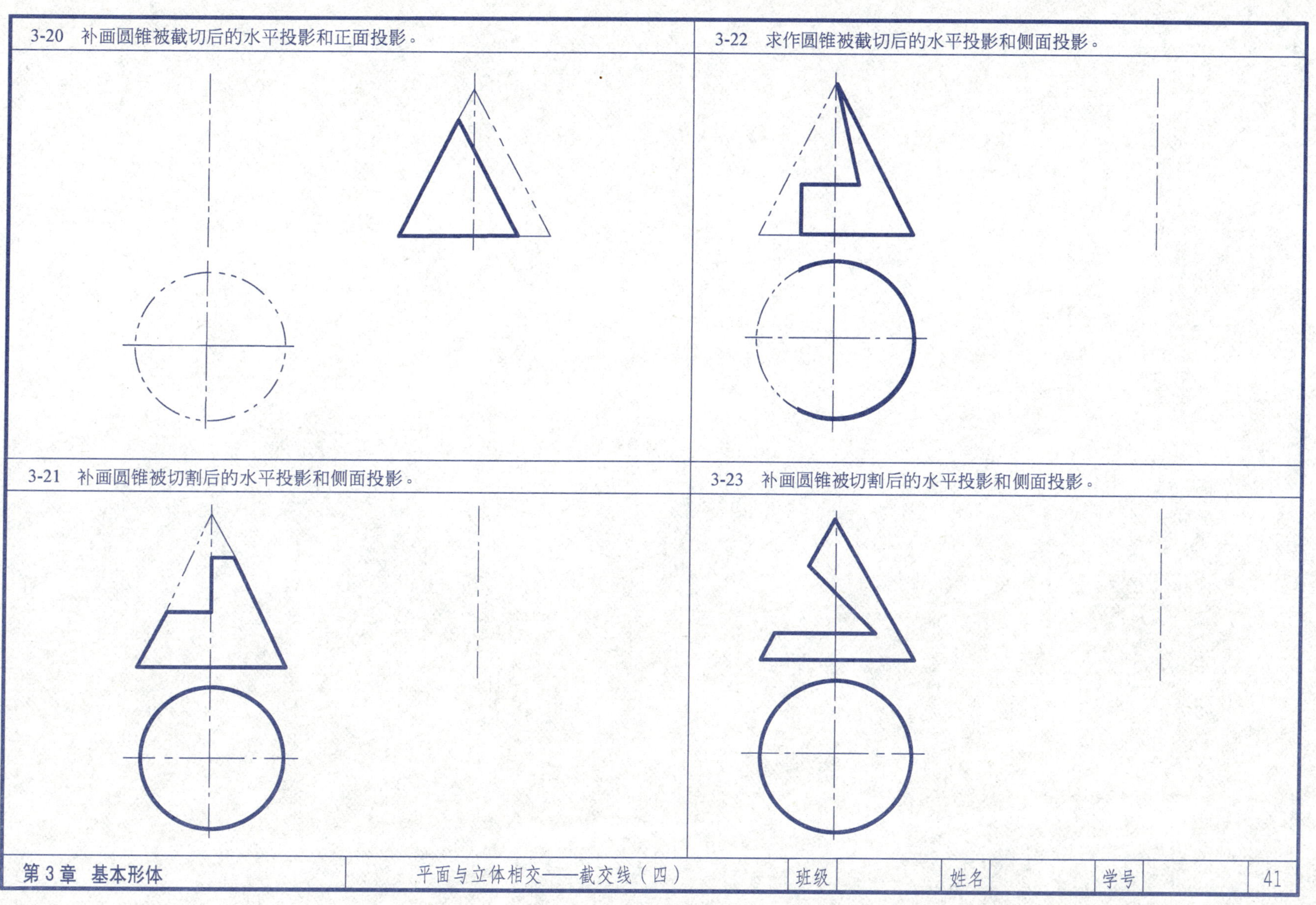
3-20 补画圆锥被截切后的水平投影和正面投影。
3-22 求作圆锥被截切后的水平投影和侧面投影。
3-21 补画圆锥被切割后的水平投影和侧面投影。
3-23 补画圆锥被切割后的水平投影和侧面投影。
第 3 章 基本形体
平面与立体相交——截交线（四）
班级
姓名
学号
41

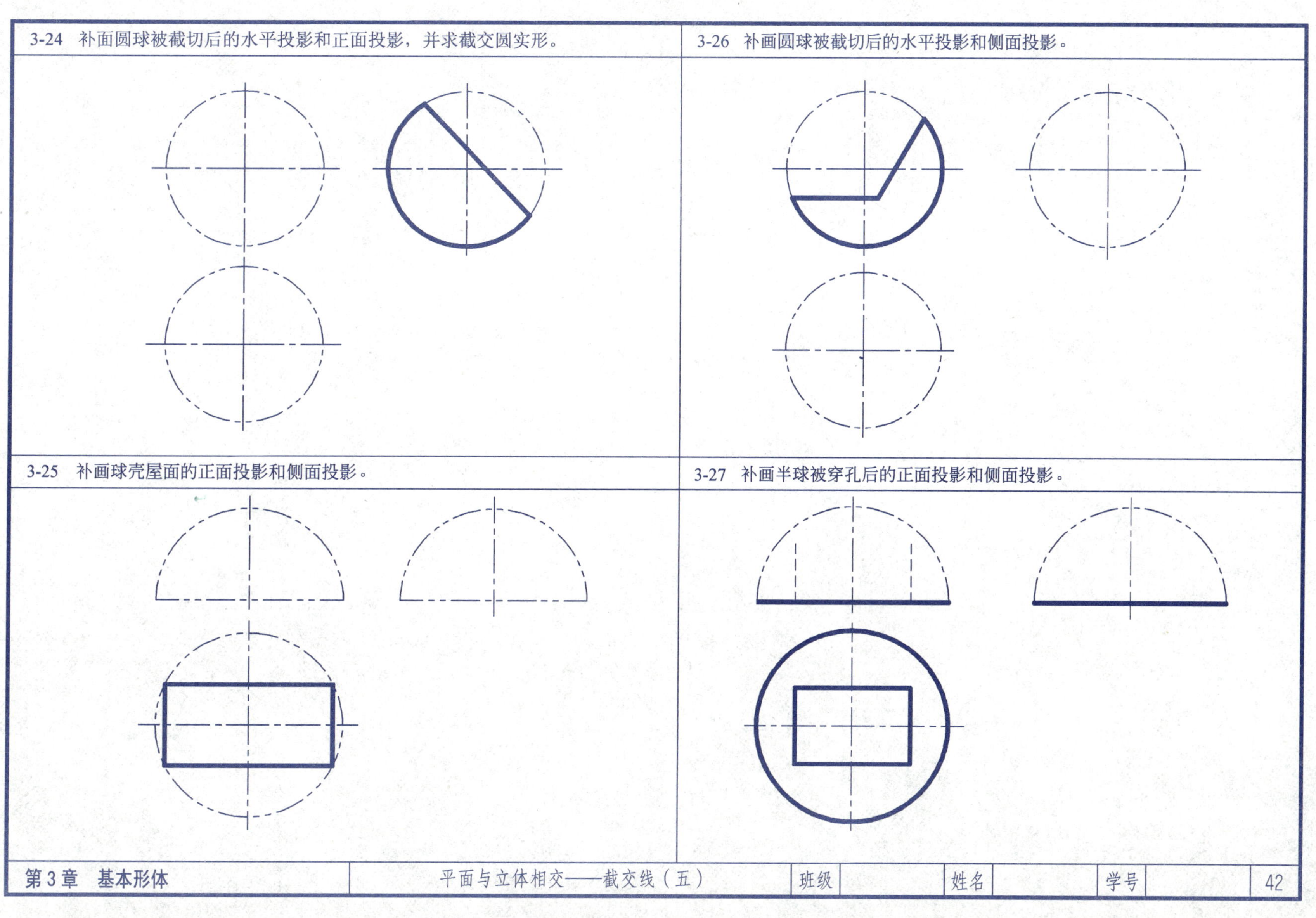
3-24 补面圆球被截切后的水平投影和正面投影，并求截交圆实形。
3-26 补画圆球被截切后的水平投影和侧面投影。
3-25 补画球壳屋面的正面投影和侧面投影。
3-27 补画半球被穿孔后的正面投影和侧面投影。

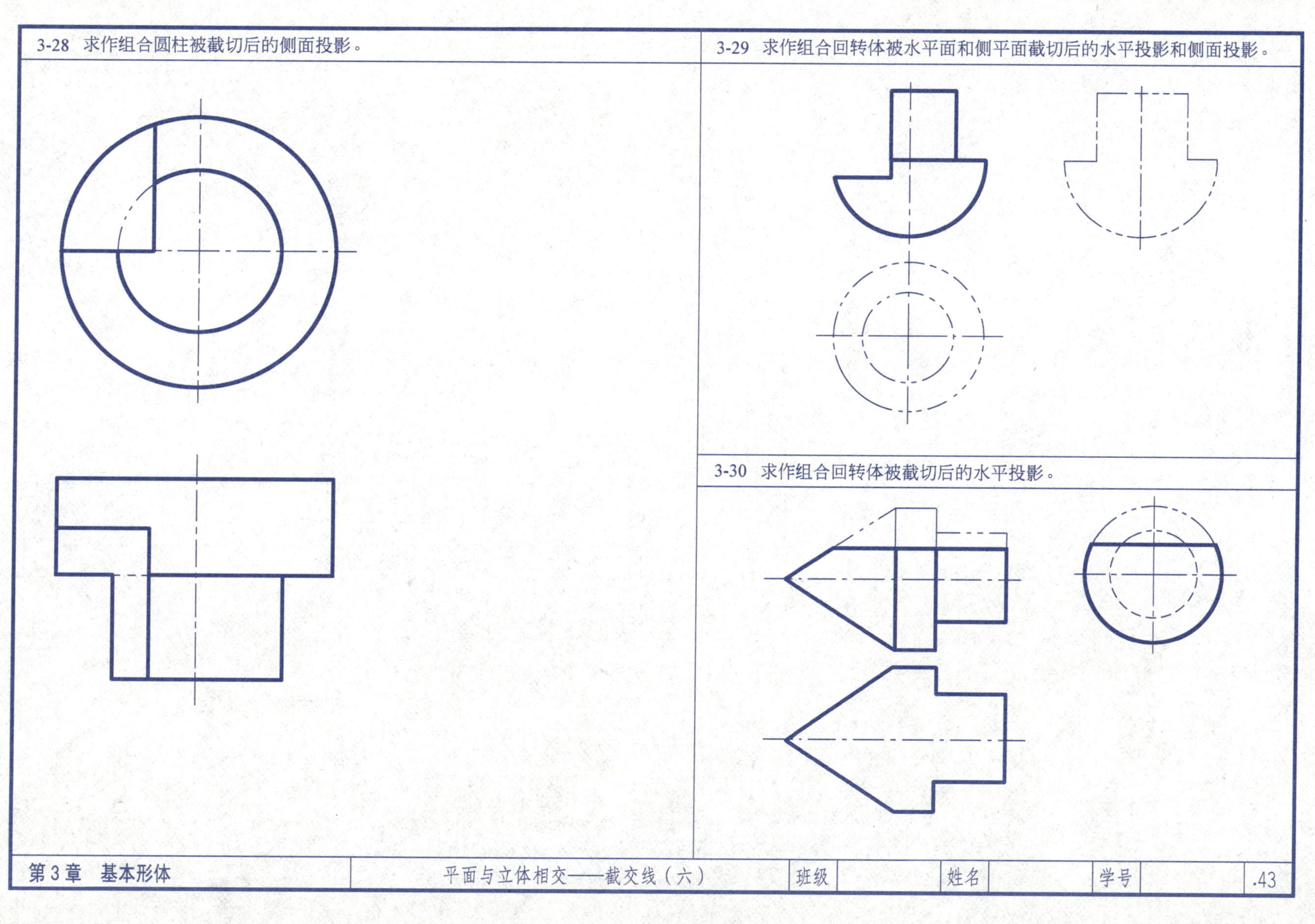

3-28 求作组合圆柱被截切后的侧面投影。
3-29 求作组合回转体被水平面和侧平面截切后的水平投影和侧面投影。
3-30 求作组合回转体被截切后的水平投影。

3-31 求作四棱柱与六棱锥的表面交线。

3-32 求作屋面交线。

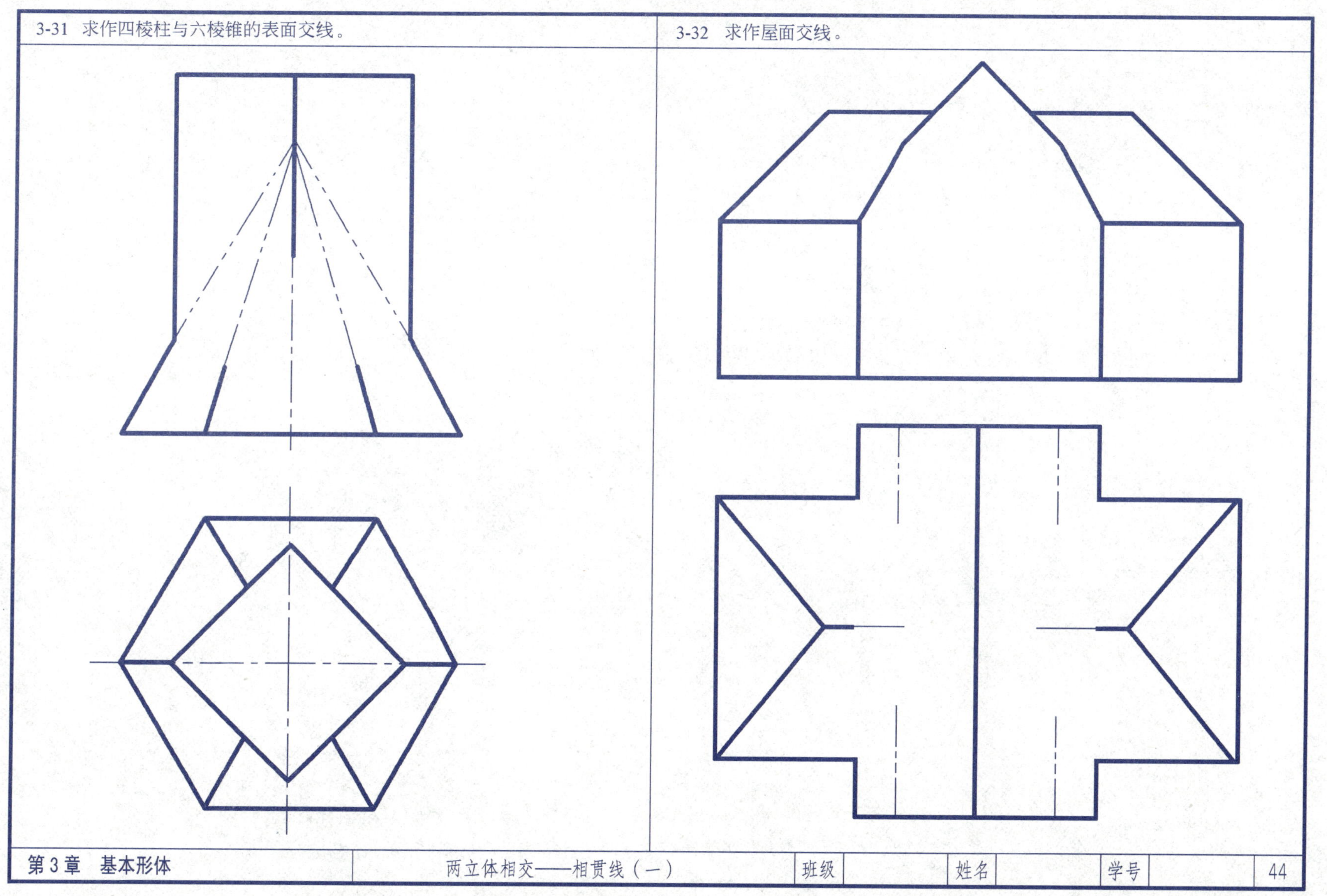

3-33　求作两三棱柱相贯的表面交线。

3-34　求作两三棱柱相贯的表面交线。

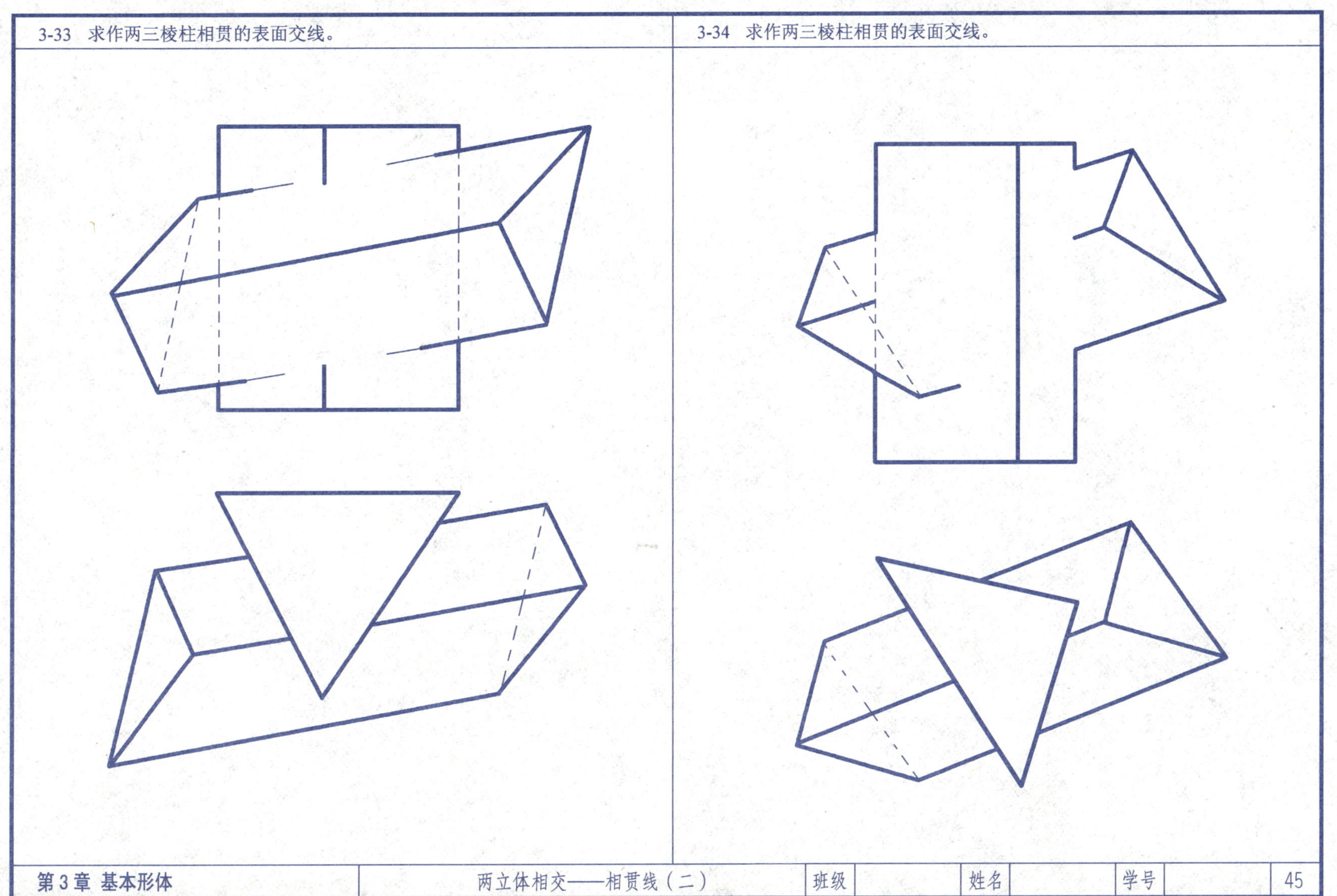

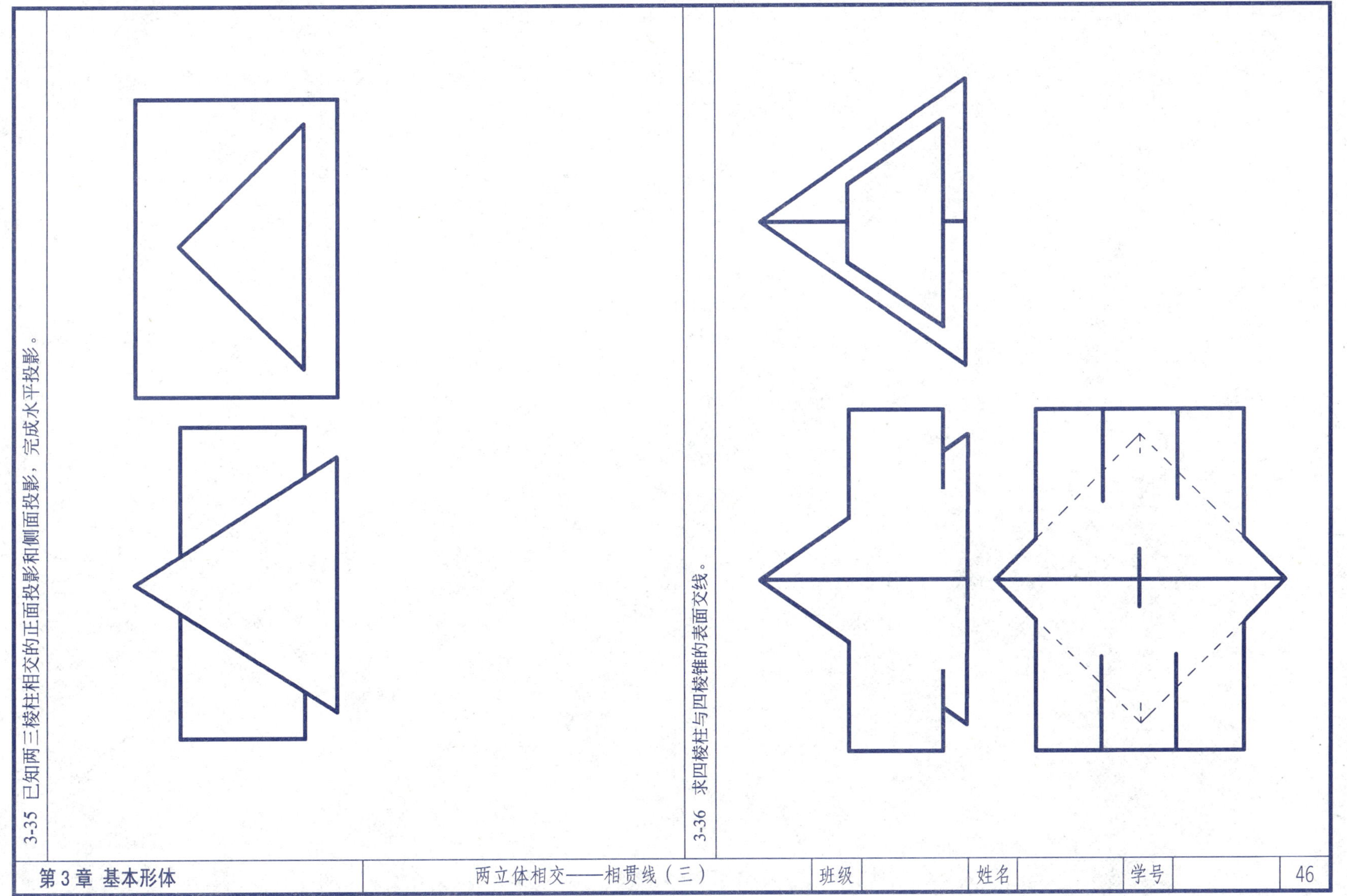

3-35 已知两三棱柱相交的正面投影和侧面投影，完成水平投影。

3-36 求四棱柱与四棱锥的表面交线。

3-37 已知两立体相交的水平投影和侧面投影，完成正面投影。

3-38 求三棱柱与三棱锥的表面交线。

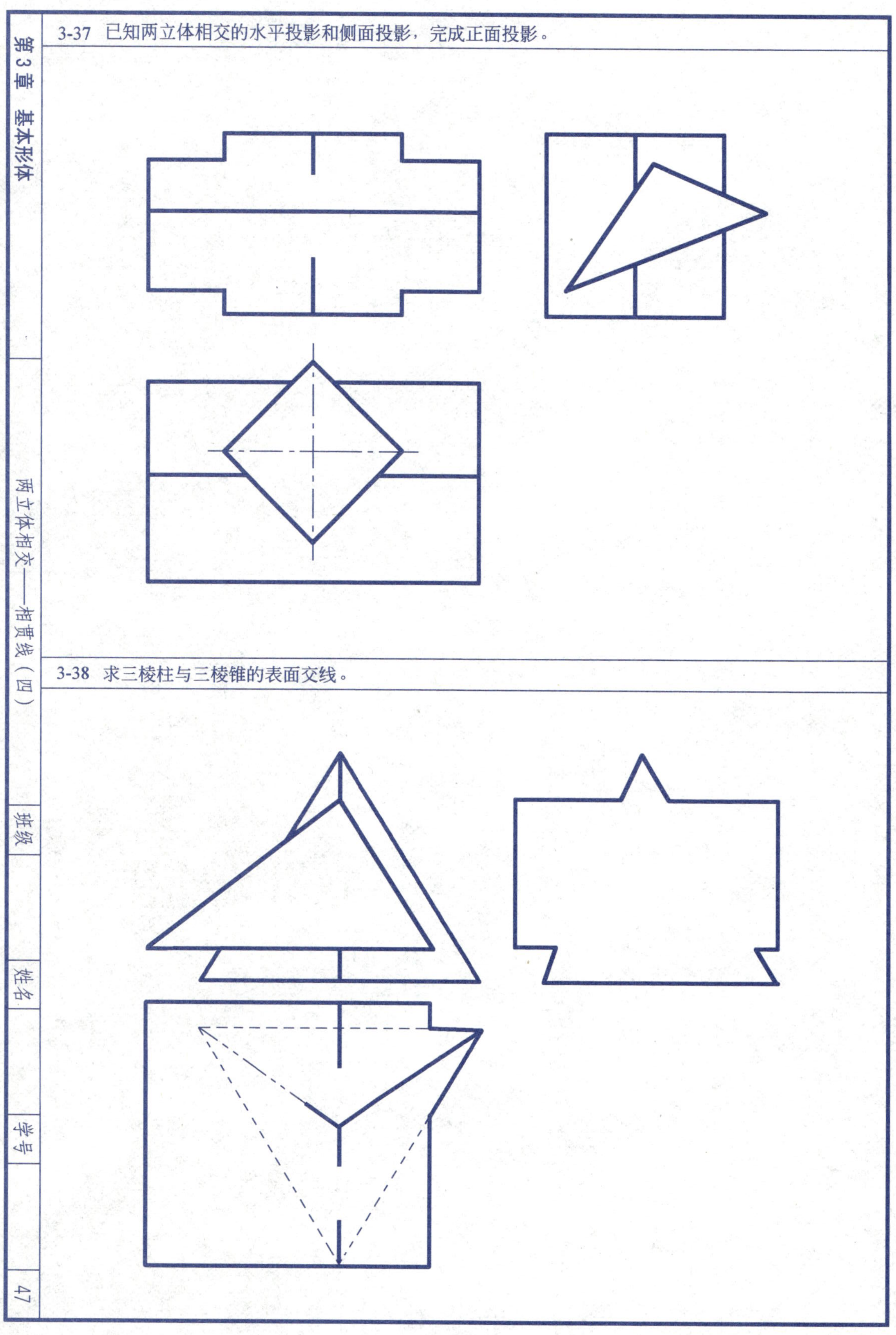

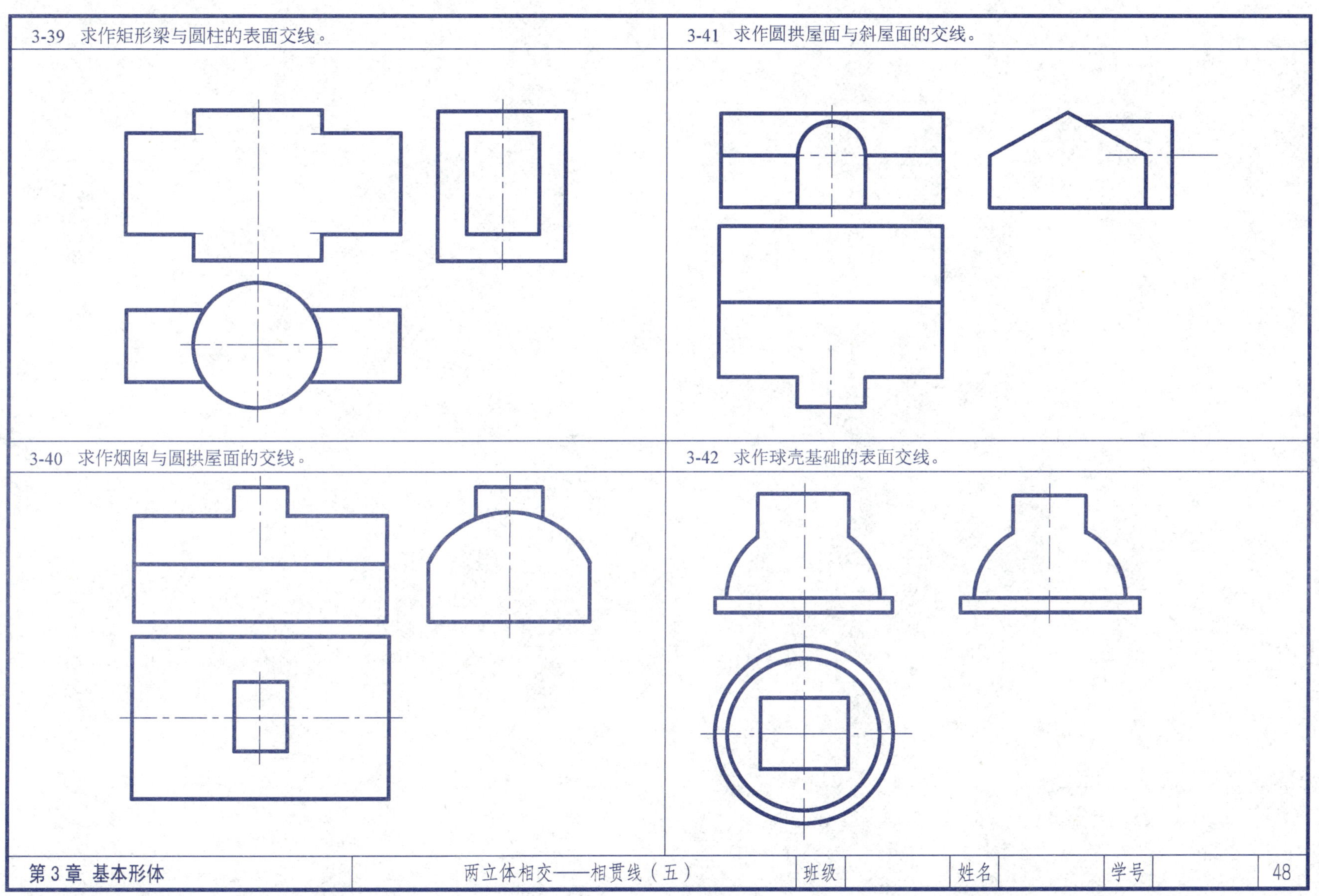
3-39 求作矩形梁与圆柱的表面交线。
3-41 求作圆拱屋面与斜屋面的交线。
3-40 求作烟囱与圆拱屋面的交线。
3-42 求作球壳基础的表面交线。

3-43 求作四坡屋面与圆柱墙身的表面交线。

3-44 求作三棱柱与圆锥的表面交线。

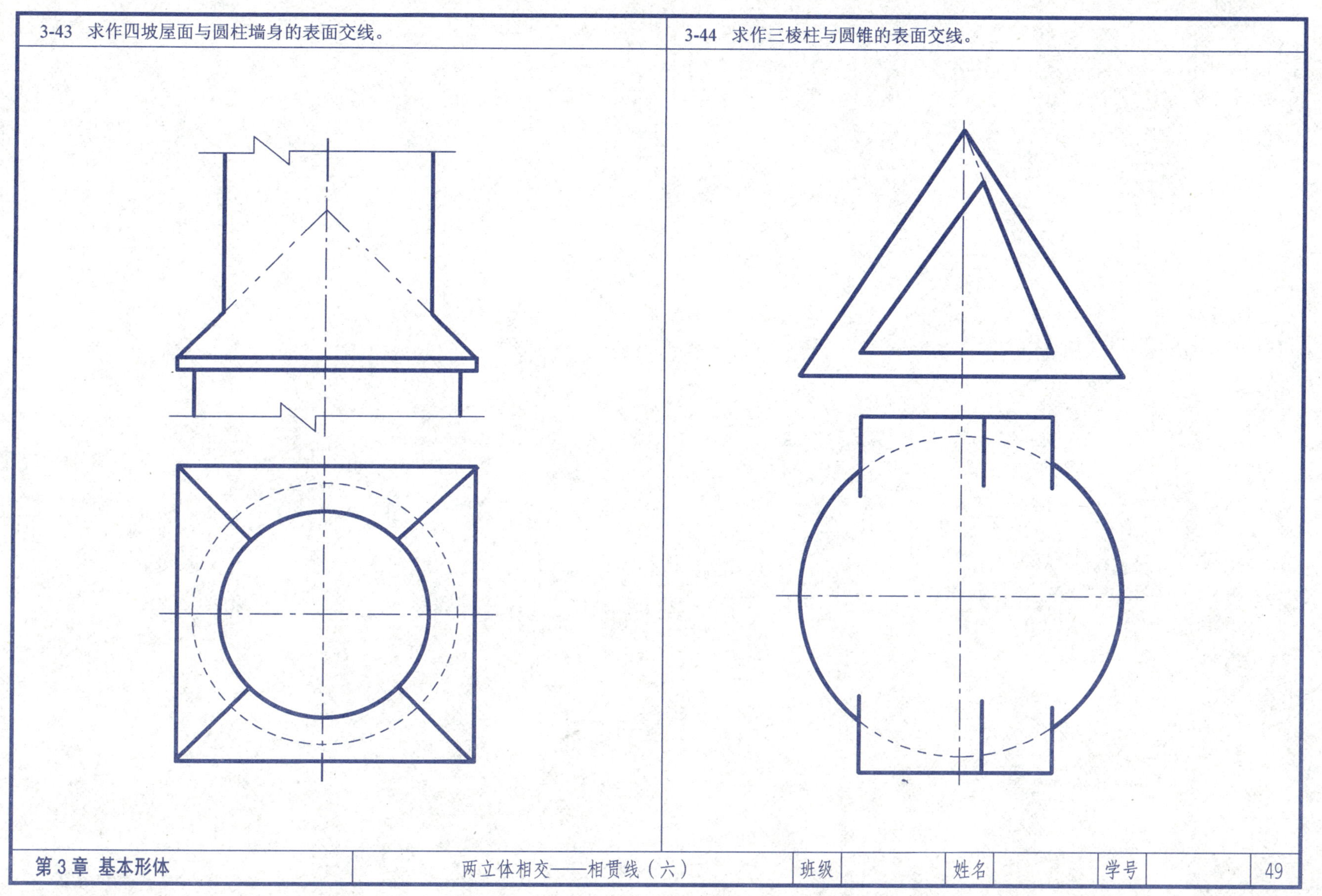

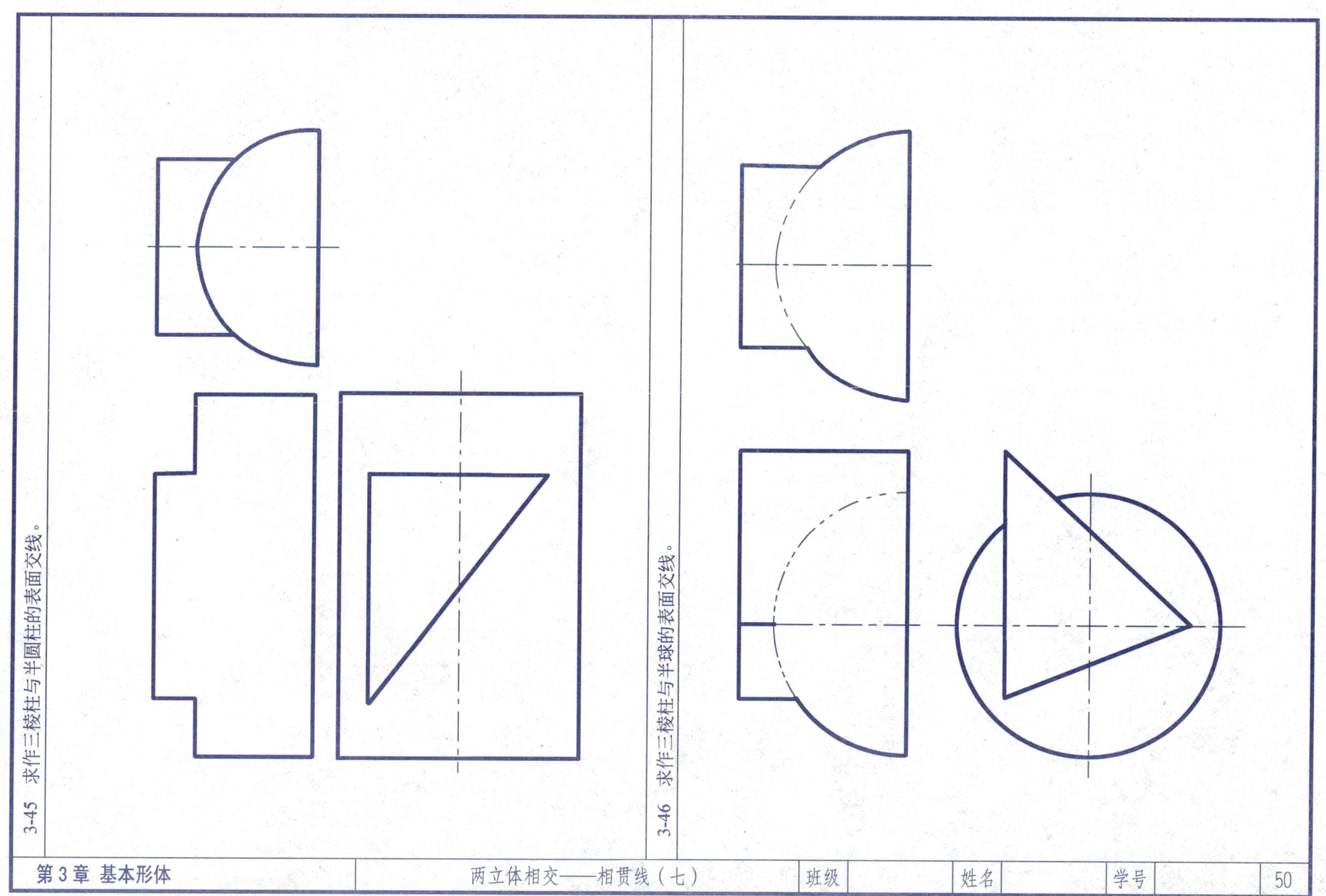
3-45 求作三棱柱与半圆柱的表面交线。
3-46 求作三棱柱与半球的表面交线。
第 3 章 基本形体
两立体相交——相贯线（七）
班级
姓名
学号
50

3-47　求作圆锥与坡屋面的表面交线。

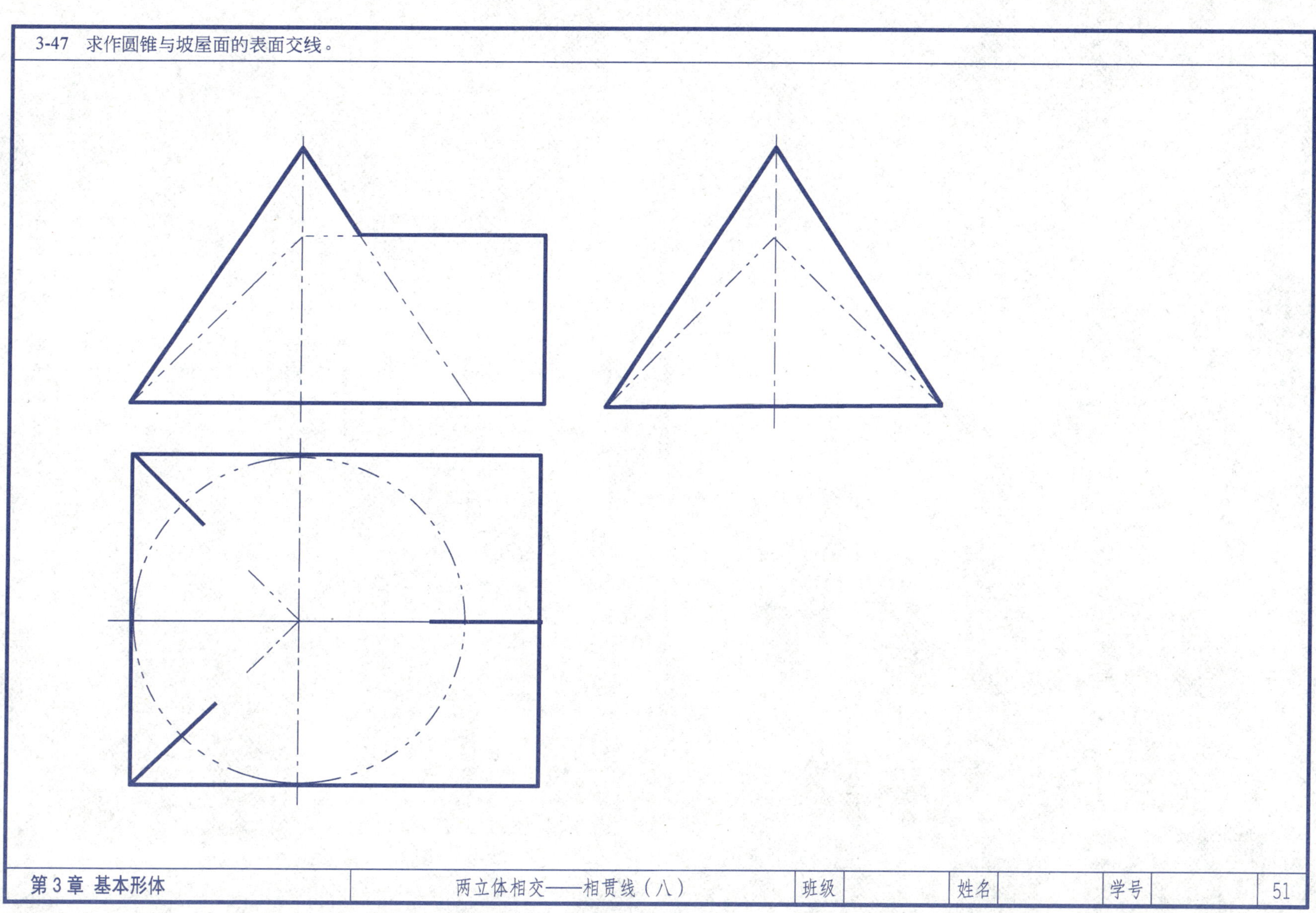

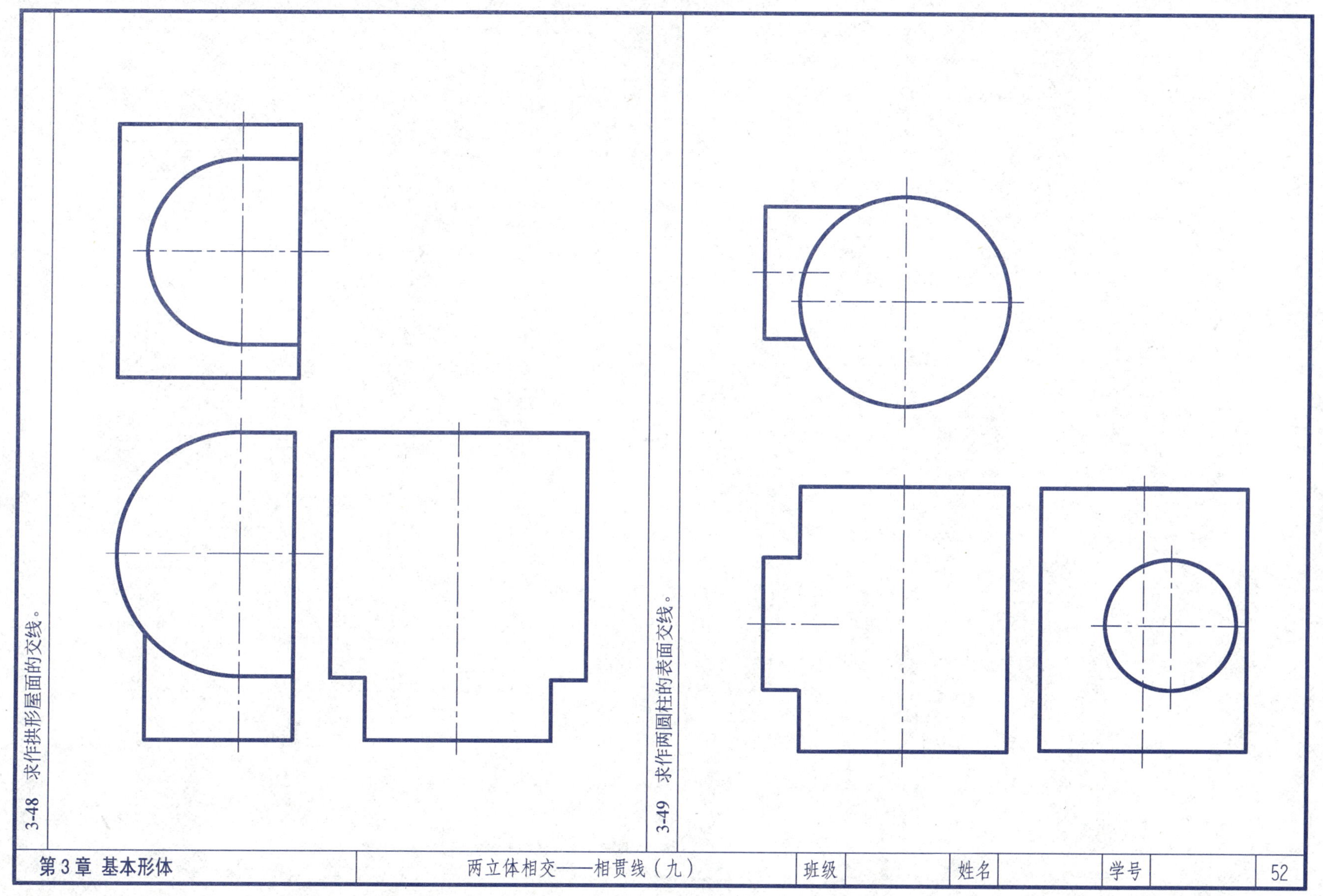
3-48 求作拱形屋面的交线。
3-49 求作两圆柱的表面交线。

3-50　求作圆锥与圆柱的表面交线。

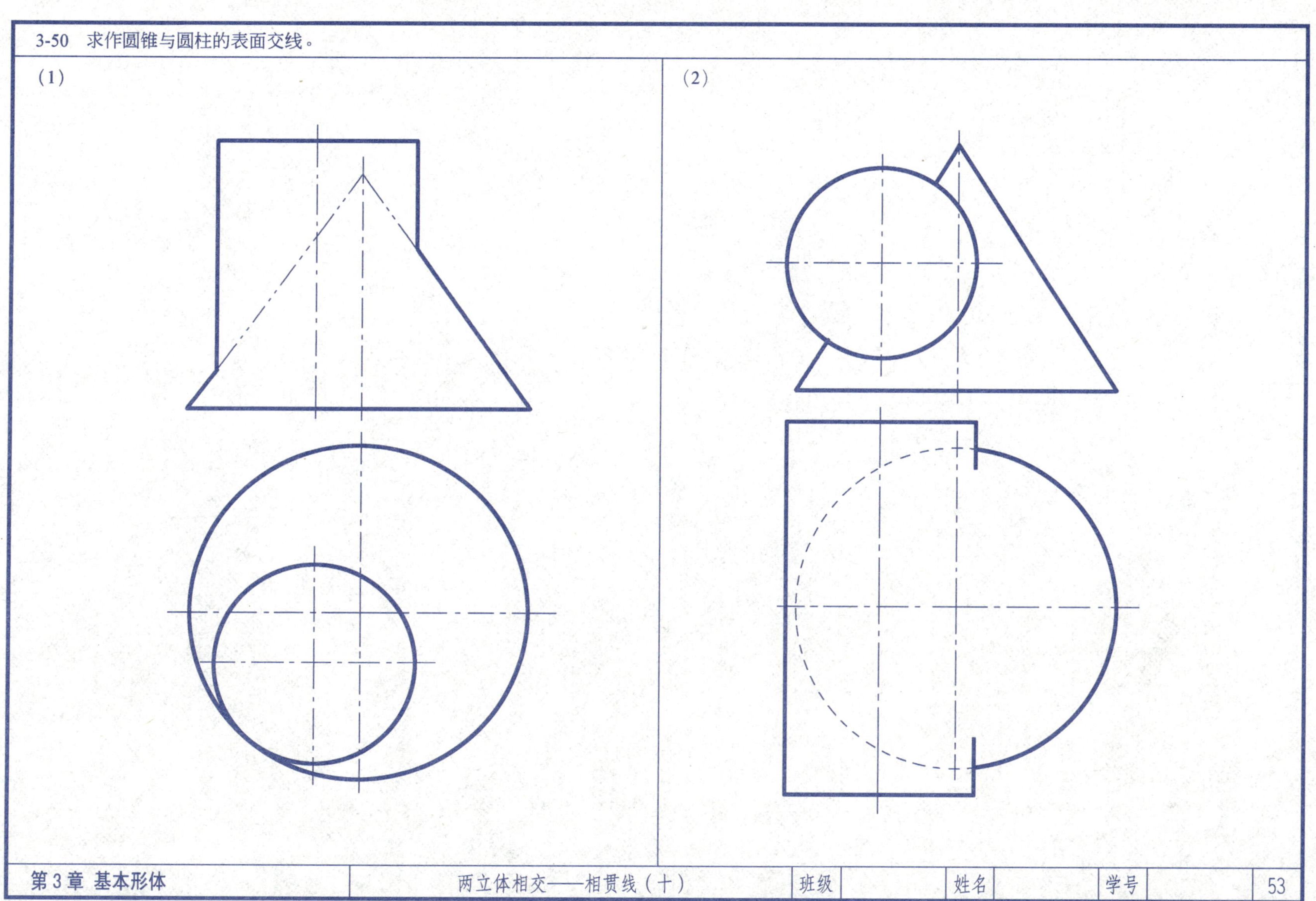

3-51 求作圆柱与半球的表面交线。

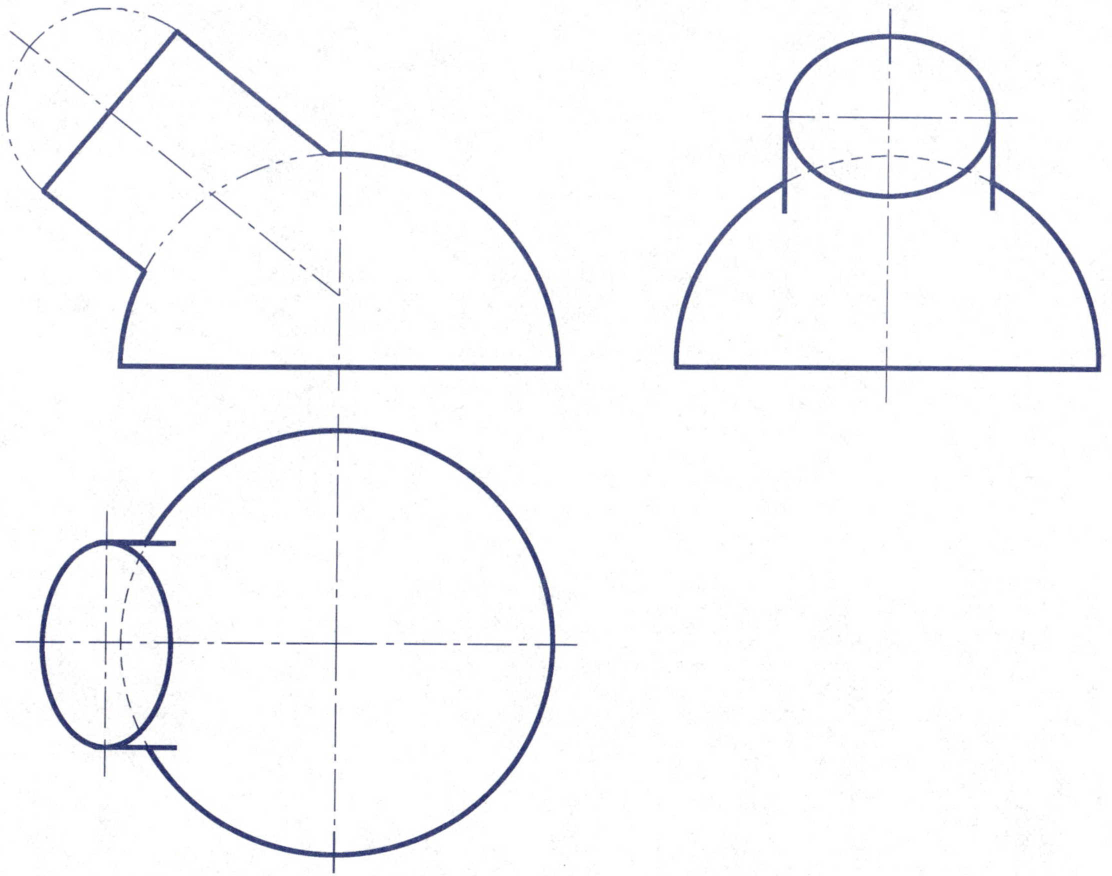

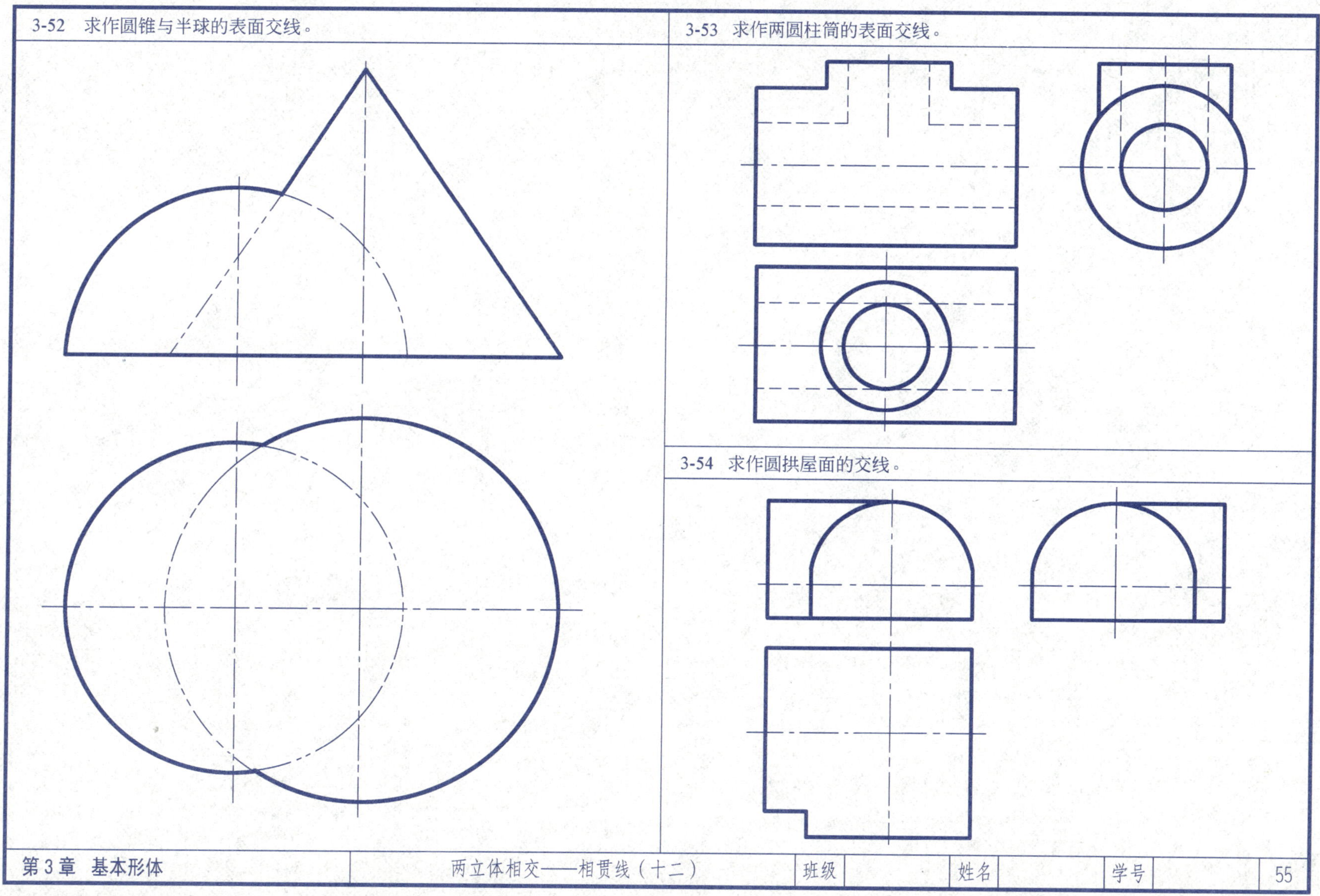
3-52 求作圆锥与半球的表面交线。
3-53 求作两圆柱筒的表面交线。
3-54 求作圆拱屋面的交线。

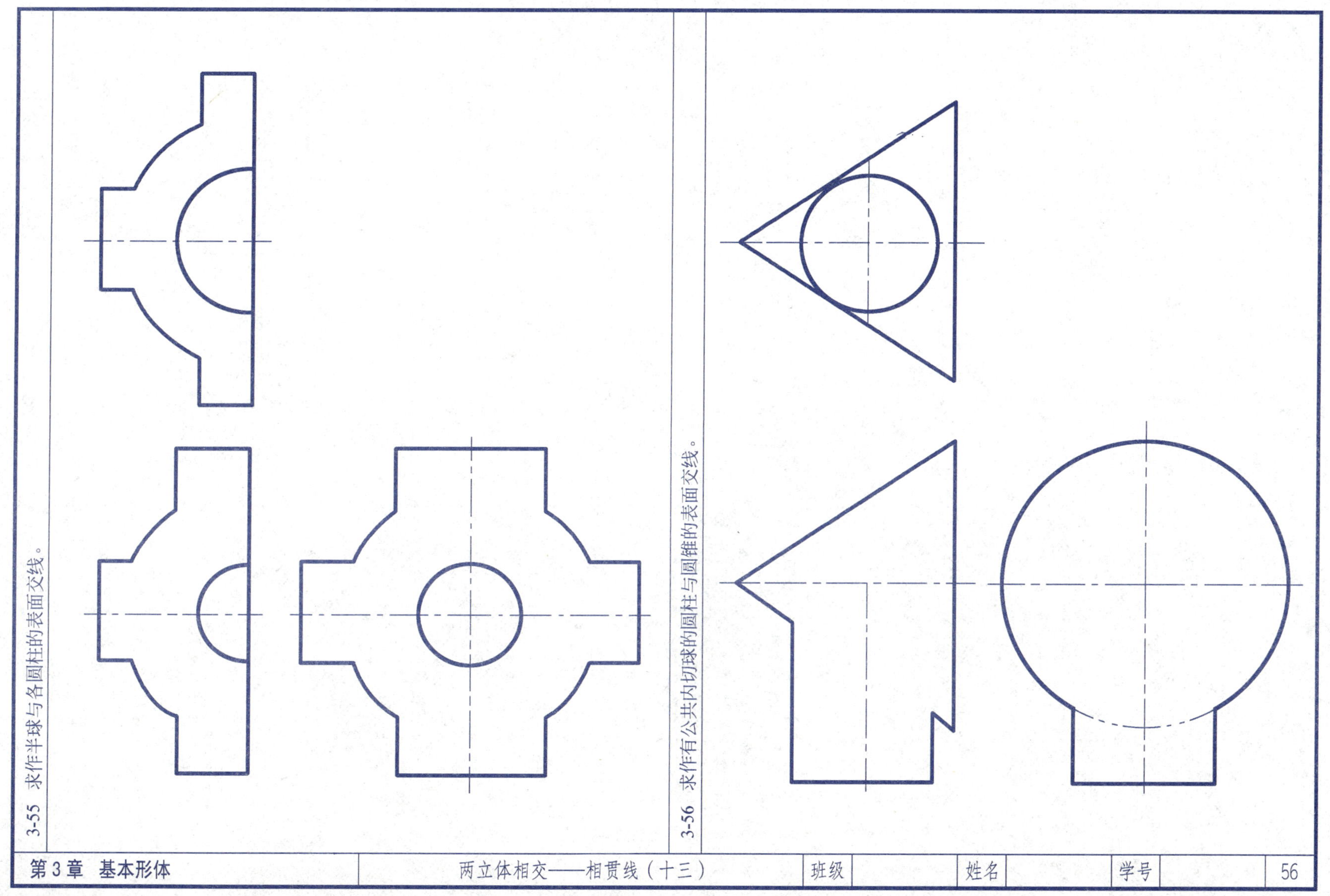
3-55 求作半球与各圆柱的表面交线。
3-56 求作有公共内切球的圆柱与圆锥的表面交线。

4-1 根据正投影图，作出形体的正等轴测图（尺寸由图中量取）。

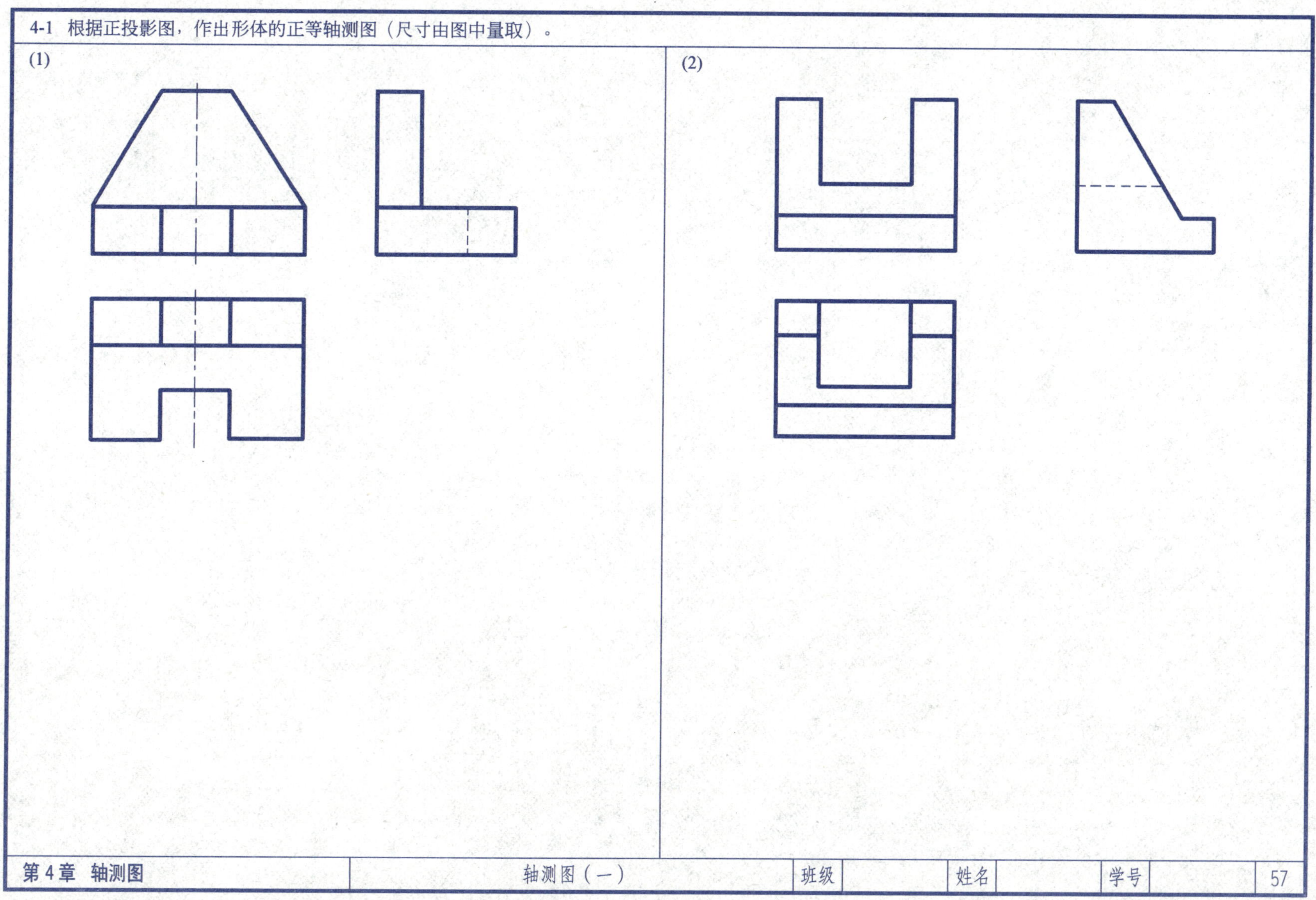

4-2 根据正投影图，作出形体的正等测（尺寸由图中量取）。

(1)

(2)

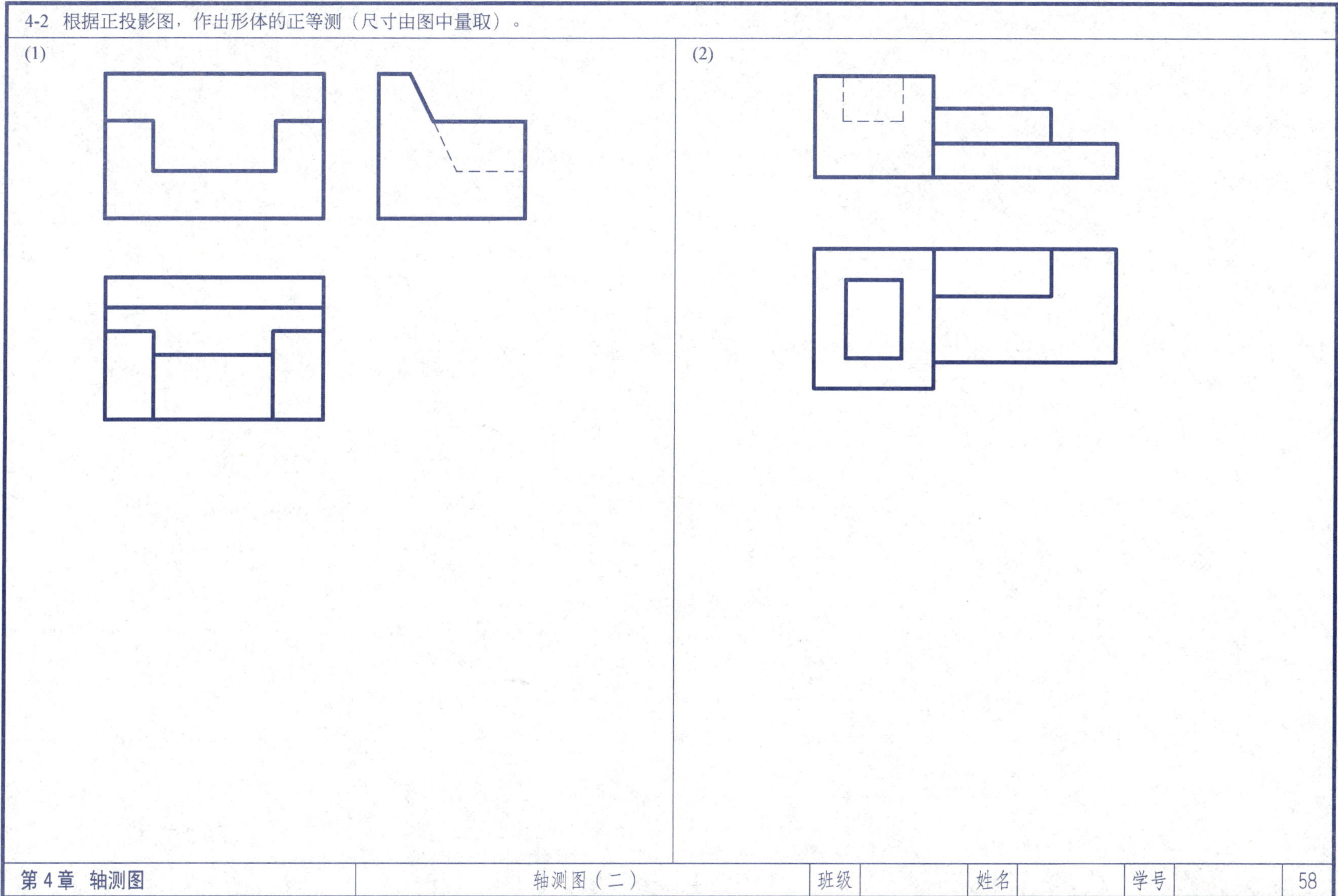

4-3 根据正投影图，作出形体的正等测图（尺寸由图中量取）。

(1)

(2)

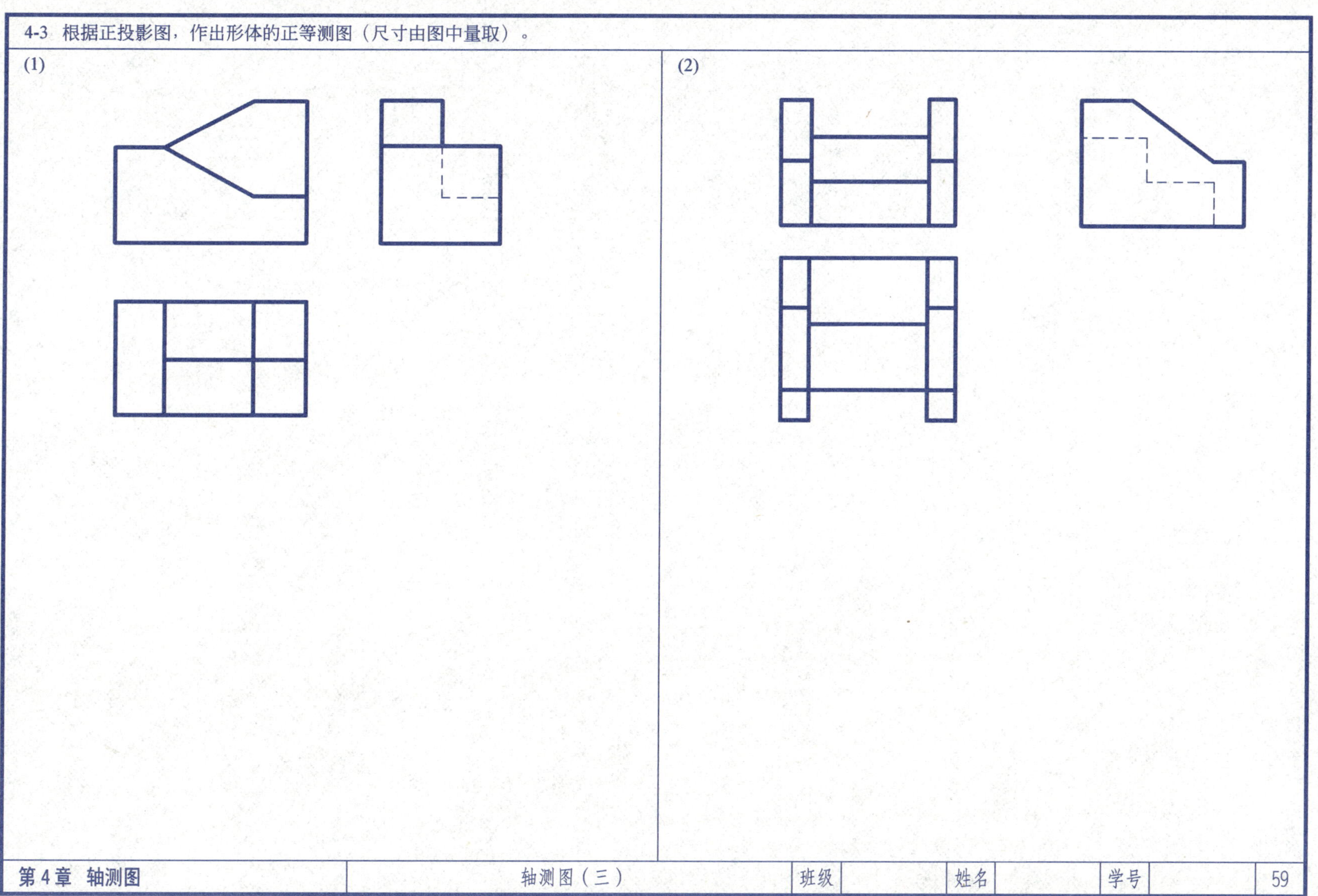

4-4 根据正投影图，作出形体的正等测（尺寸由图中量取）。

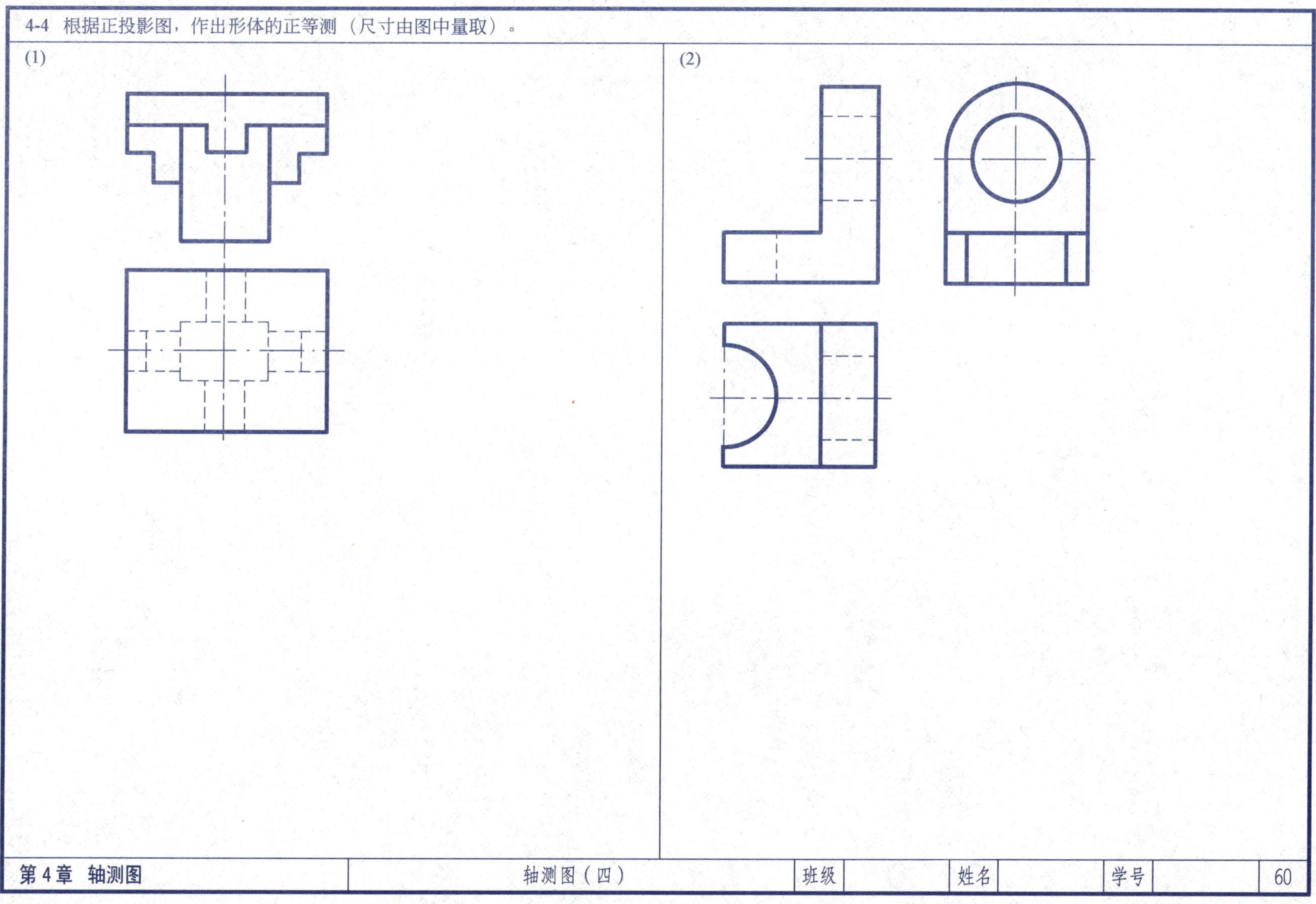

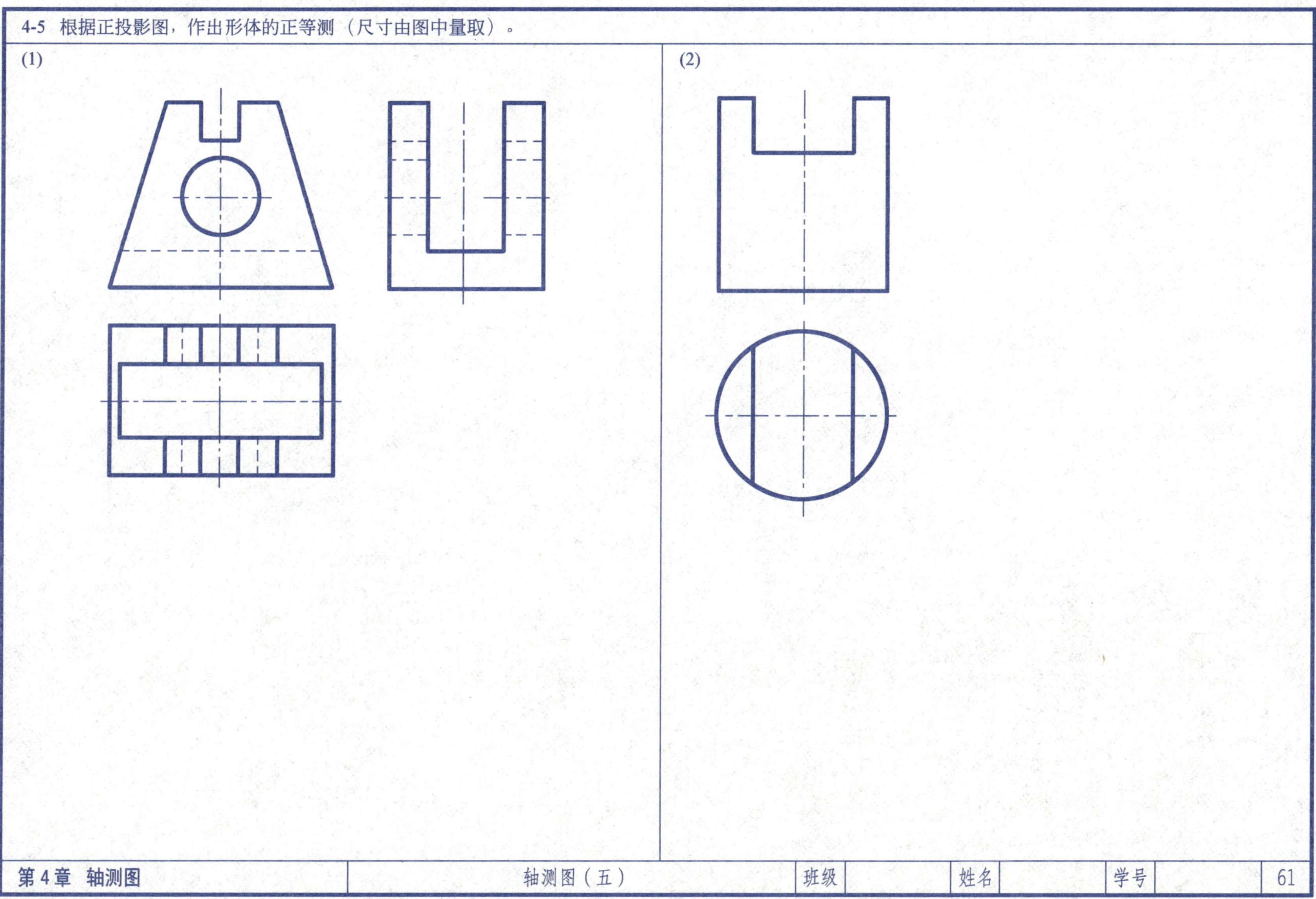
4-5 根据正投影图，作出形体的正等测（尺寸由图中量取）。
(1)
(2)

4-6 根据正投影图，作出各形体的斜二等轴测图（尺寸由图中量取）。

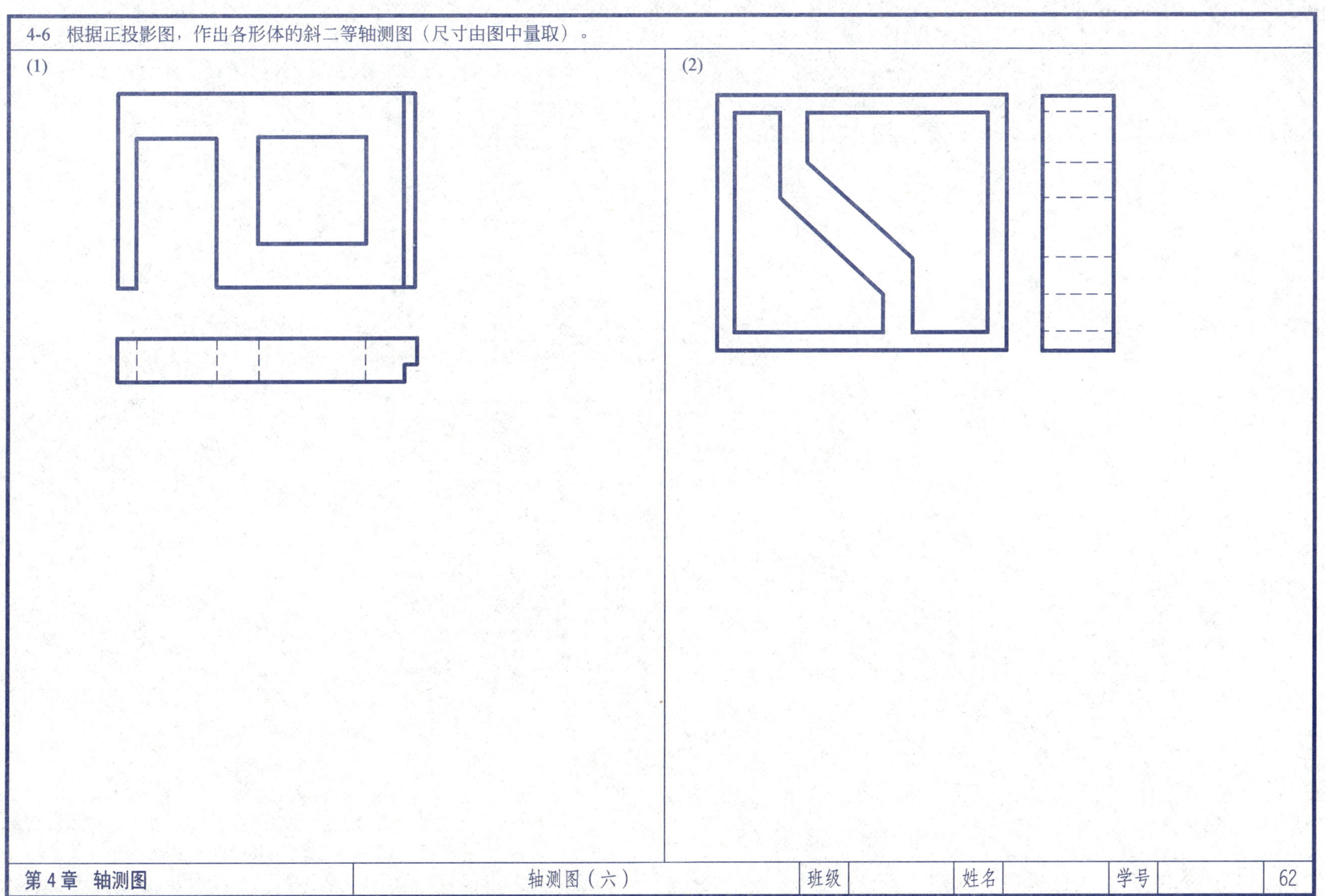

4-7 根据正投影图，作出形体的斜二测（尺寸由图中量取）。

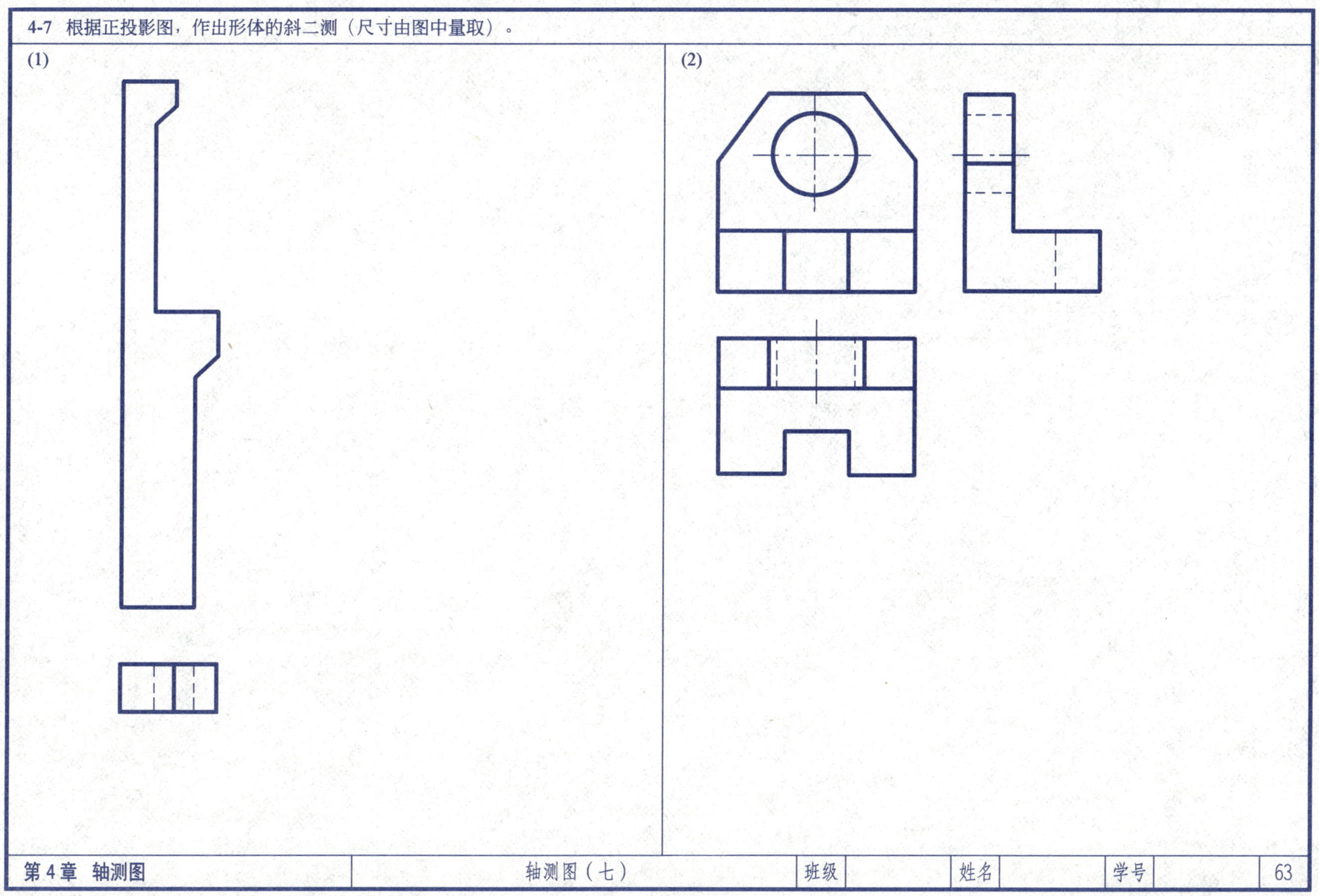

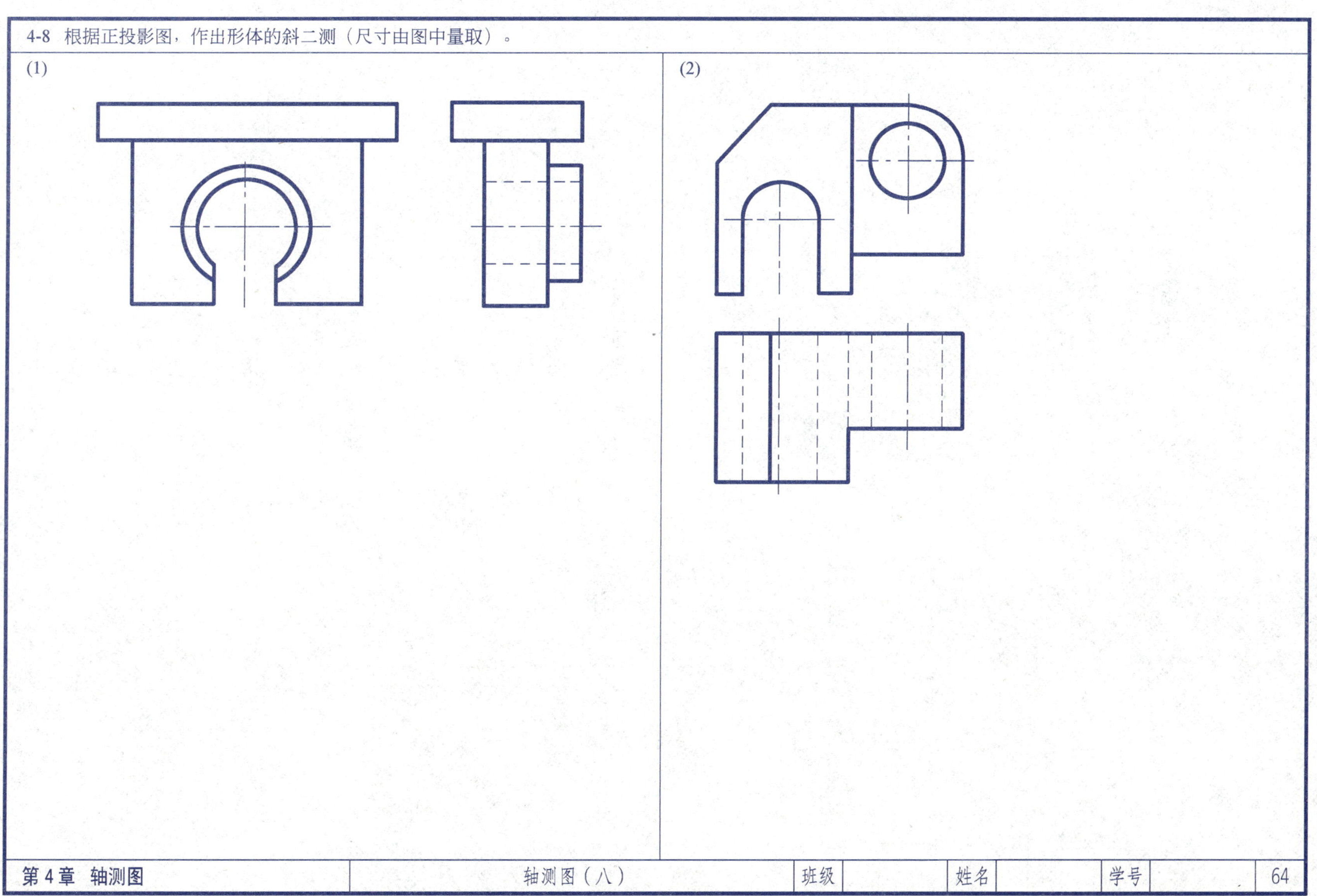

4-8 根据正投影图，作出形体的斜二测（尺寸由图中量取）。
(1)
(2)

4-9 根据正投影图，作出形体的斜二测（尺寸由图中量取）。

(1)

(2)

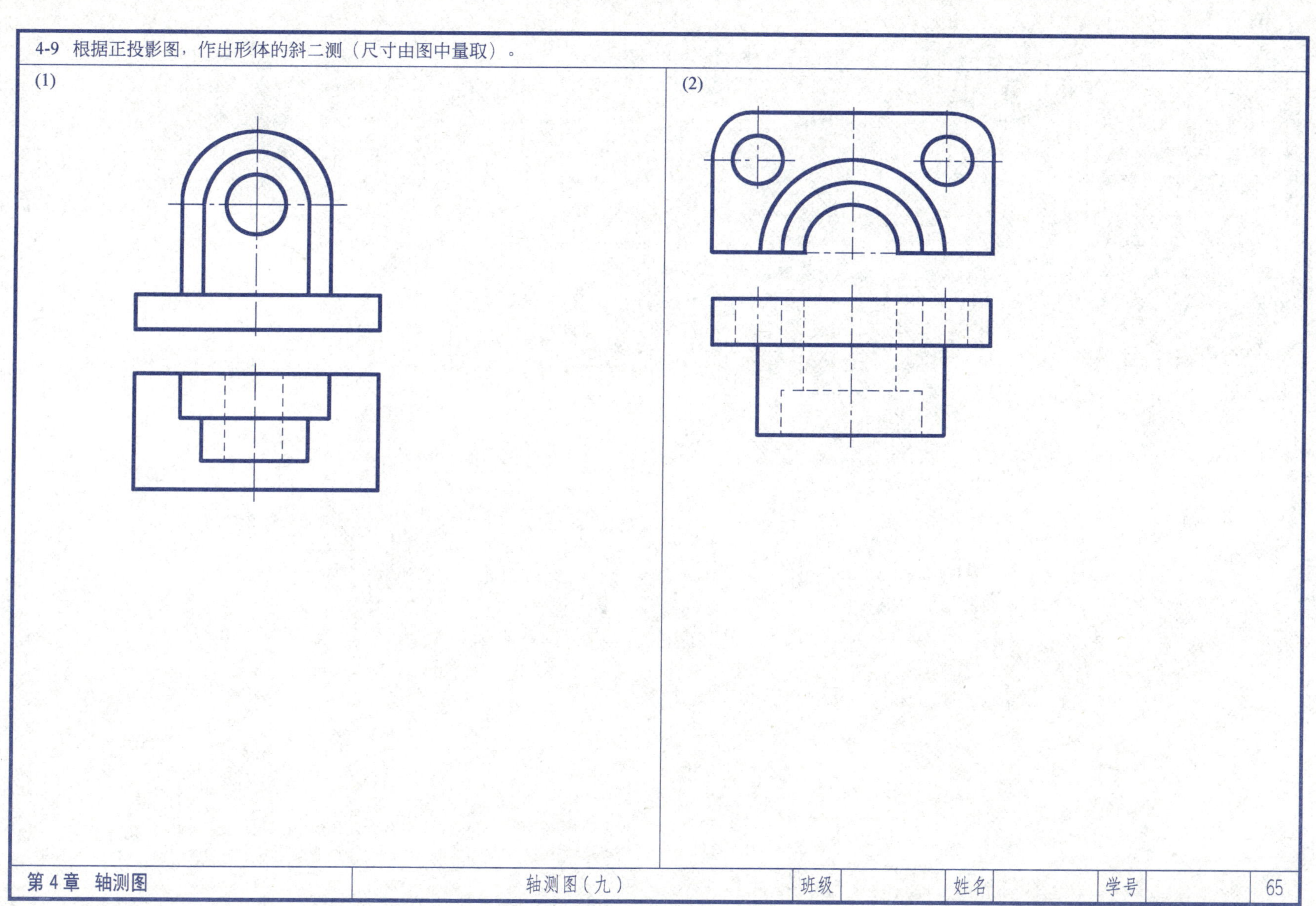

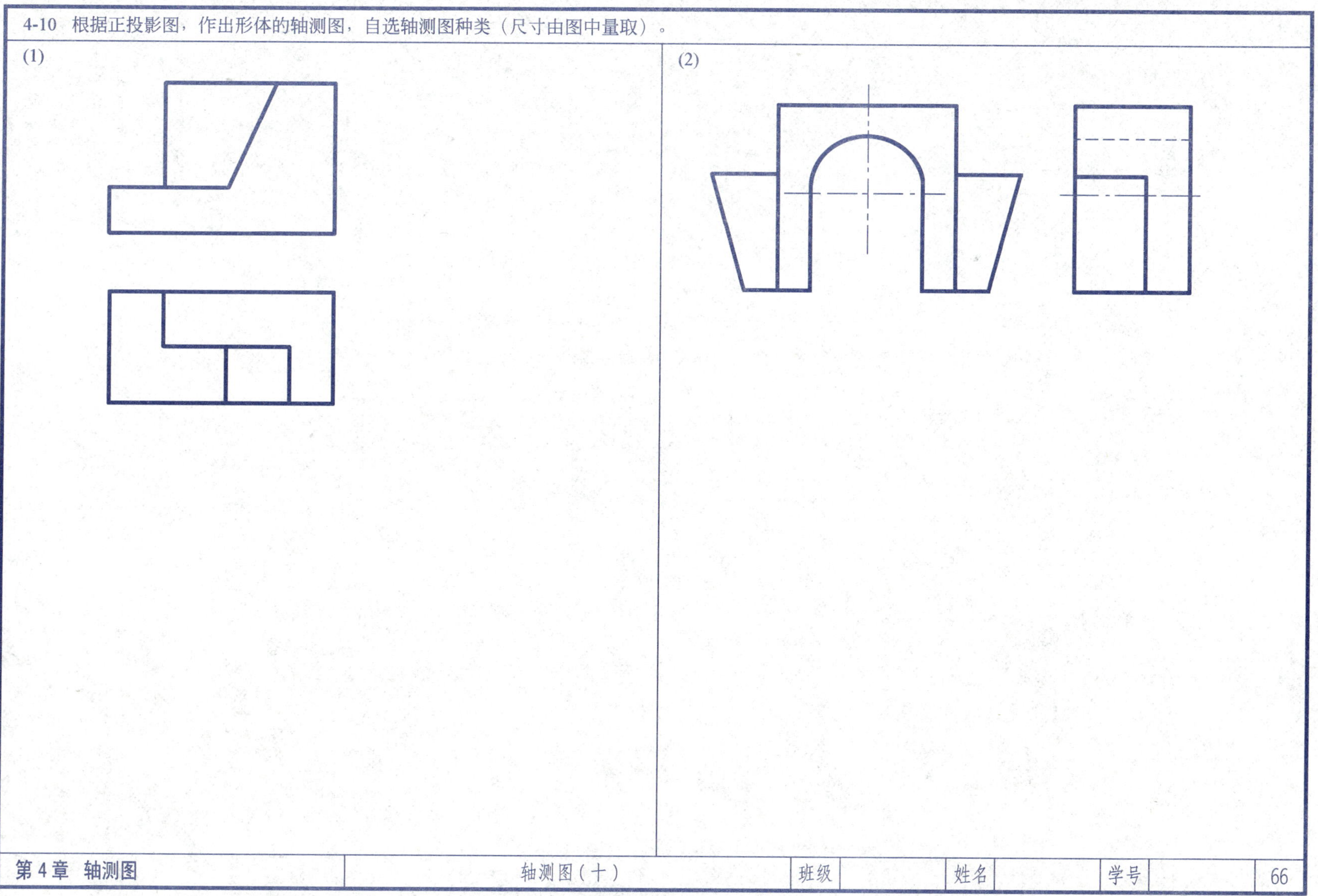
4-10 根据正投影图，作出形体的轴测图，自选轴测图种类（尺寸由图中量取）。
(1)
(2)

4-11　根据正投影图，自选轴测图类型，作出形体的轴测量（尺寸由图中量取）。

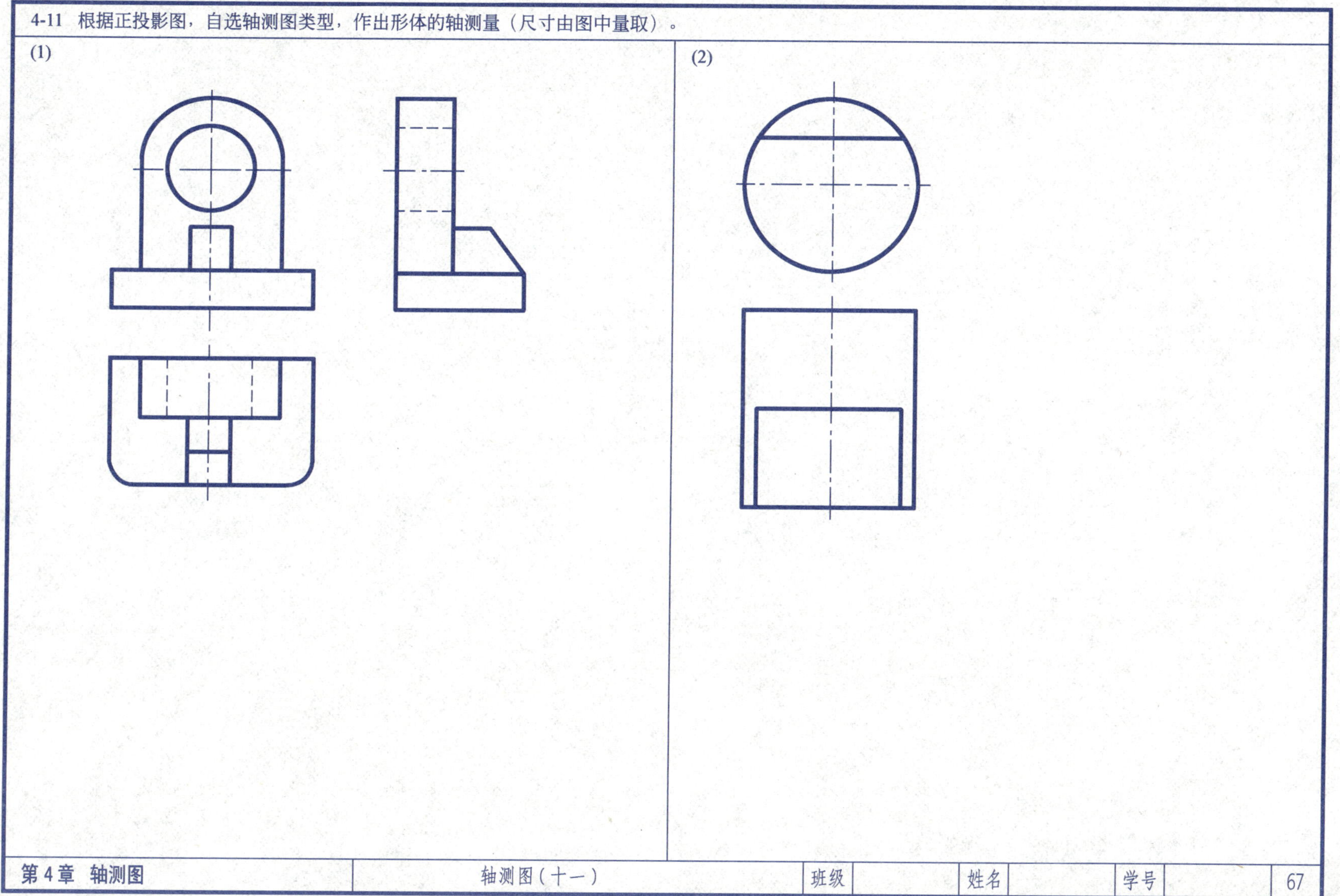

4-12 根据正投影图，作出形体被剖切后的轴测图（尺寸由图中量取）。

(1)作出形体被剖切掉1/4后的轴测图。

(2)作出形体按图示两次剖切的轴测图。

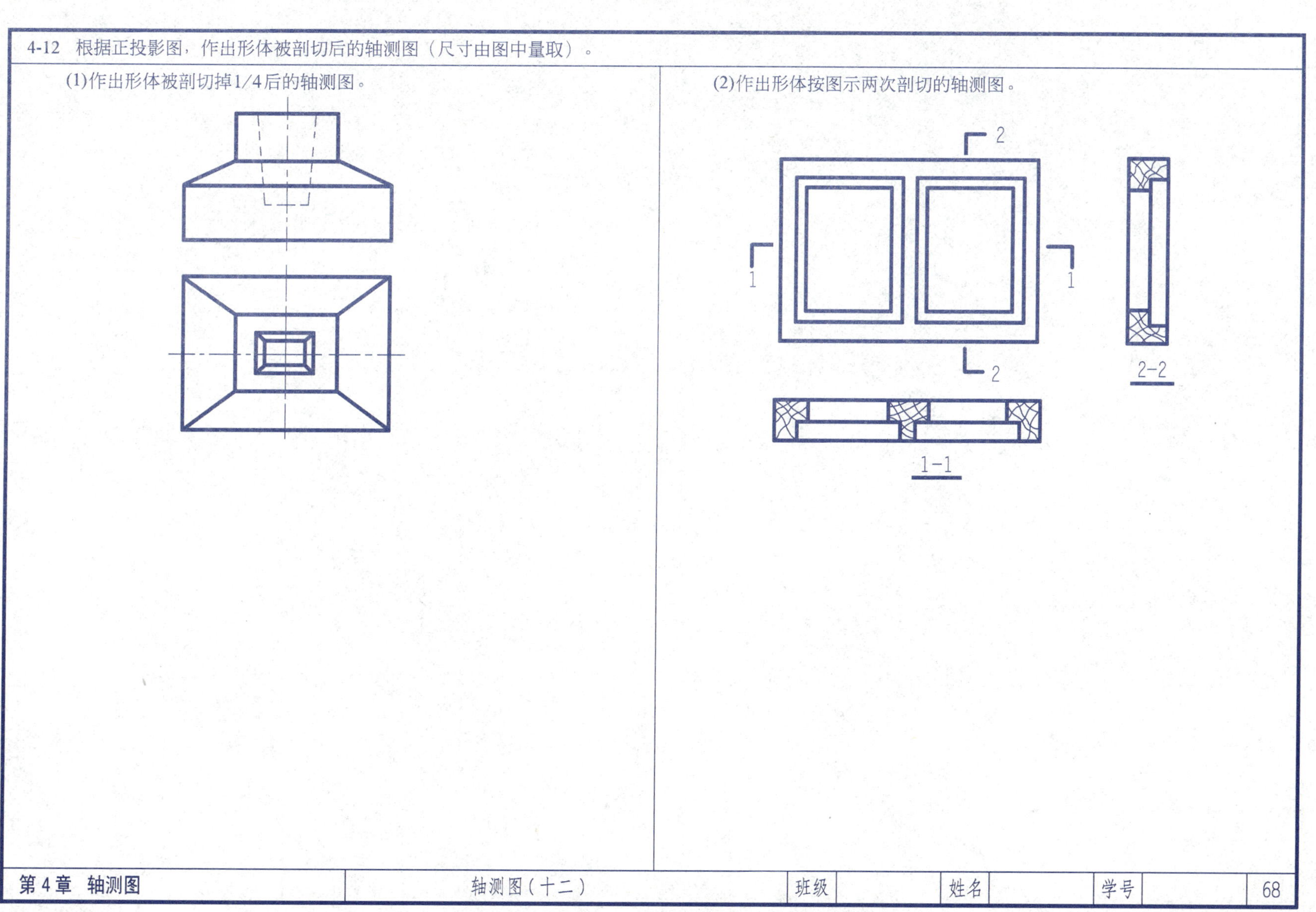

4-13　根据正投影图，作出十字街口的水平斜轴测图（尺寸由图中量取）。

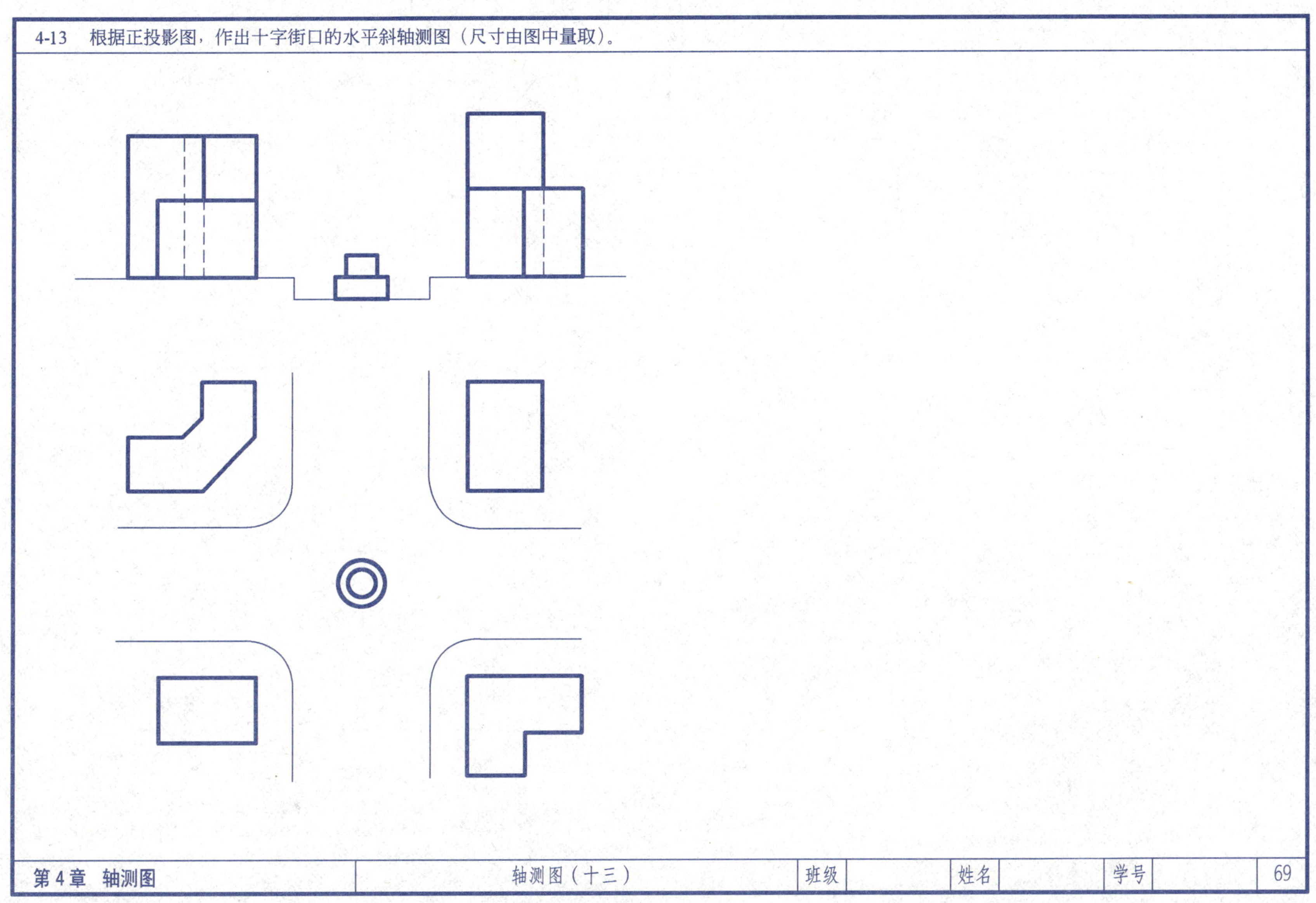

5-1　字体练习。

建筑制图民用房屋东西南北中平立剖面设计说明基

墙梁柱挡板楼梯框架承重结构门窗阳台雨篷勒脚散

坡洞沟槽材料钢筋混凝土砂石灰浆砖给水排暖通电

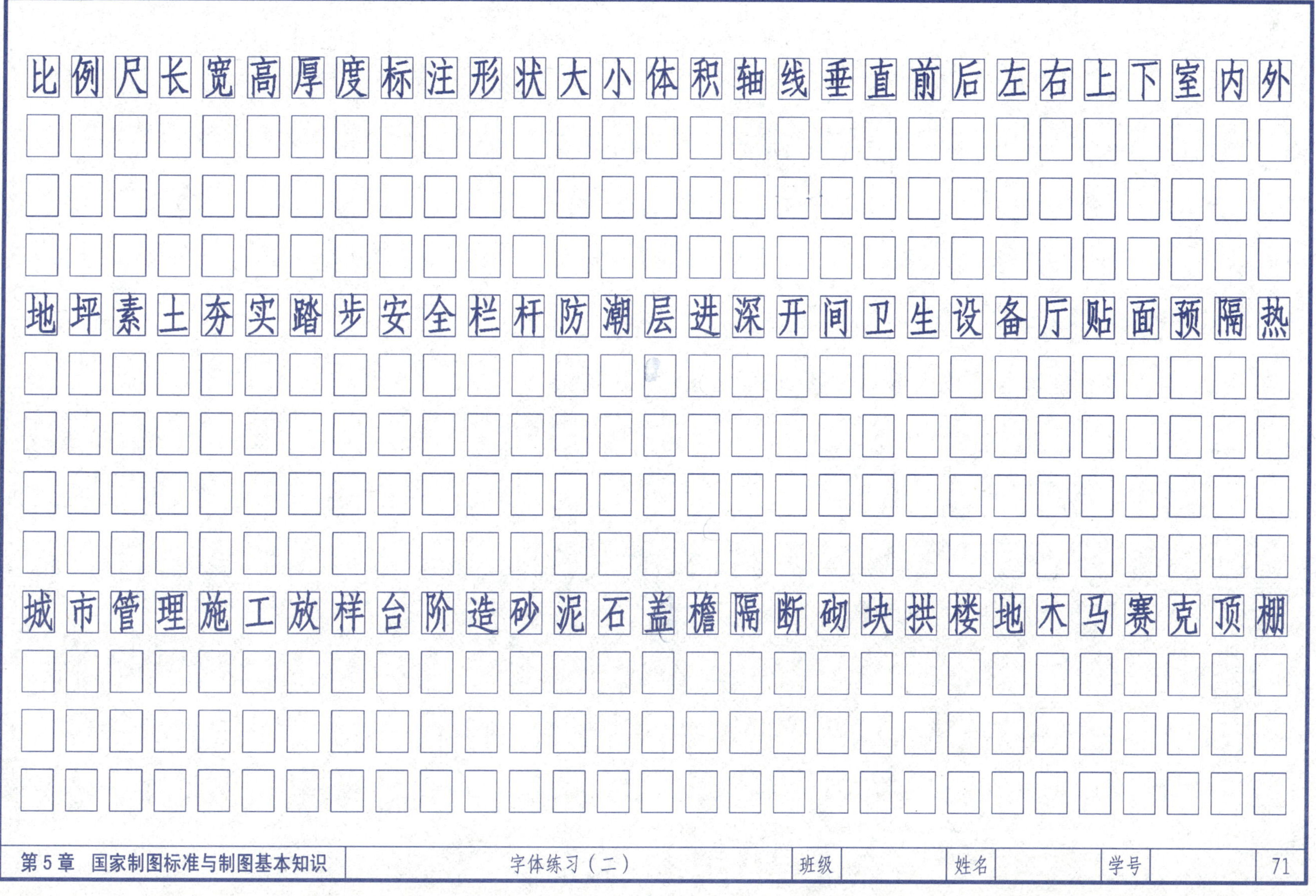
比例尺长宽高厚度标注形状大小体积轴线垂直前后左右上下室内外
地坪素土夯实踏步安全栏杆防潮层进深开间卫生设备厅贴面预隔热
城市管理施工放样台阶造砂泥石盖檐隔断砌块拱楼地木马赛克顶棚

ABCDEFGHIJKLMNOPQRSTUVWXYZ

ABCDEFGHIJKLMNOPQRSTUVWXYZ

1234567890 Φ *1234567890*

abcdefghijklmnopqrstuvwxyz

第5章 国家制图标准与制图基本知识	字体练习（三）	班级		姓名		学号		72

5-2 试用 A3 幅面，1∶1 比例，铅笔绘制所给图样，要求线型粗细分明，交接正确。

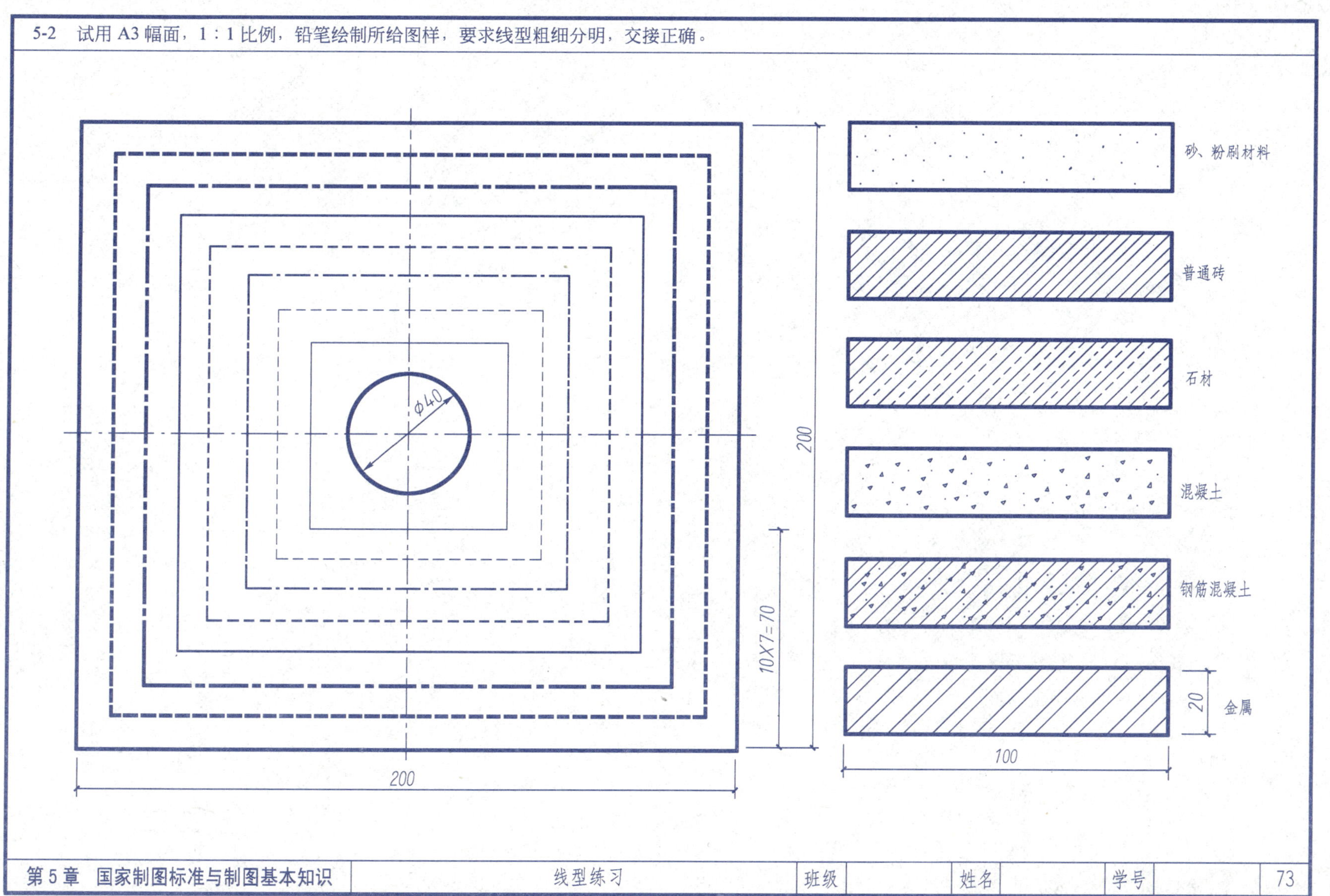

5-3 按给定的比例抄绘下列图形，并标注尺寸。

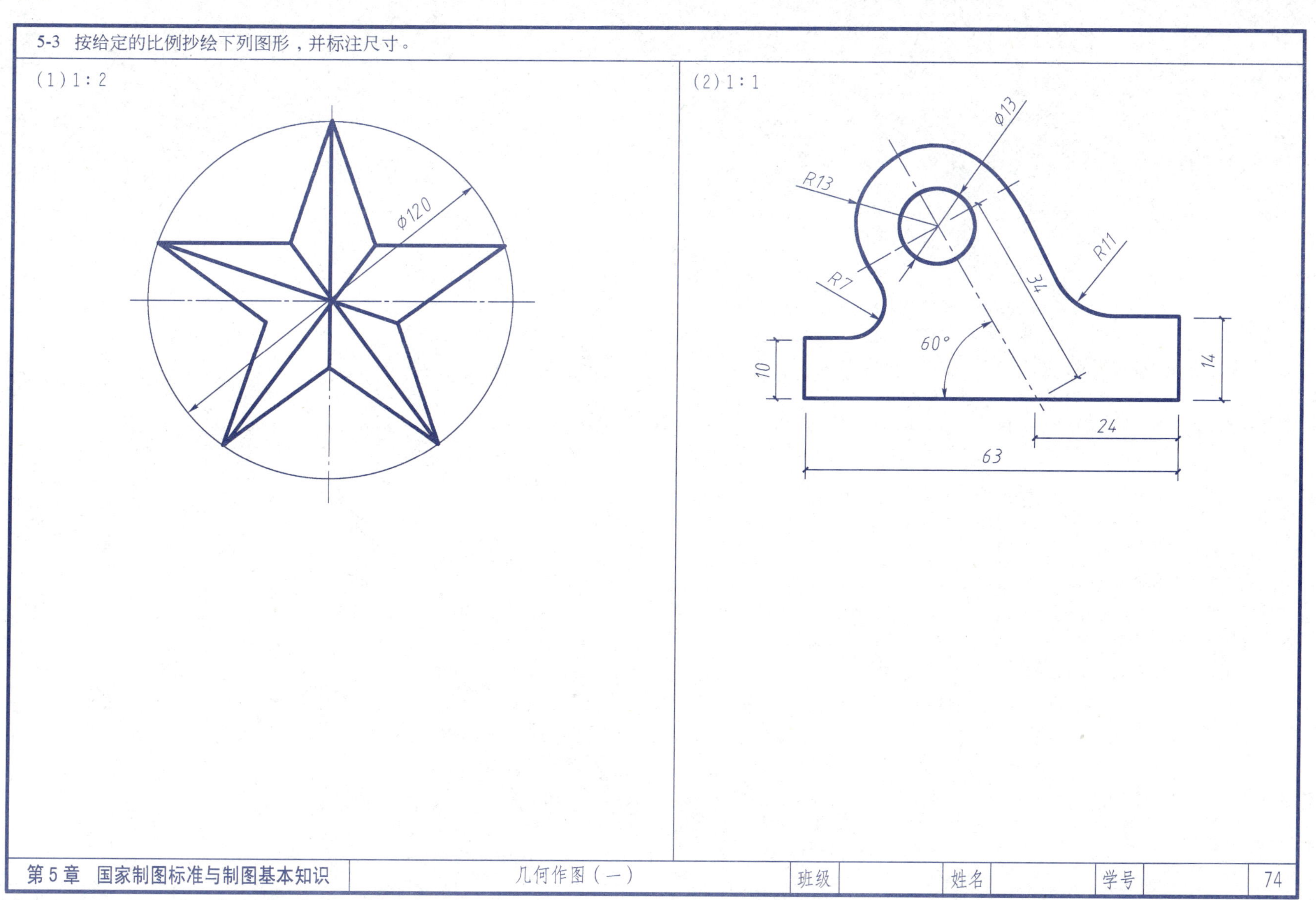

5-4 按给定比例抄绘下列图形，并标注尺寸。

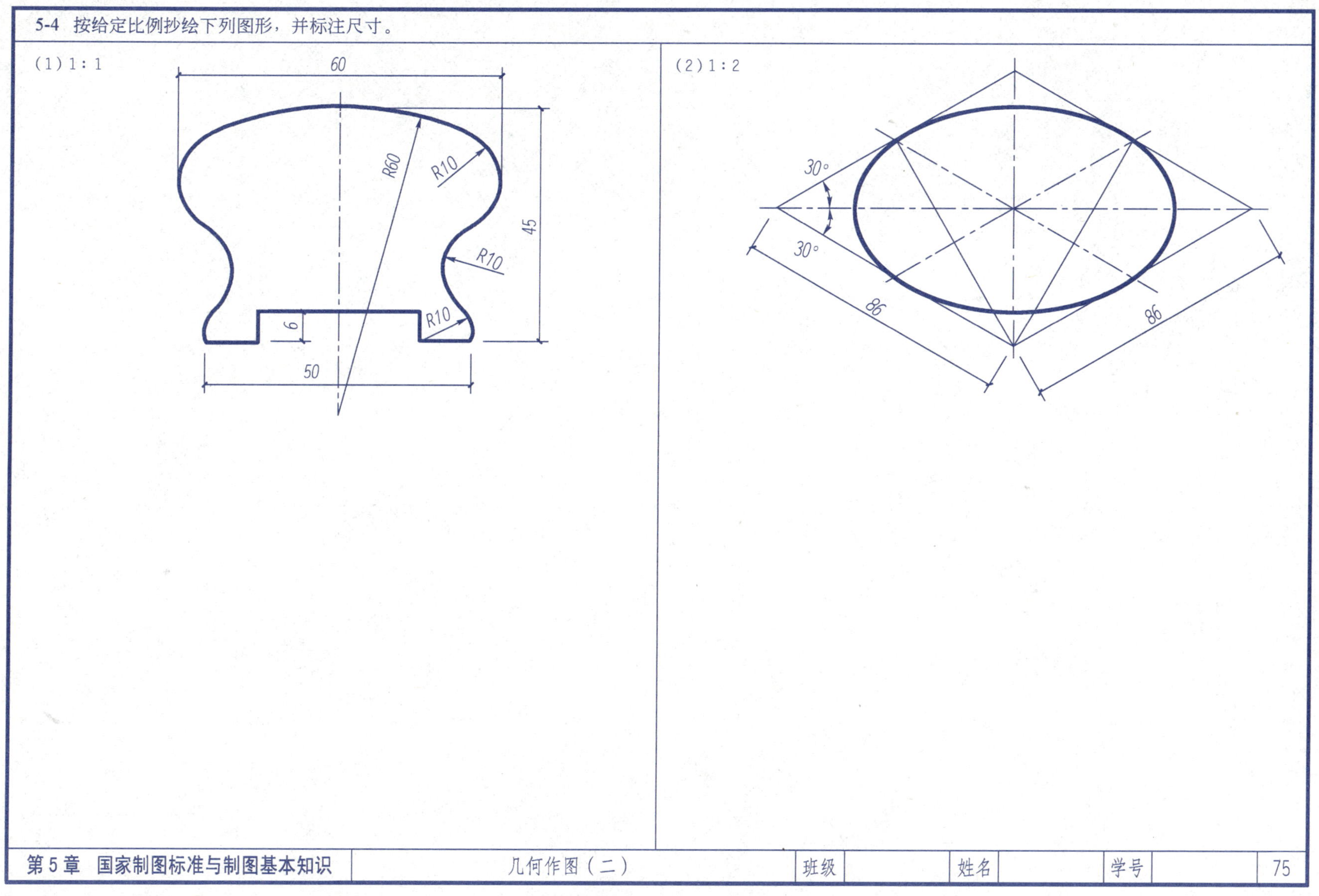

5-5 试用A3幅面，1:1比例，绘制仪器图，要求连接光滑，交接正确，线型粗细分明。

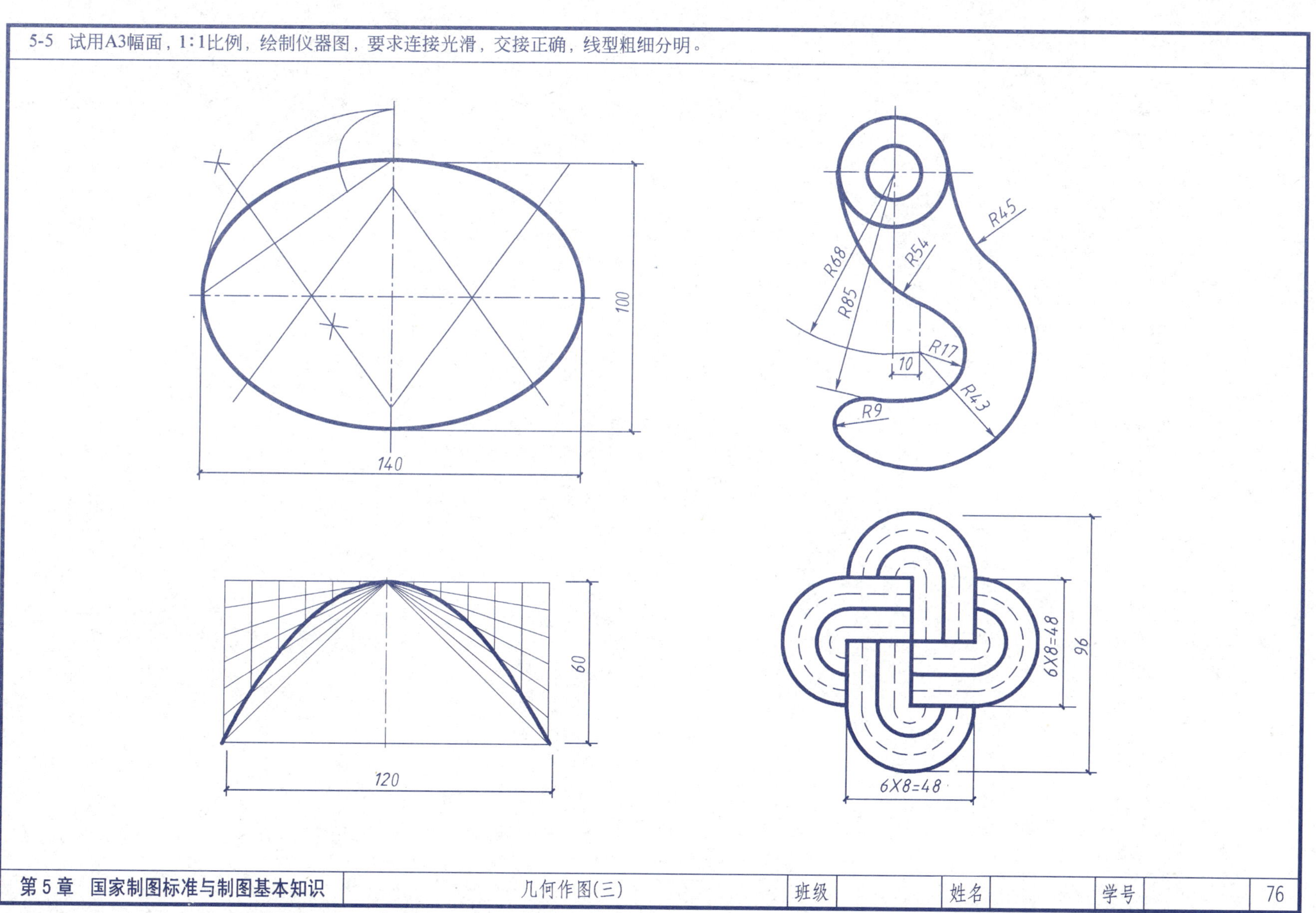

5-6 已知导圆柱及导程 S，试作左向圆柱螺旋线。

5-7 已知曲导线为右向圆柱螺旋线，导程为 S，试作大小圆柱之间的平螺旋面的投影，并判断可见性。

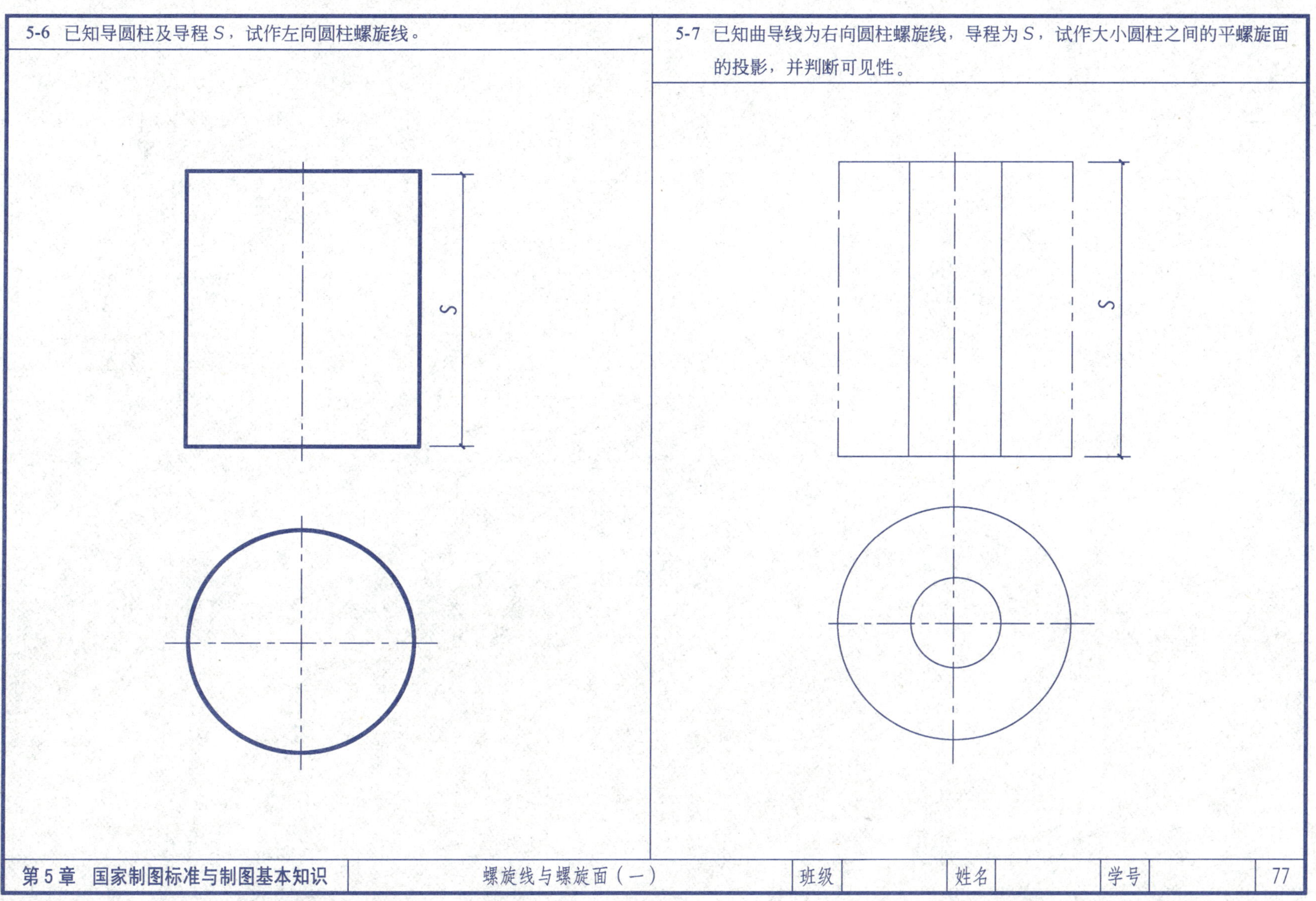

5-8 已知楼梯扶手弯头的H投影和弯头断面的V投影，补画扶手弯头的V投影。

5-9 已知曲导线为右向圆柱螺旋线，导程为S，试作大小圆柱之间的平螺旋面的投影，并判断可见性 。

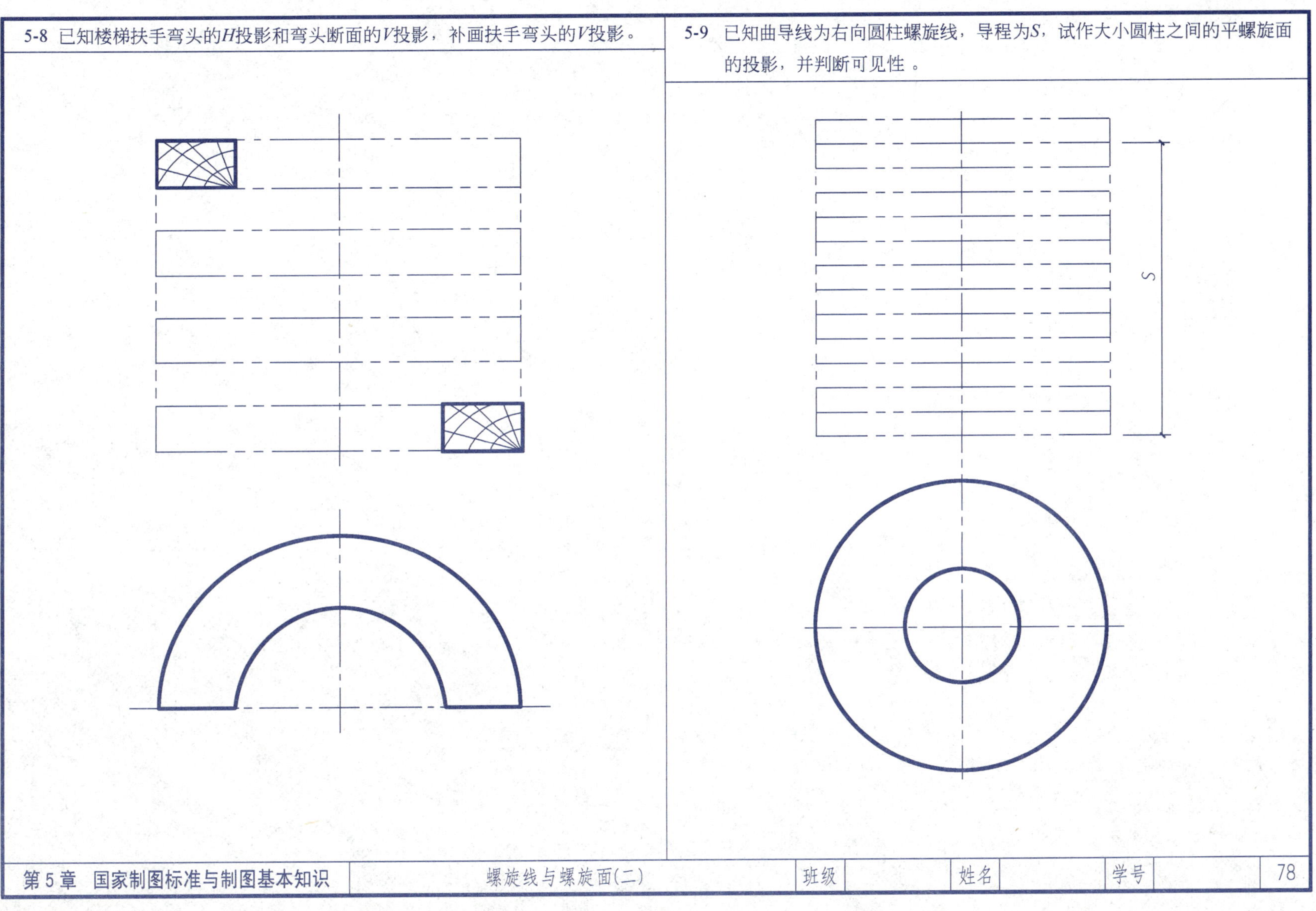

6-1 根据轴测图画组合体三视图并标注尺寸，尺寸直接从图中量取，取整数。

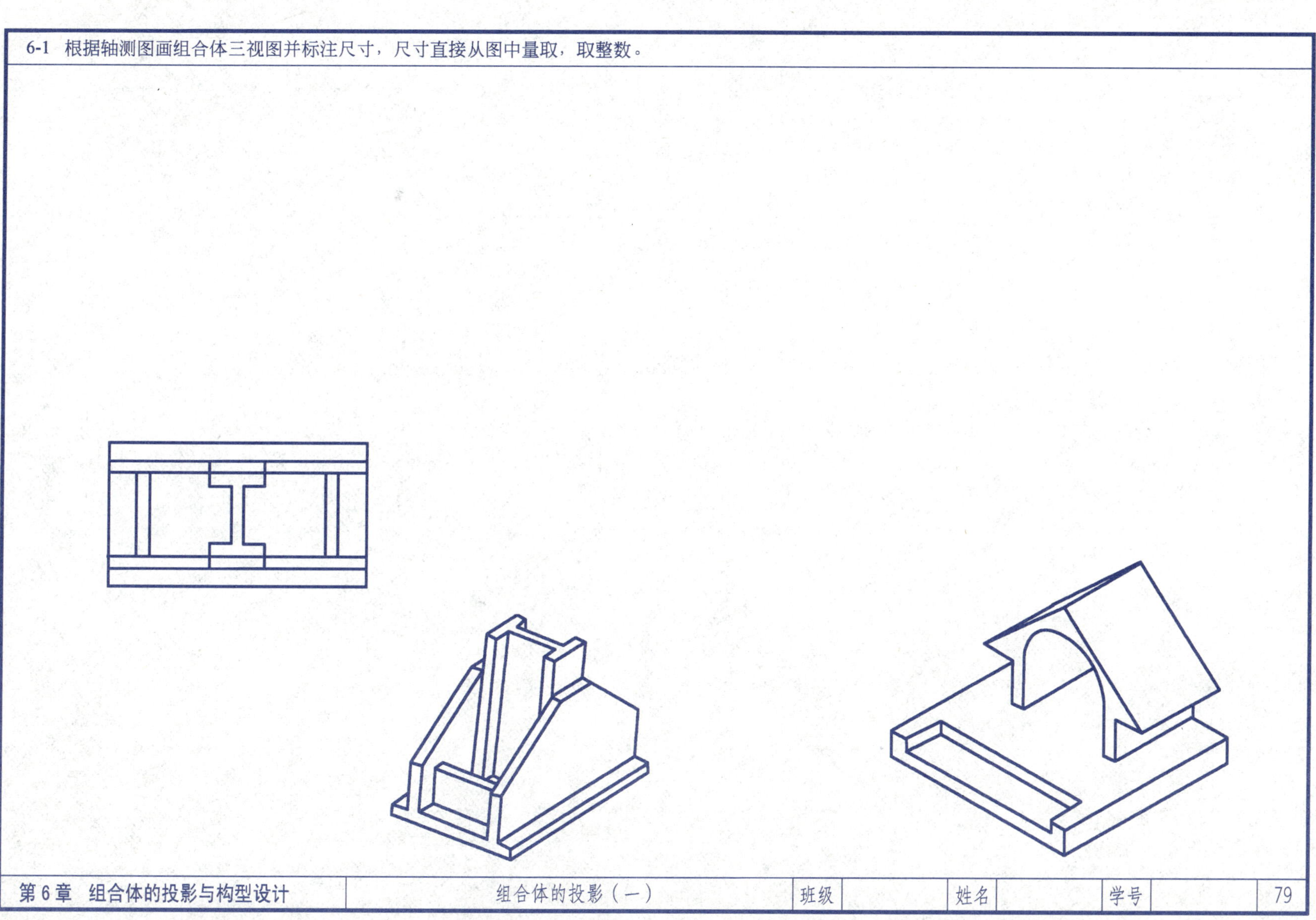

6-2 根据建筑形体测绘模型，画出投影图的草图，标注尺寸，并将草图画成仪器图（按1∶1）。

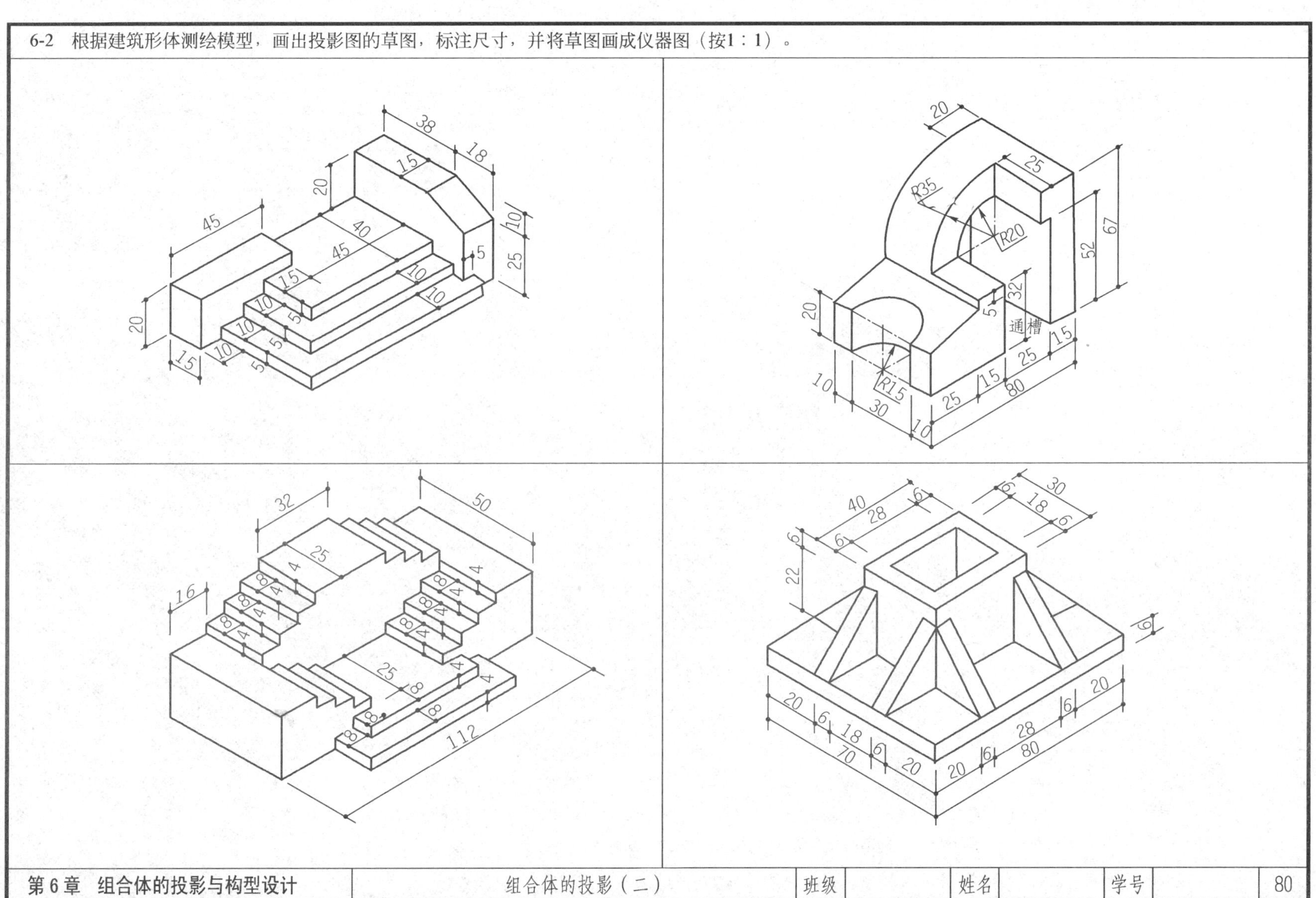

6-3 看懂立体图，找出相应的投影图，标出号码，并画出第三视图。

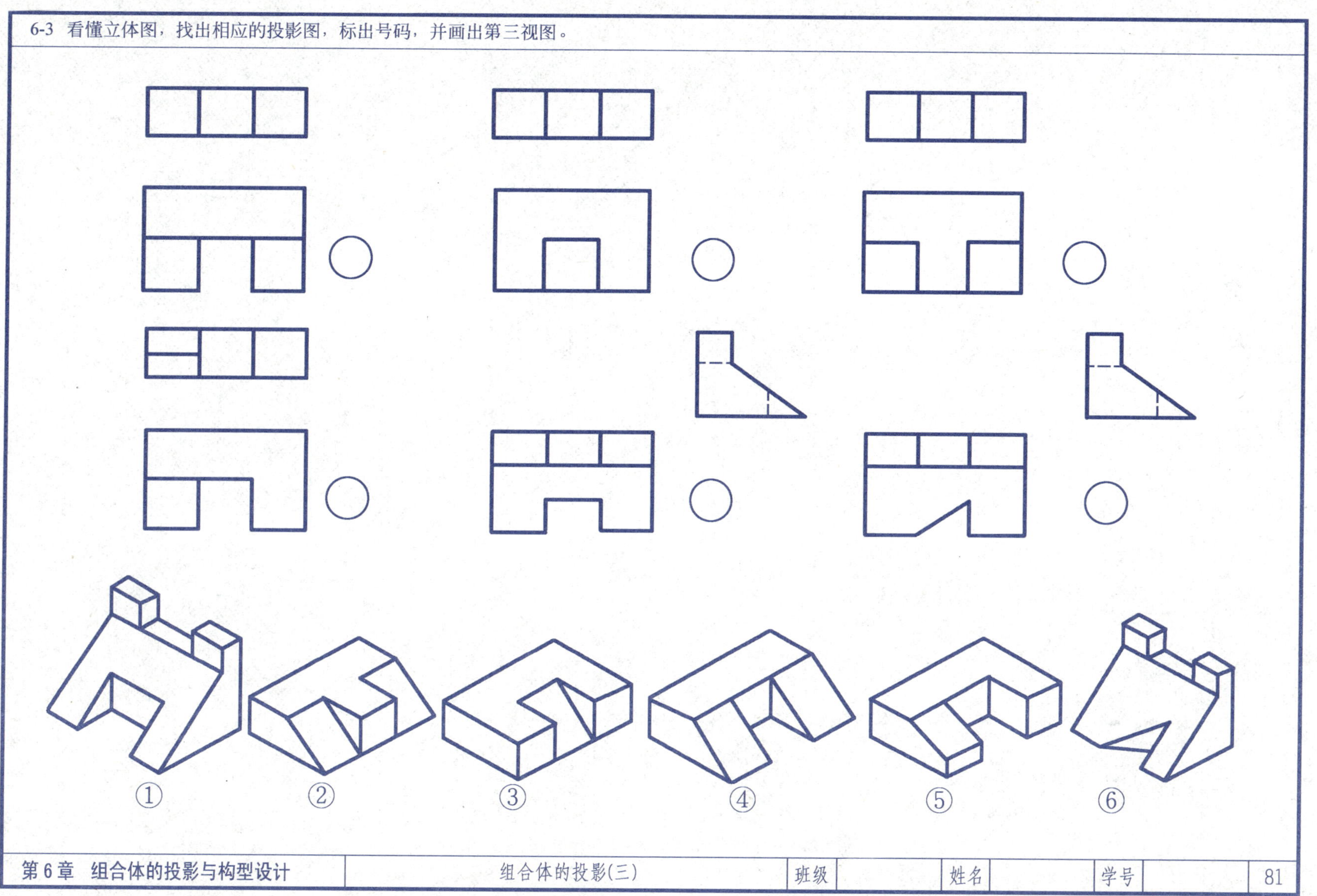

6-4 求作H面投影（作出四种不同的解答）。

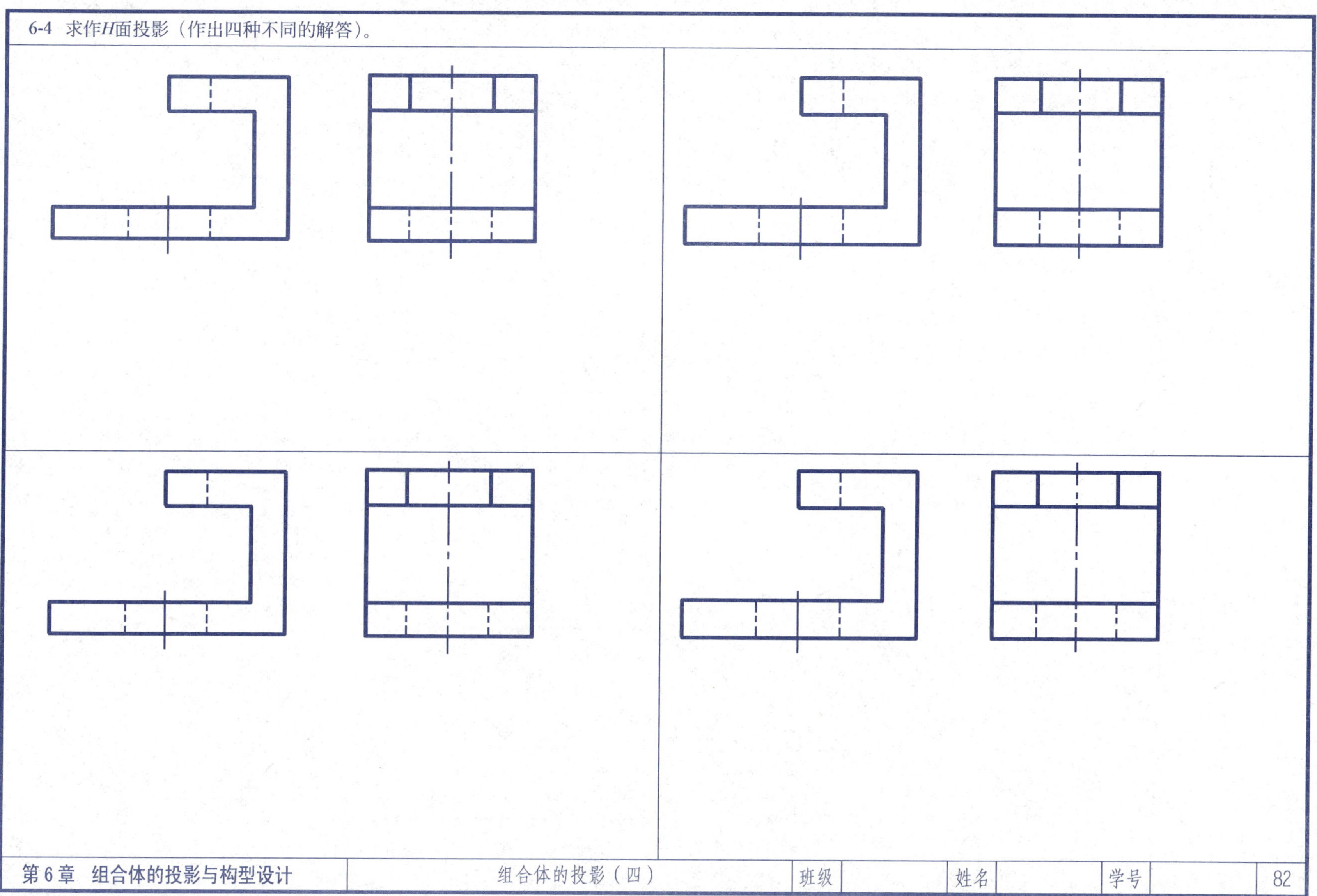

6-5 求作第三视图。

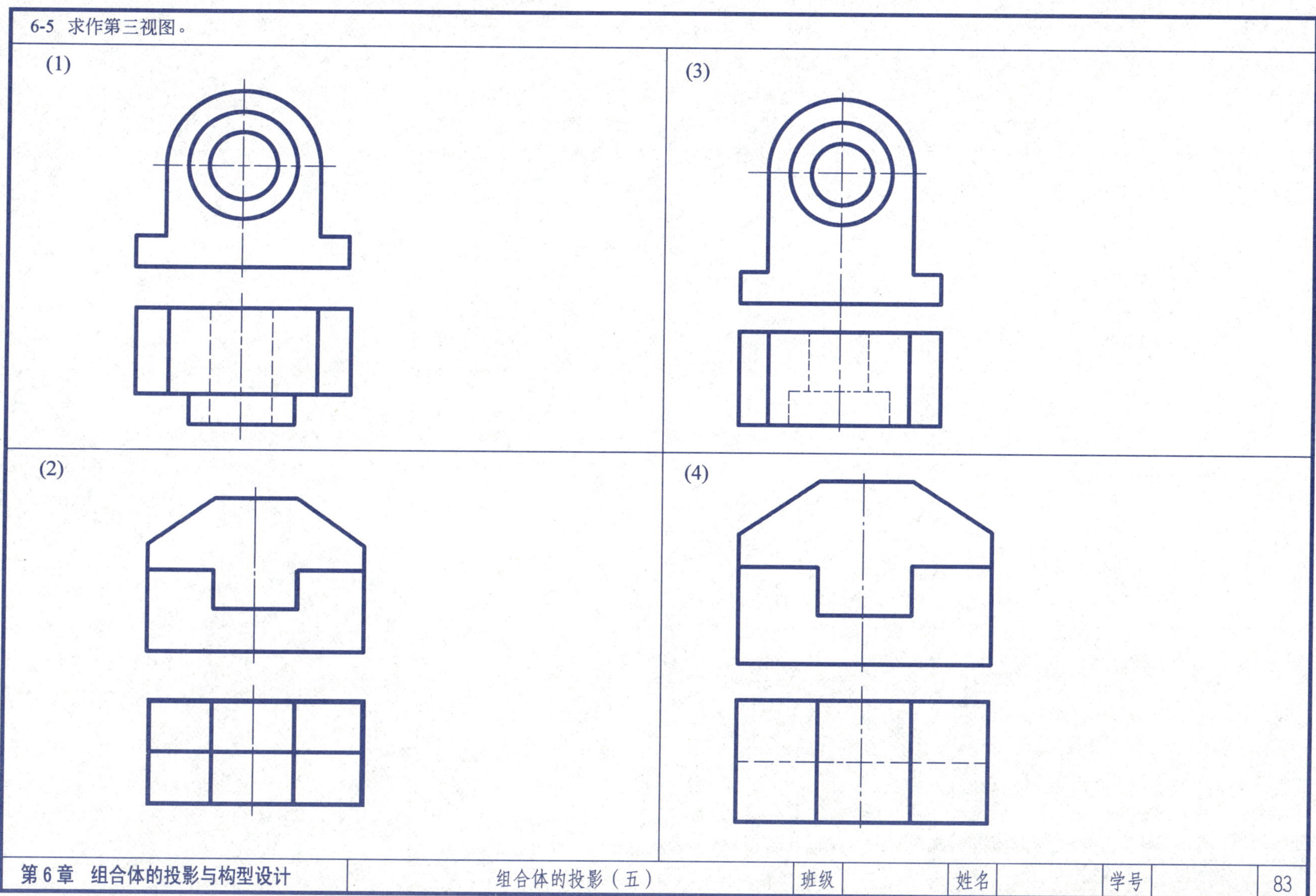

6-6 补绘形体的第三投影的投影图，标出号码。

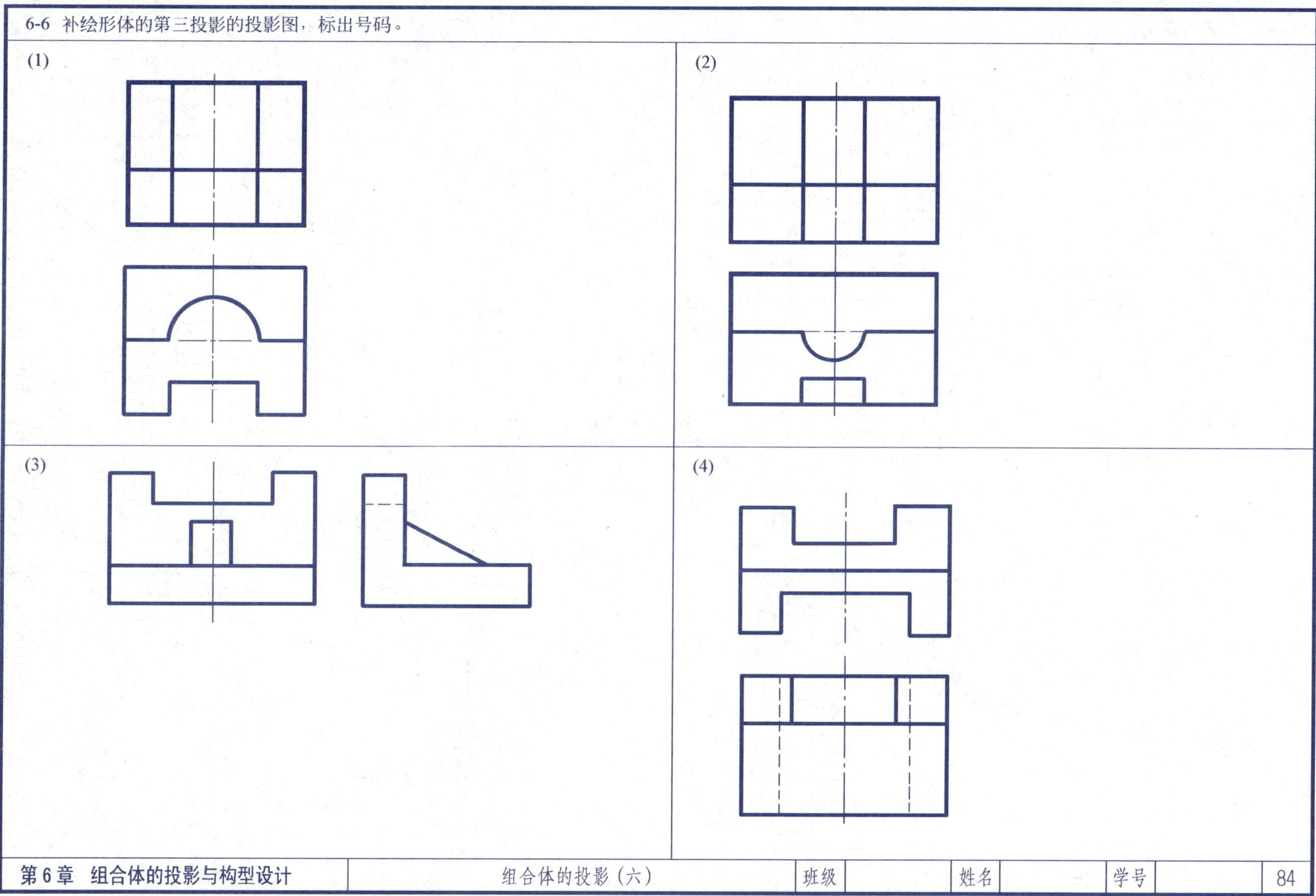

6-7 补全下列组合体三视图中所缺的线。

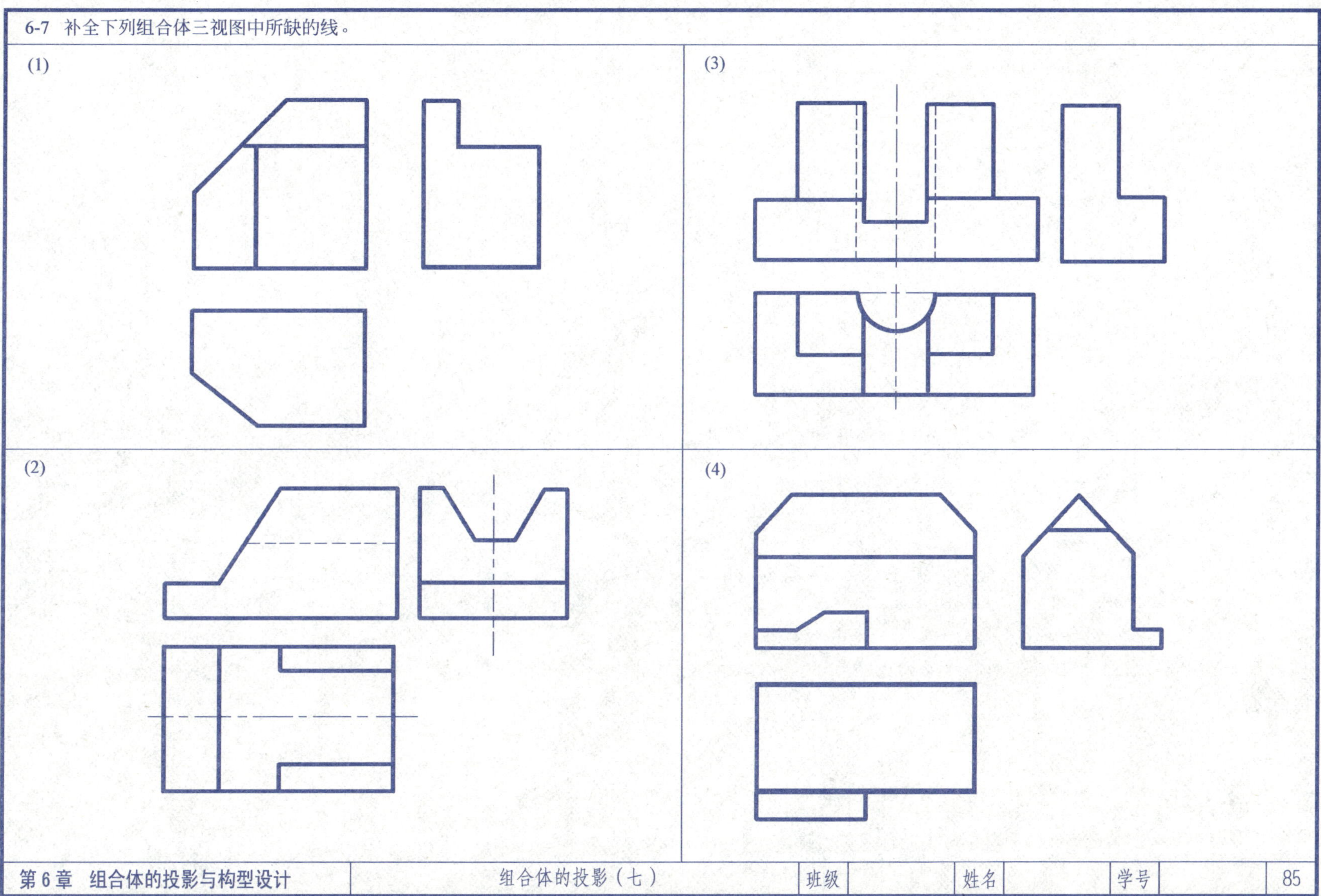

6-8 补全下列组合体三视图中所缺的线。

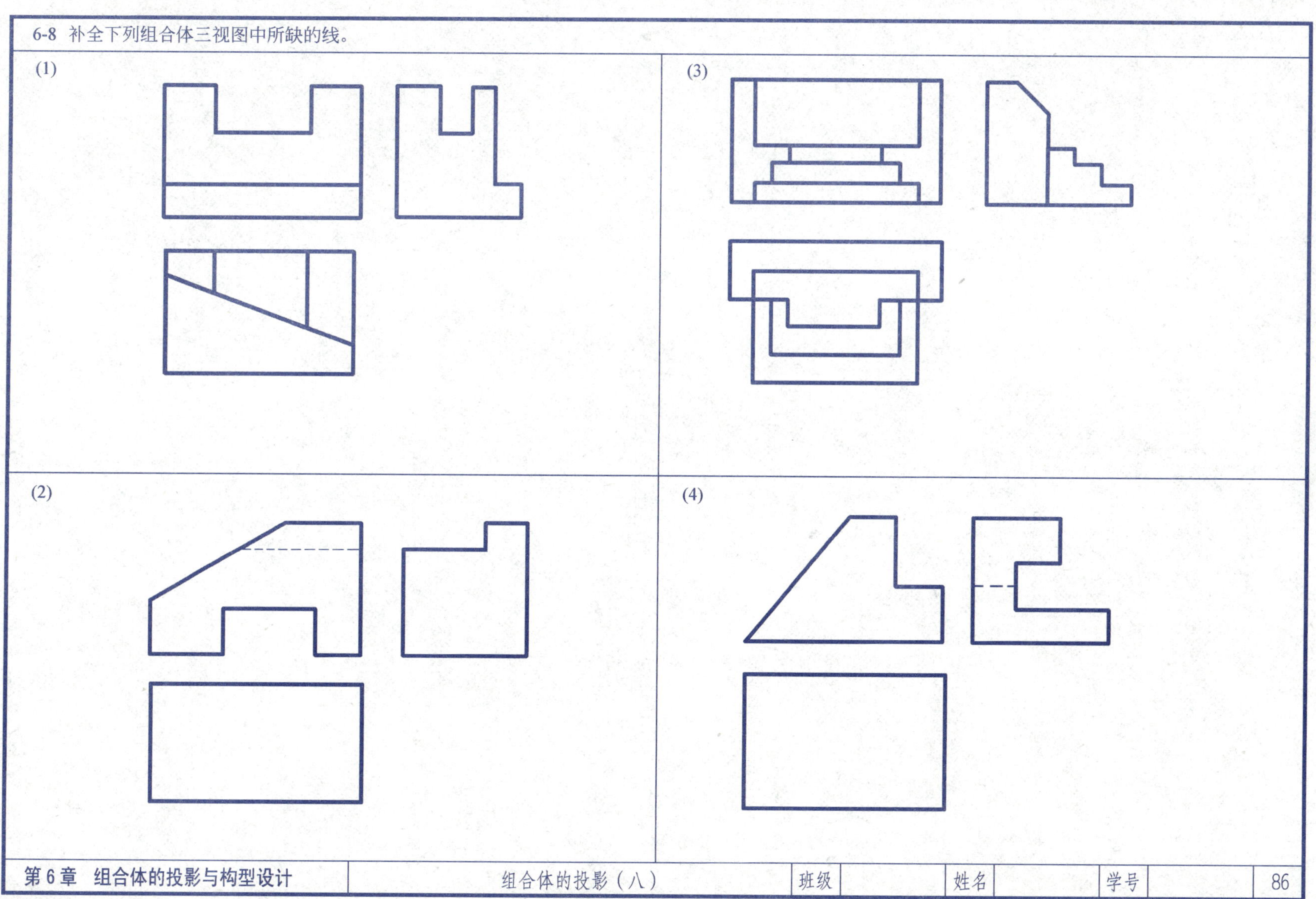

6-9 根据组合体的两投影画出第三投影，并徒手画出其轴测图。

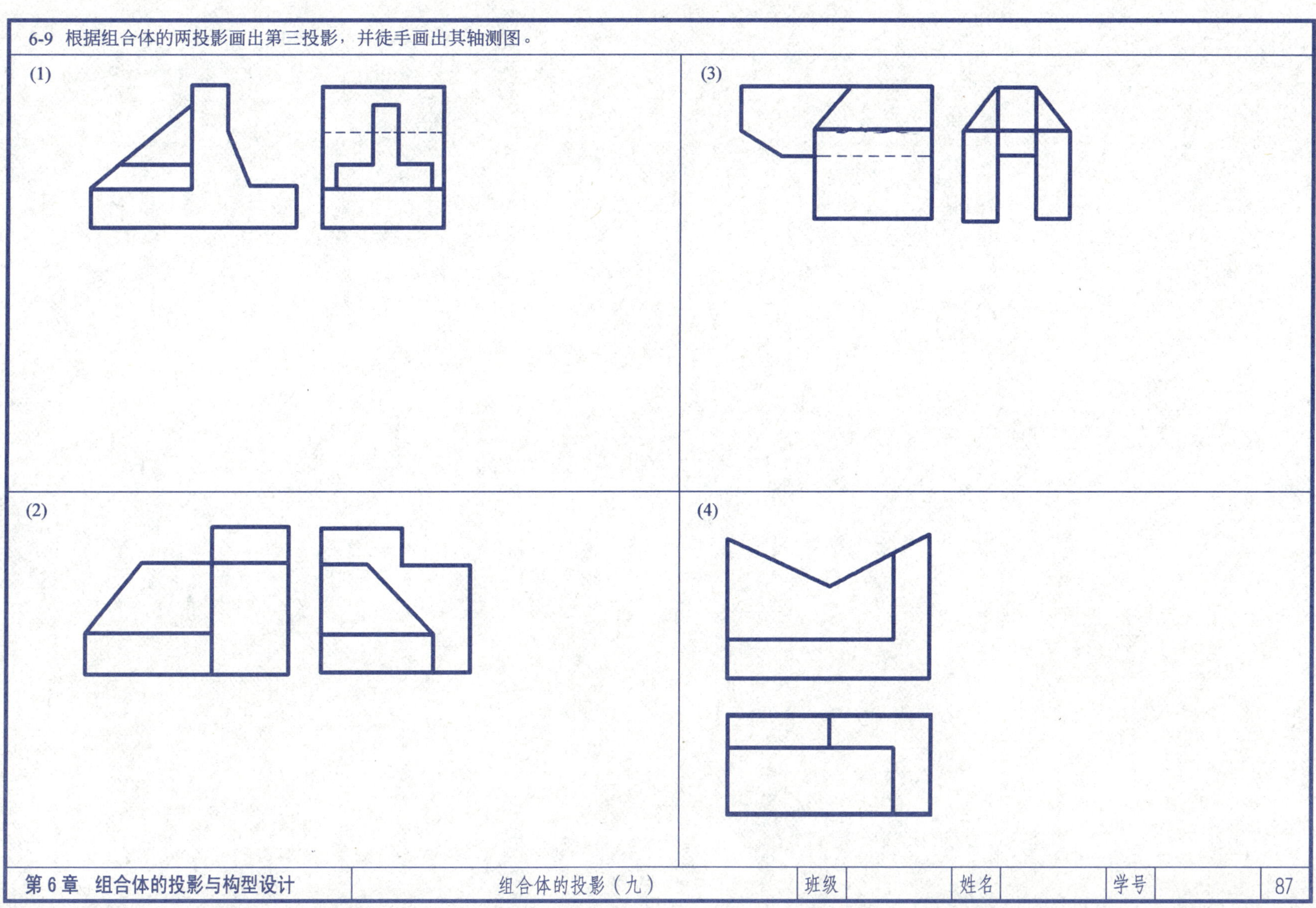

6-10 根据组合体的两投影画出第三投影。

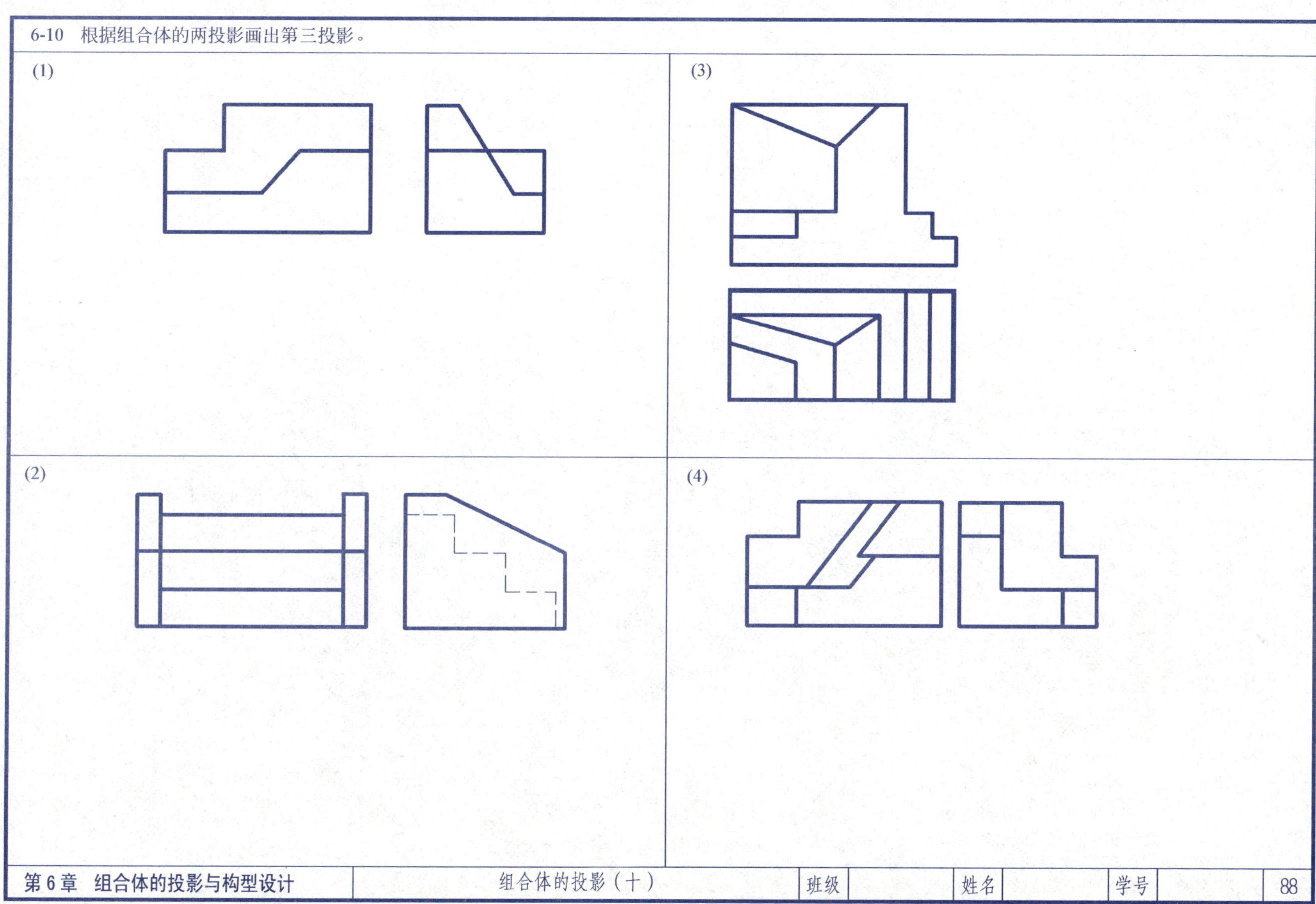

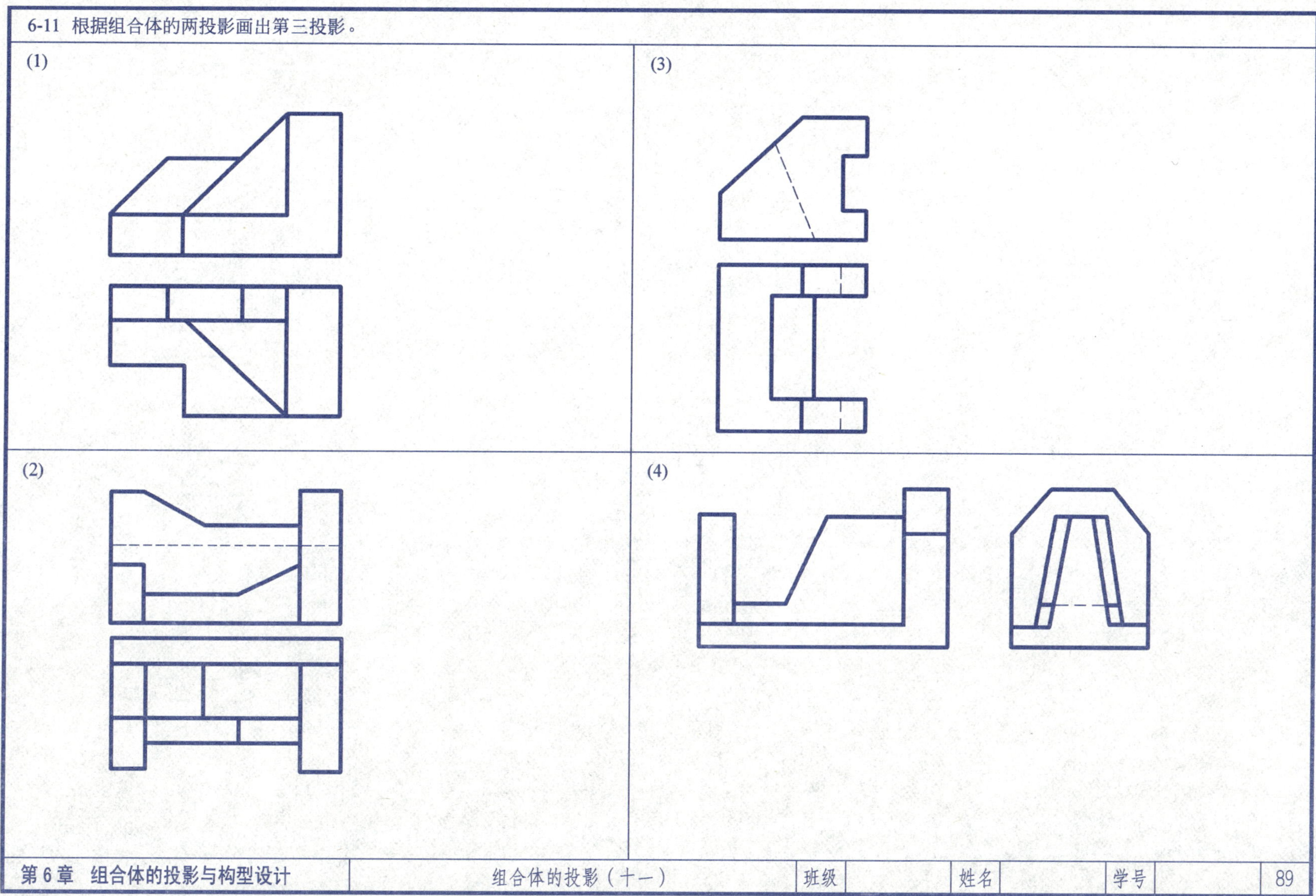
6-11 根据组合体的两投影画出第三投影。
(1)
(3)
(2)
(4)

6-12 根据组合体的两投影画出第三投影。

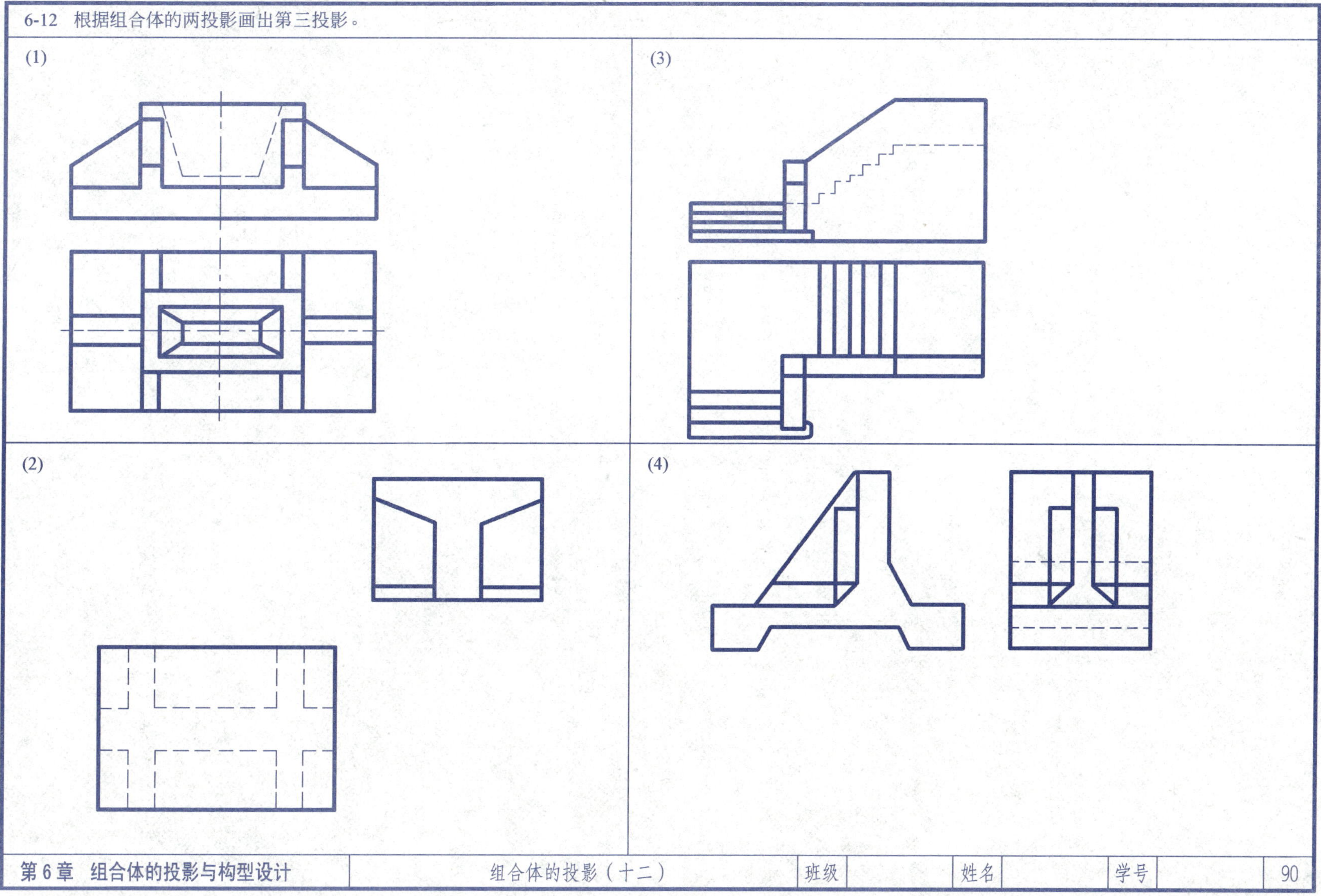

6-13 根据组合体的两投影画出第三投影。

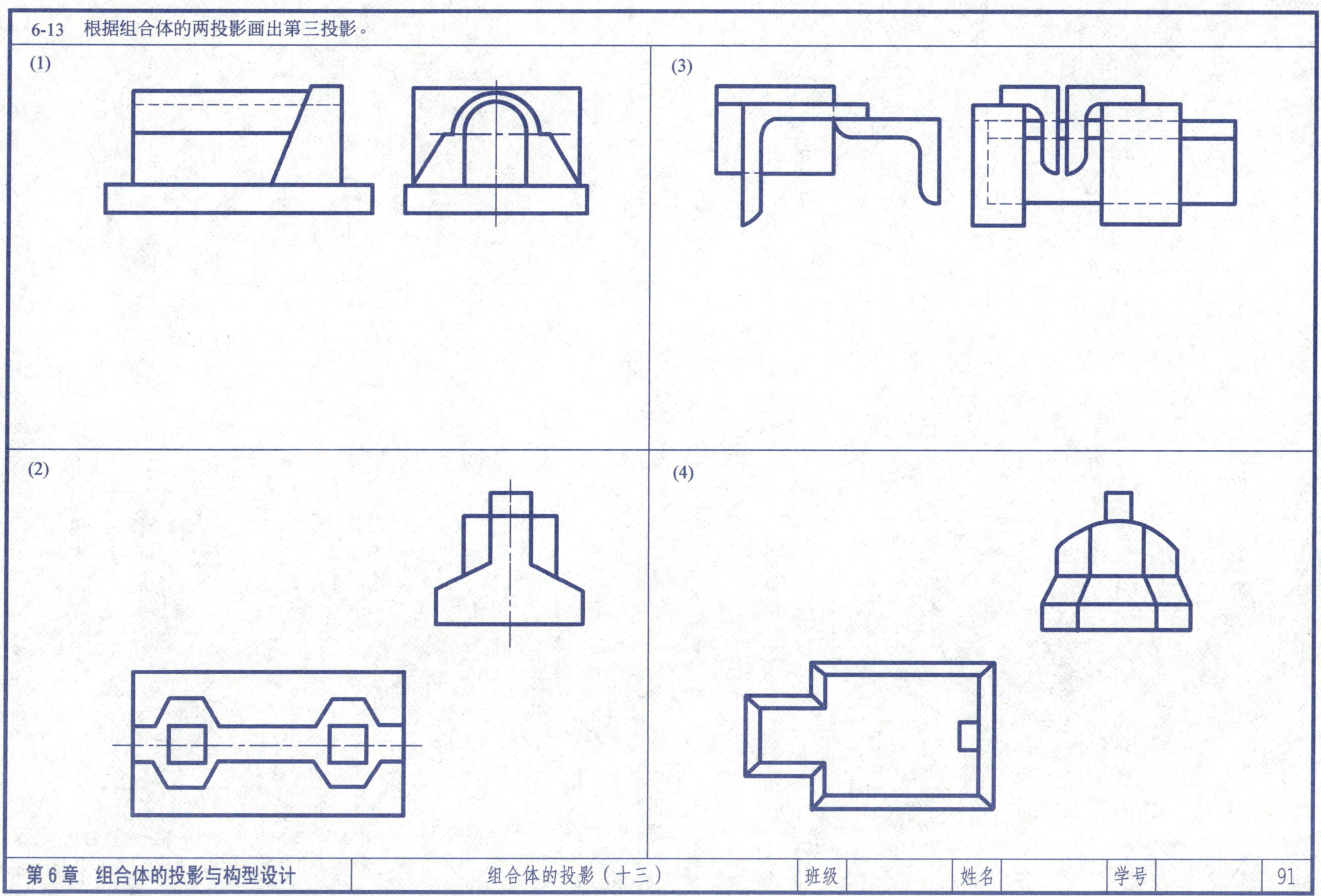

6-14 根据组合体的两投影画出第三投影。

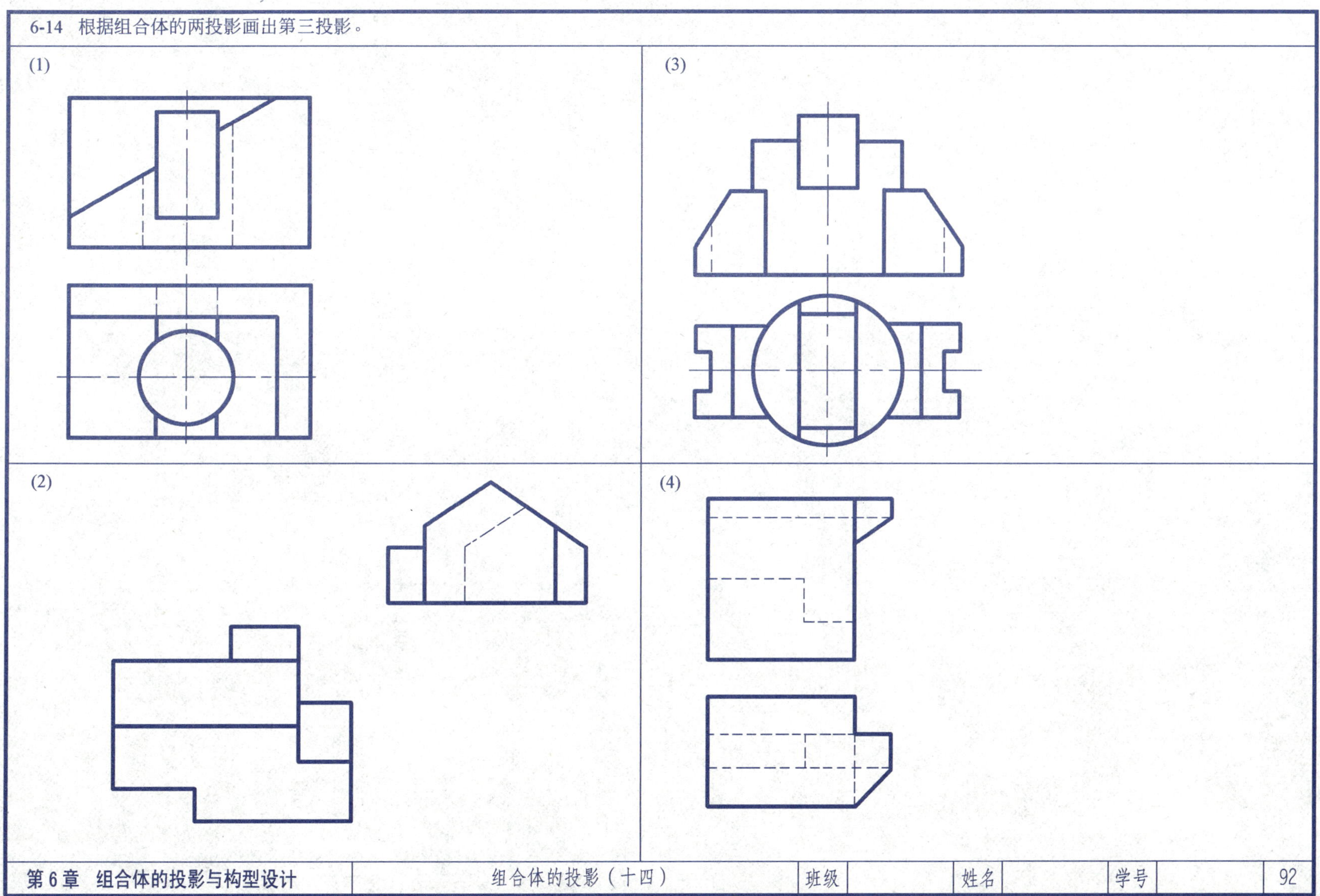

6-15 根据所给的水平投影进行组合体多种构型设计，画出正面投影。

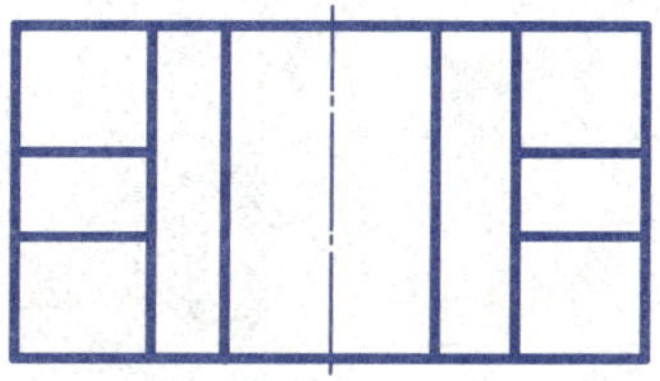

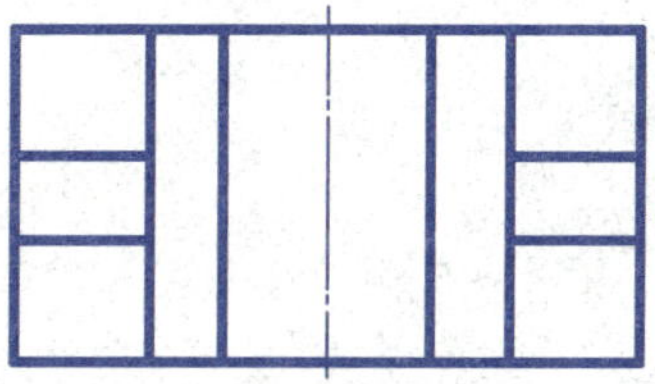

6-16 根据所给的正面投影进行组合体多种构型设计，画出水平和侧面投影。

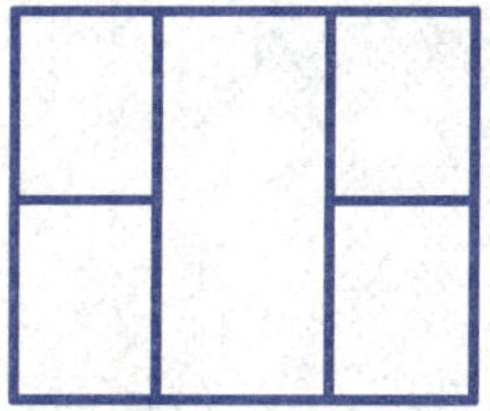

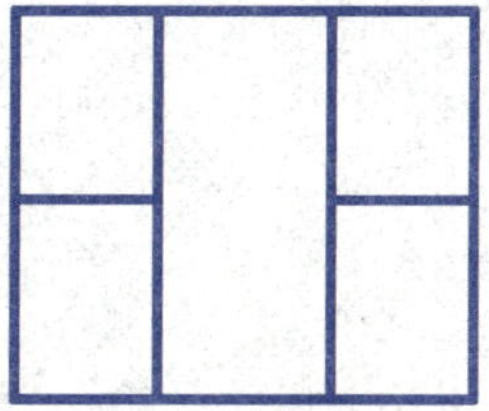

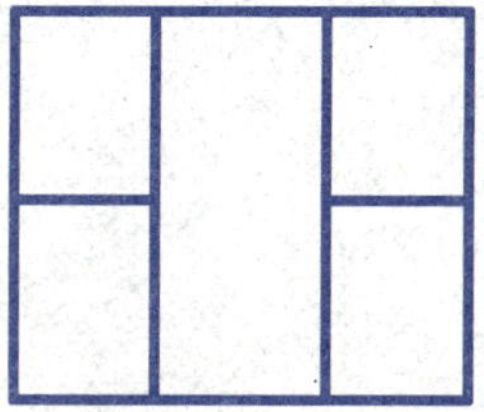

6-17 根据所给的水平投影进行组合体多种构型设计，画出正面投影，并在下方徒手画出轴测图。

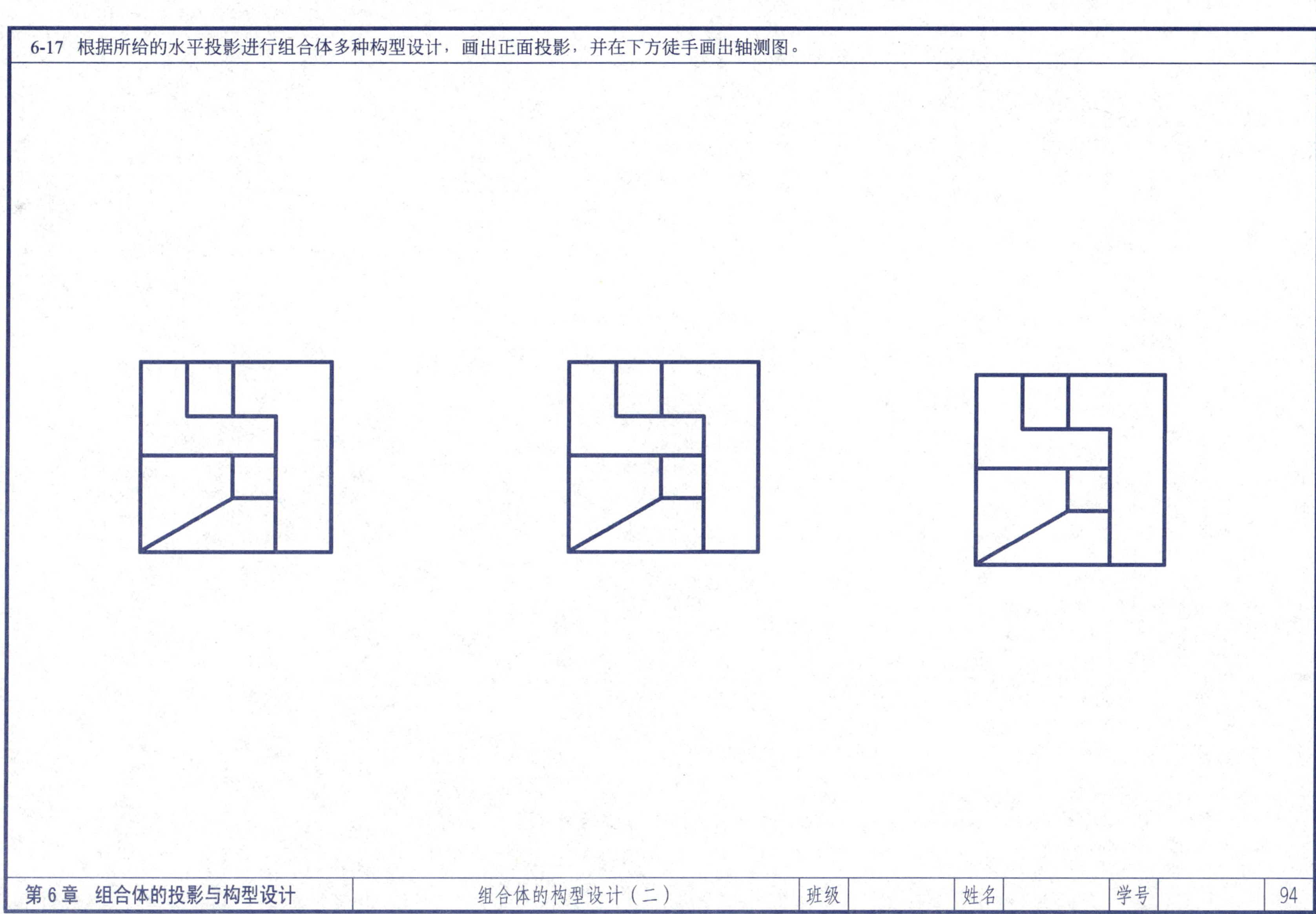

6-18 已知形体的正面投影，试设计形式多样的组合形体，画出侧面投影和水平投影。

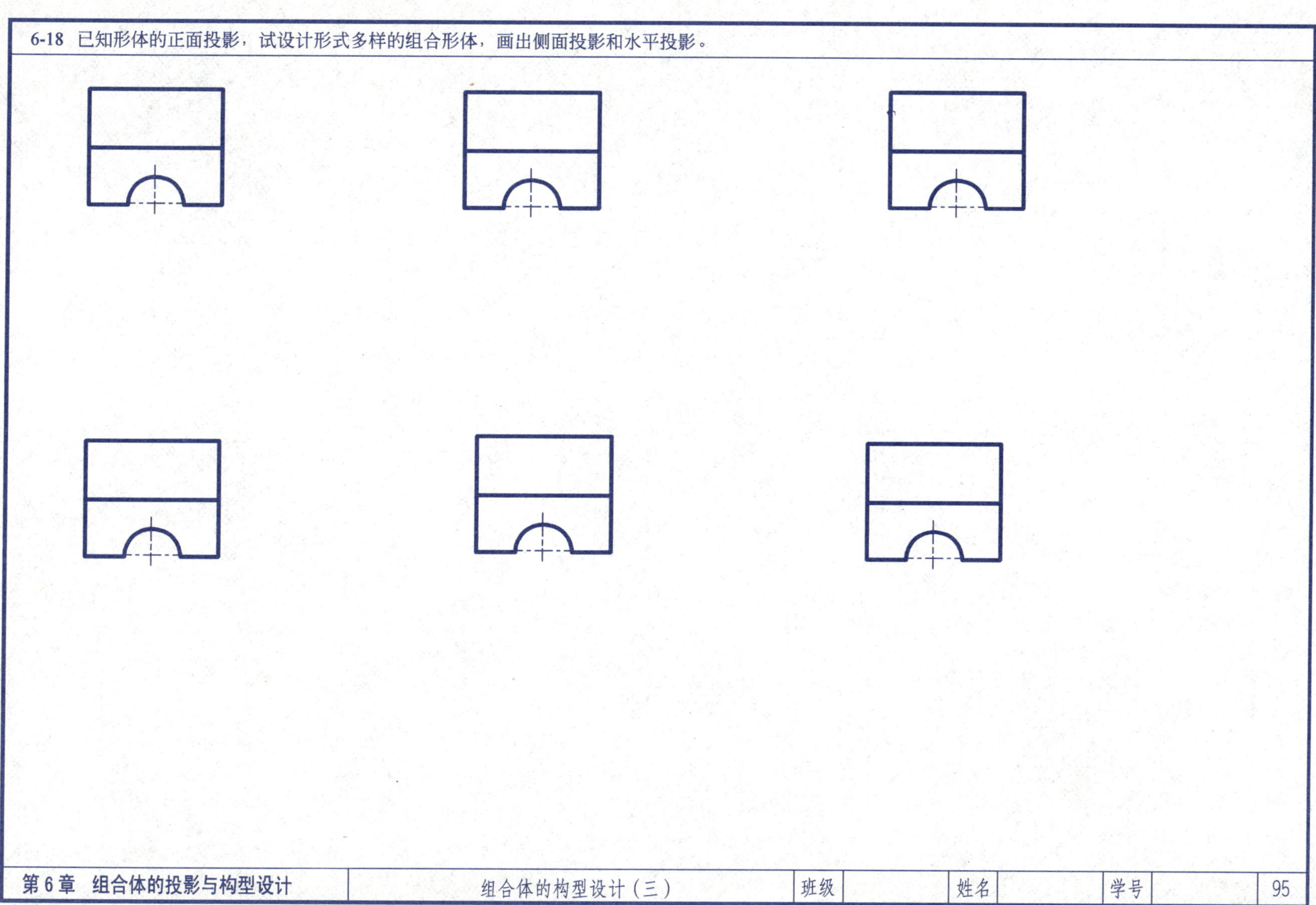

7-1 已知房屋的正立面图和左侧立面图，补画右侧立面图、背立面图、屋顶平面图。

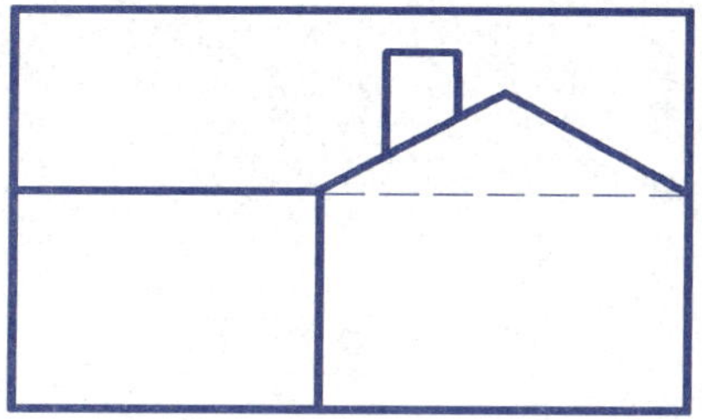

正立面图

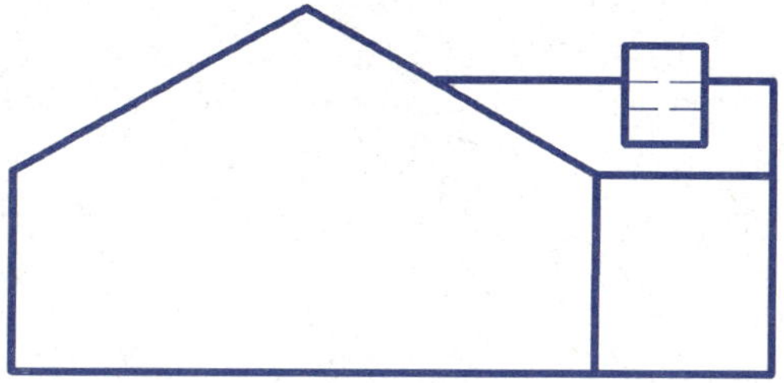

左侧立面图

7-2 改正剖面图中的错误（将缺的线补上，多余的线打上“ ×”）。

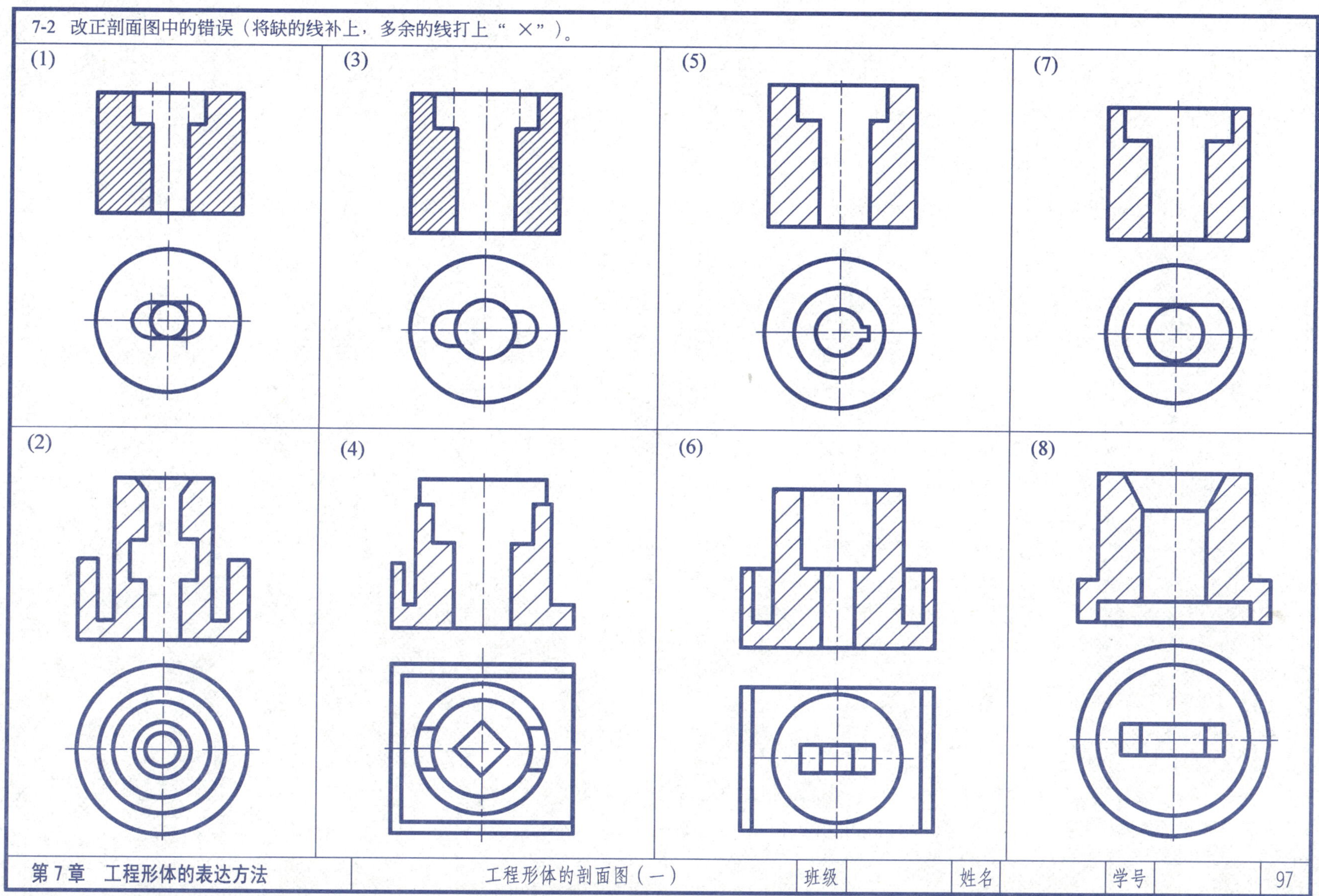

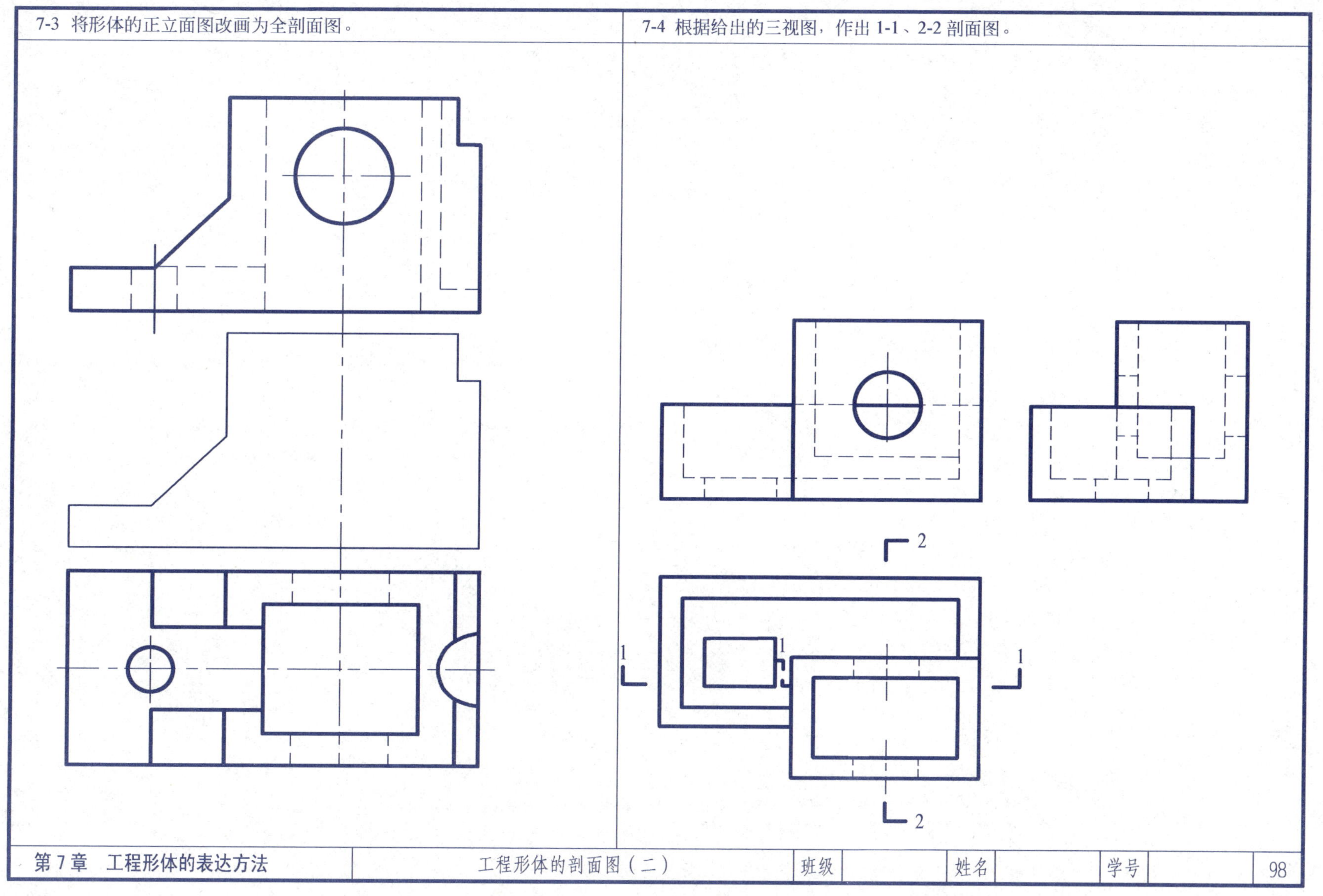
7-3 将形体的正立面图改画为全剖面图。
7-4 根据给出的三视图，作出 1-1、2-2 剖面图。
2
1
1
1
2

7-5 补全图中所缺的线。

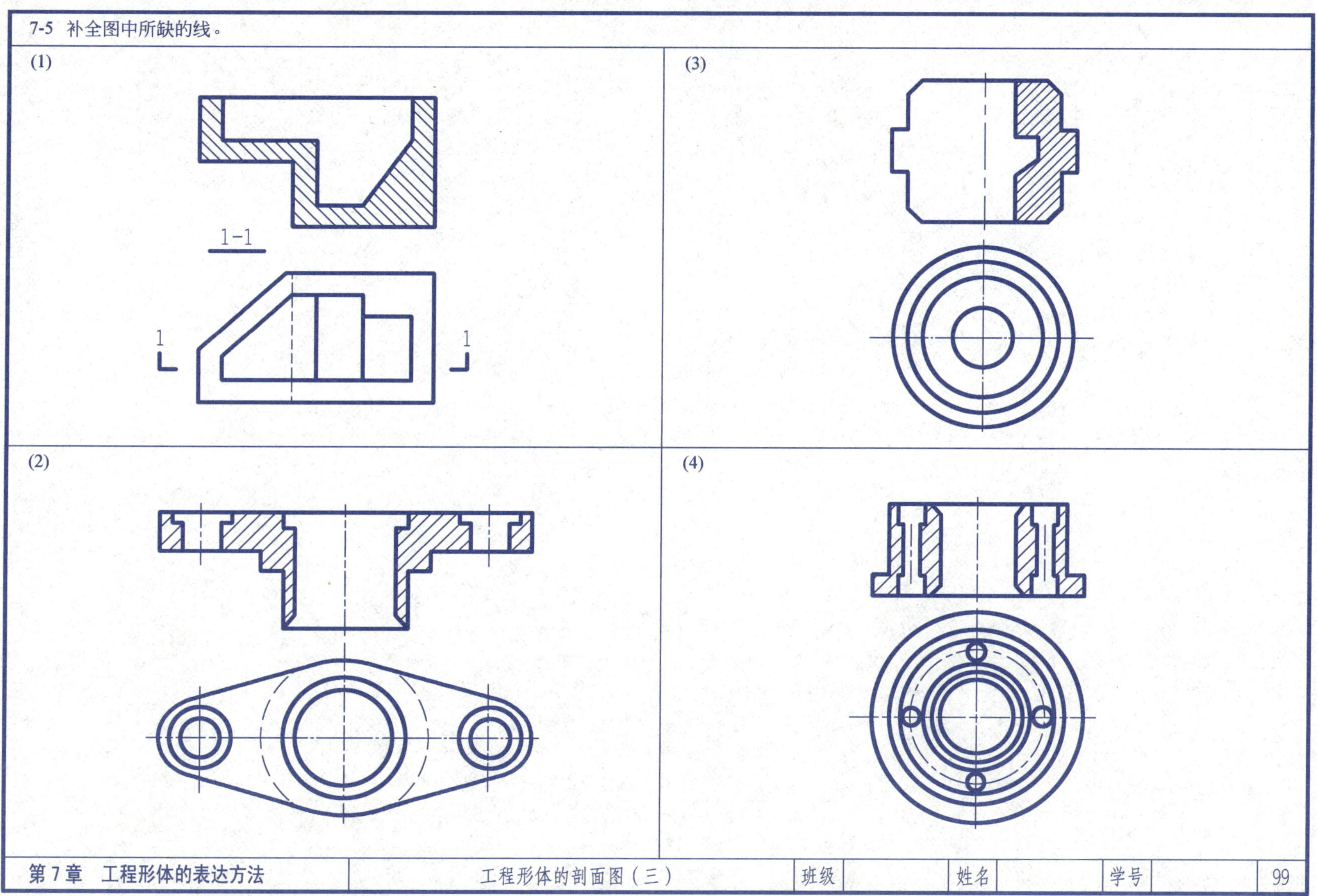

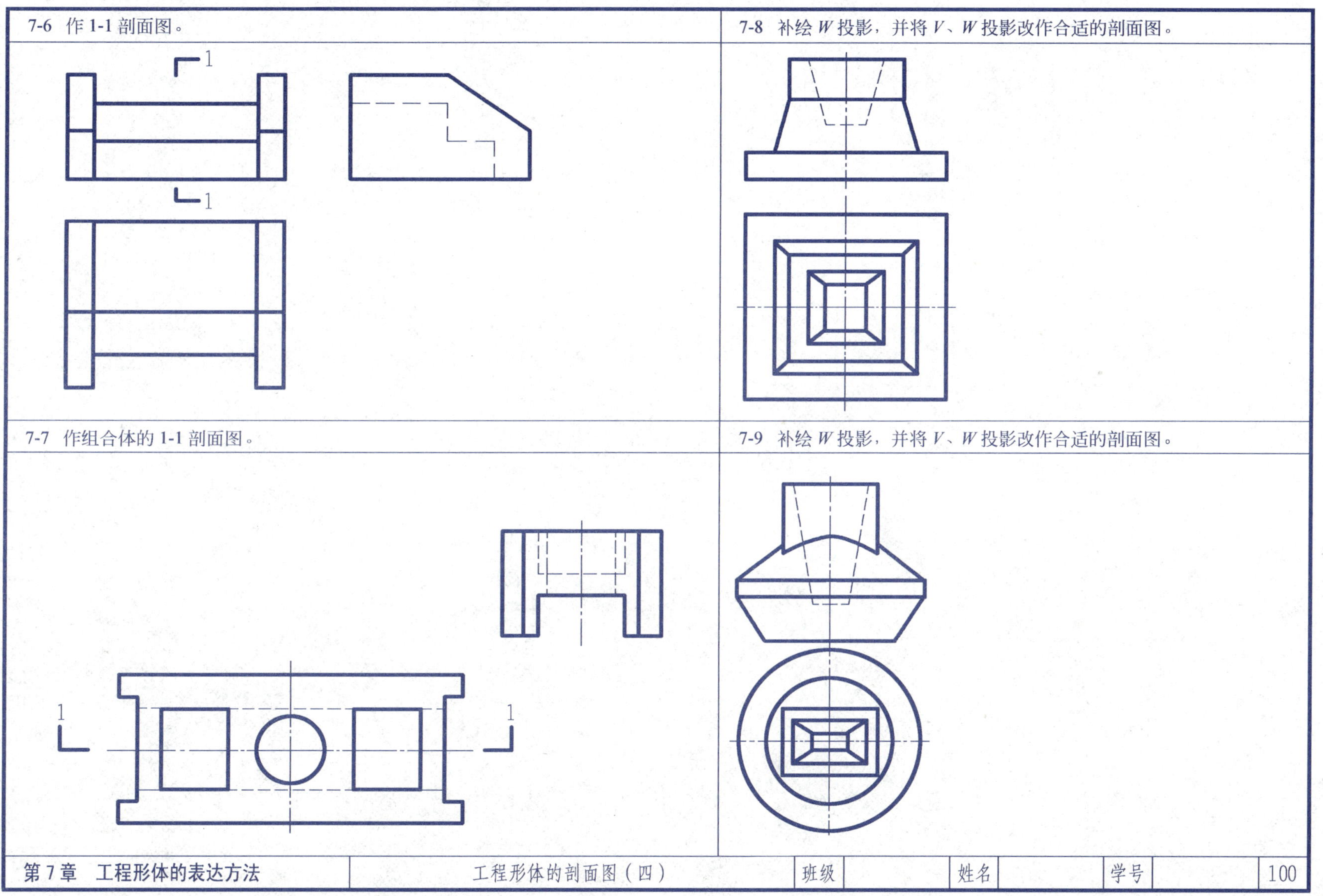
7-6 作 1-1 剖面图。
1
1
7-8 补绘 W 投影，并将 V、W 投影改作合适的剖面图。
7-7 作组合体的 1-1 剖面图。
1
1
7-9 补绘 W 投影，并将 V、W 投影改作合适的剖面图。

7-10 补绘建筑形体的剖面图。

(1) 补绘建筑形体的 2-2、2-3 剖面图。

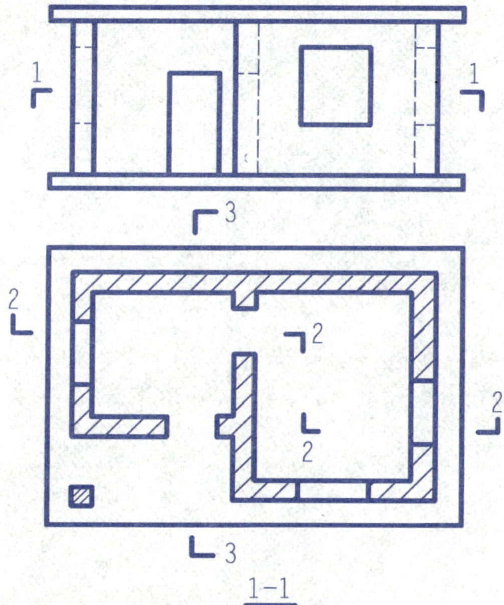

(2) 补绘建筑形体的 2-2 剖面图。

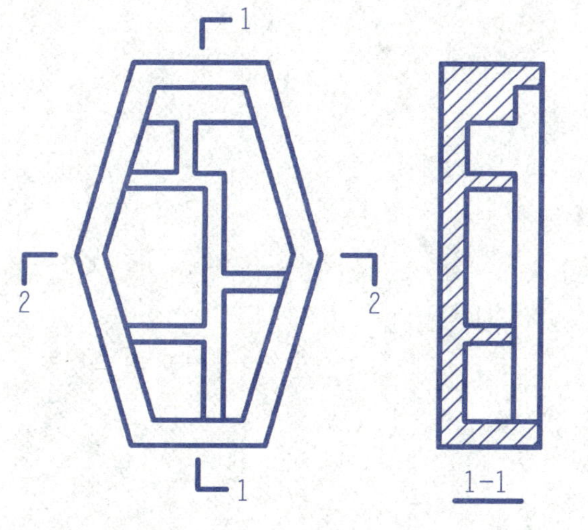

7-11 求作正立面图（取全剖面图）。

7-13 作 2-2、3-3 剖面图。

7-12 将左侧立面图改成剖面图。

7-14 画出平面图（全剖）。

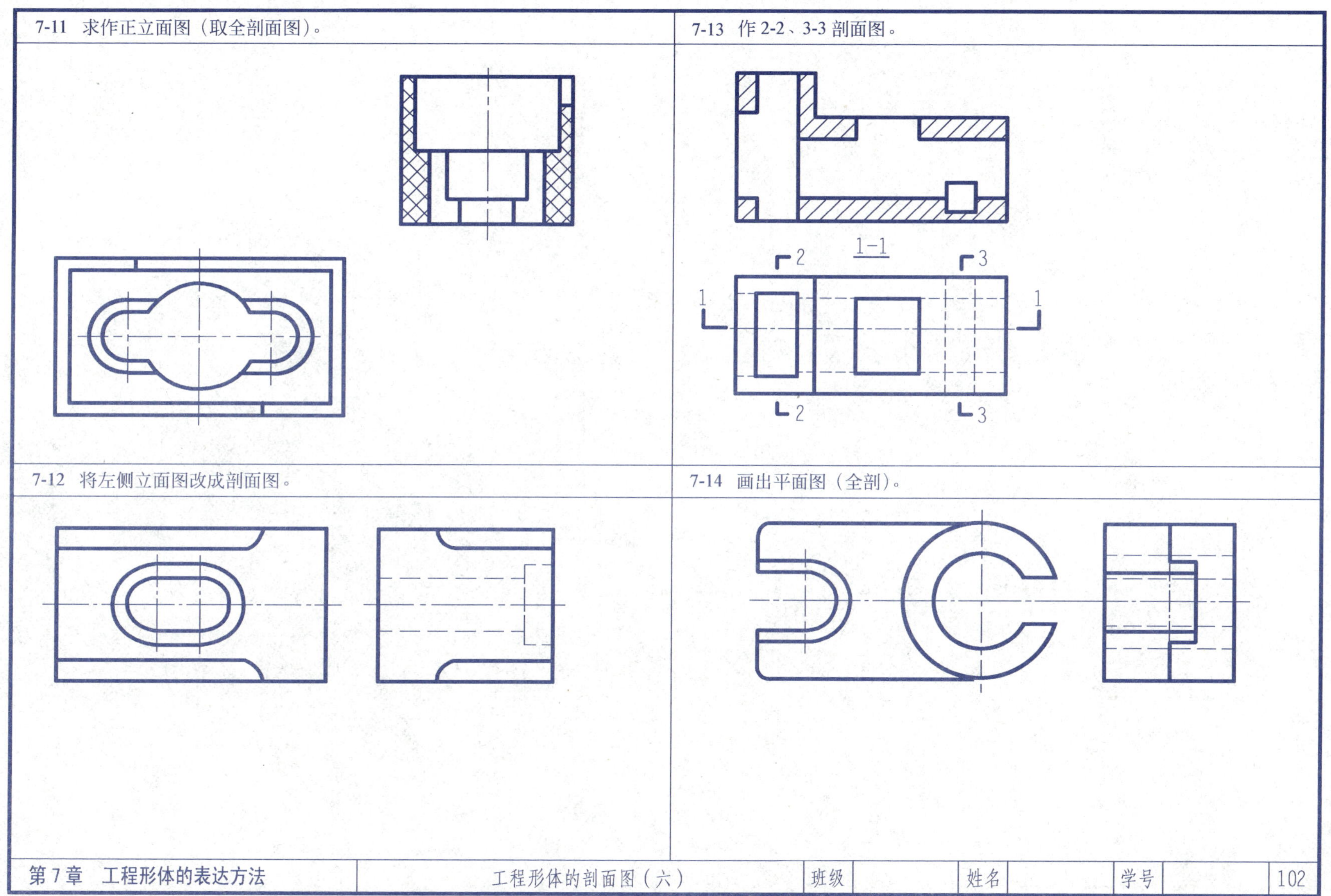

7-15 将形体的正立面图改画为半剖面图。

7-16 作支架的 1-1、2-2 剖面图。

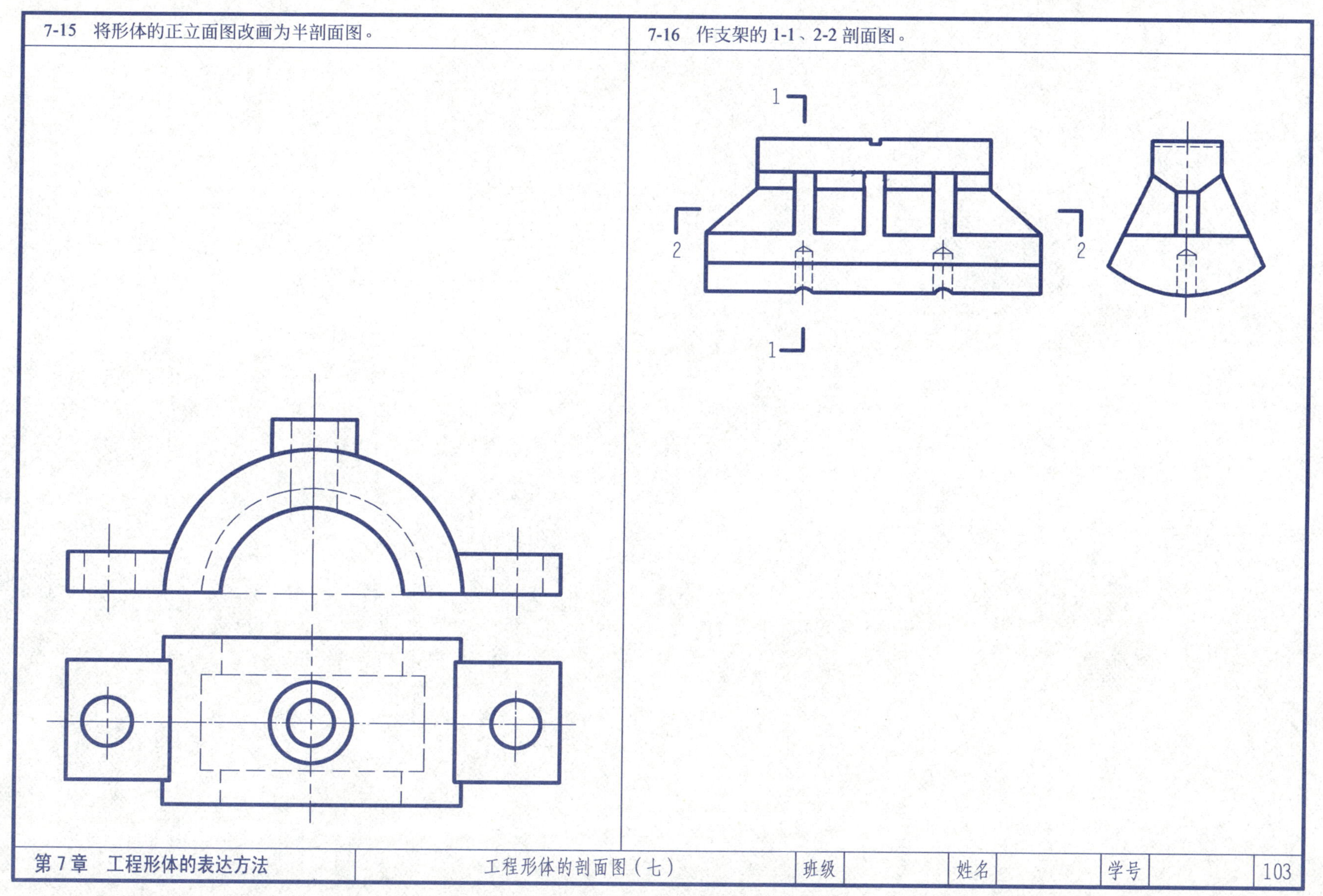

7-17 画出 1-1 断面图、2-2 剖面图。

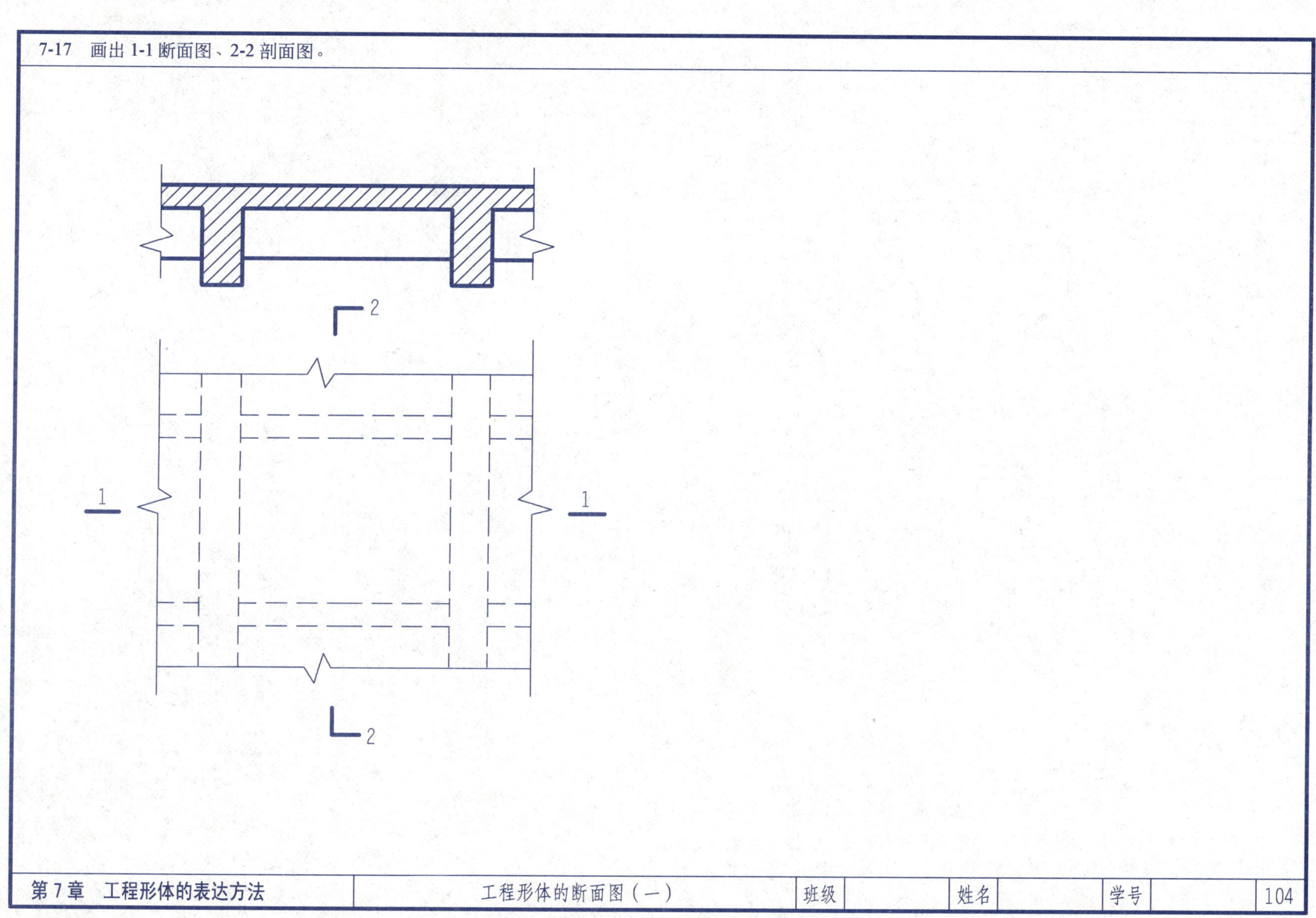

7-18 作梁的 1-1、2-2 断面图（材料：钢筋混凝土）。

7-19 作檩条的 1-1、2-2 断面图。

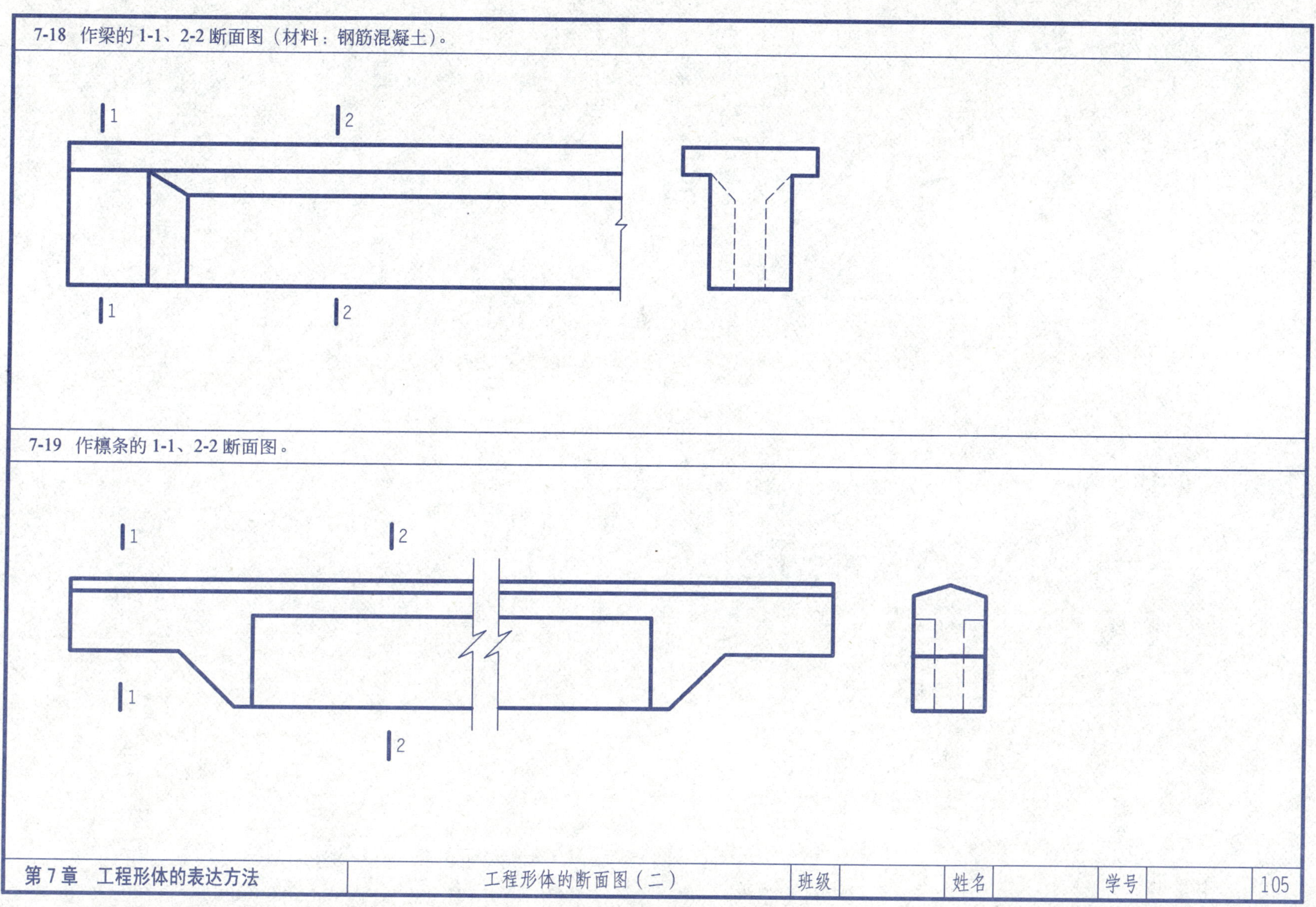

7-20　绘制柱子的 1-1、2-2、3-3 断面图。

7-21　作给水栓的 1-1 断面图（材料：金属）。

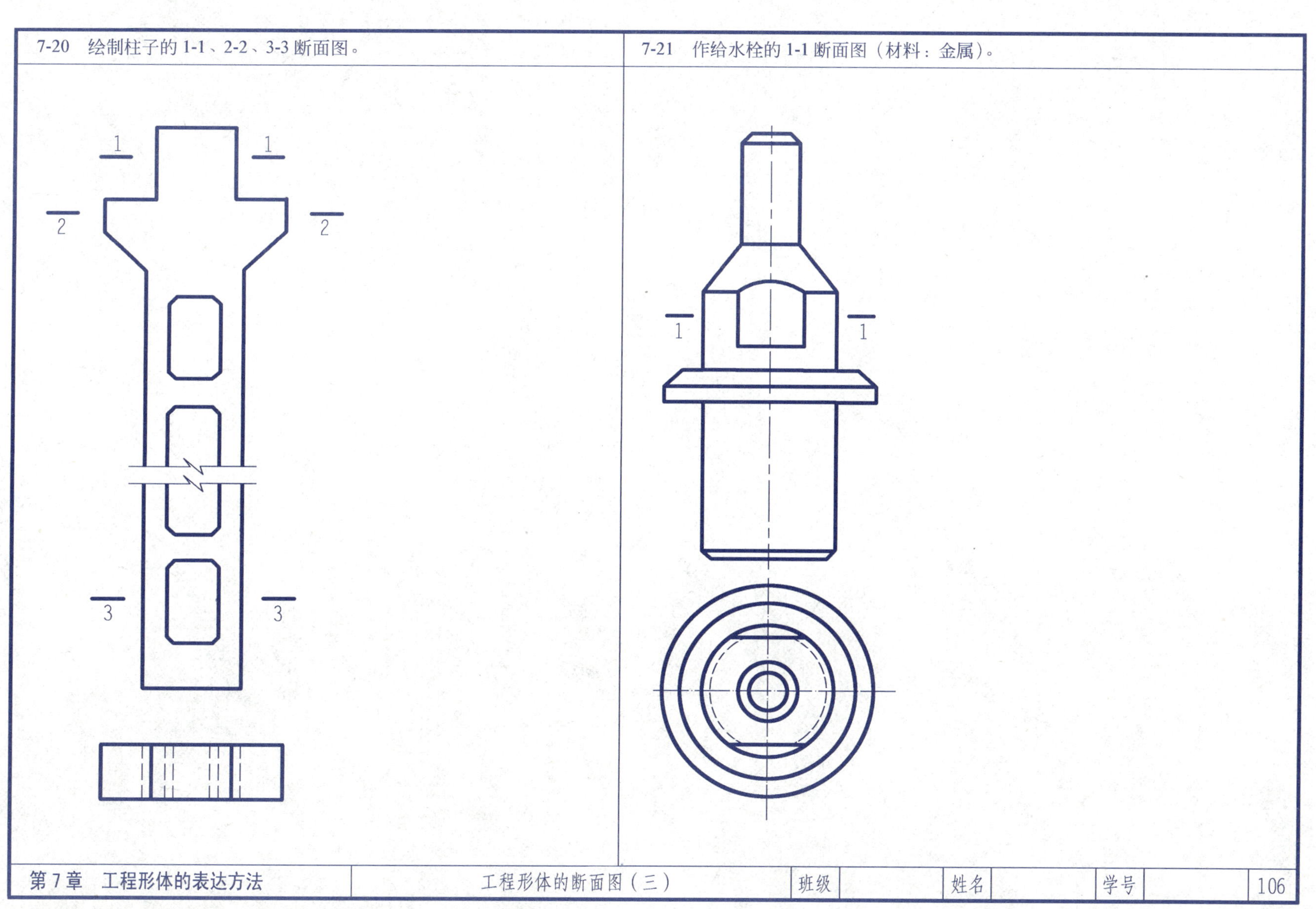

7-22 补绘 2-2 剖面。

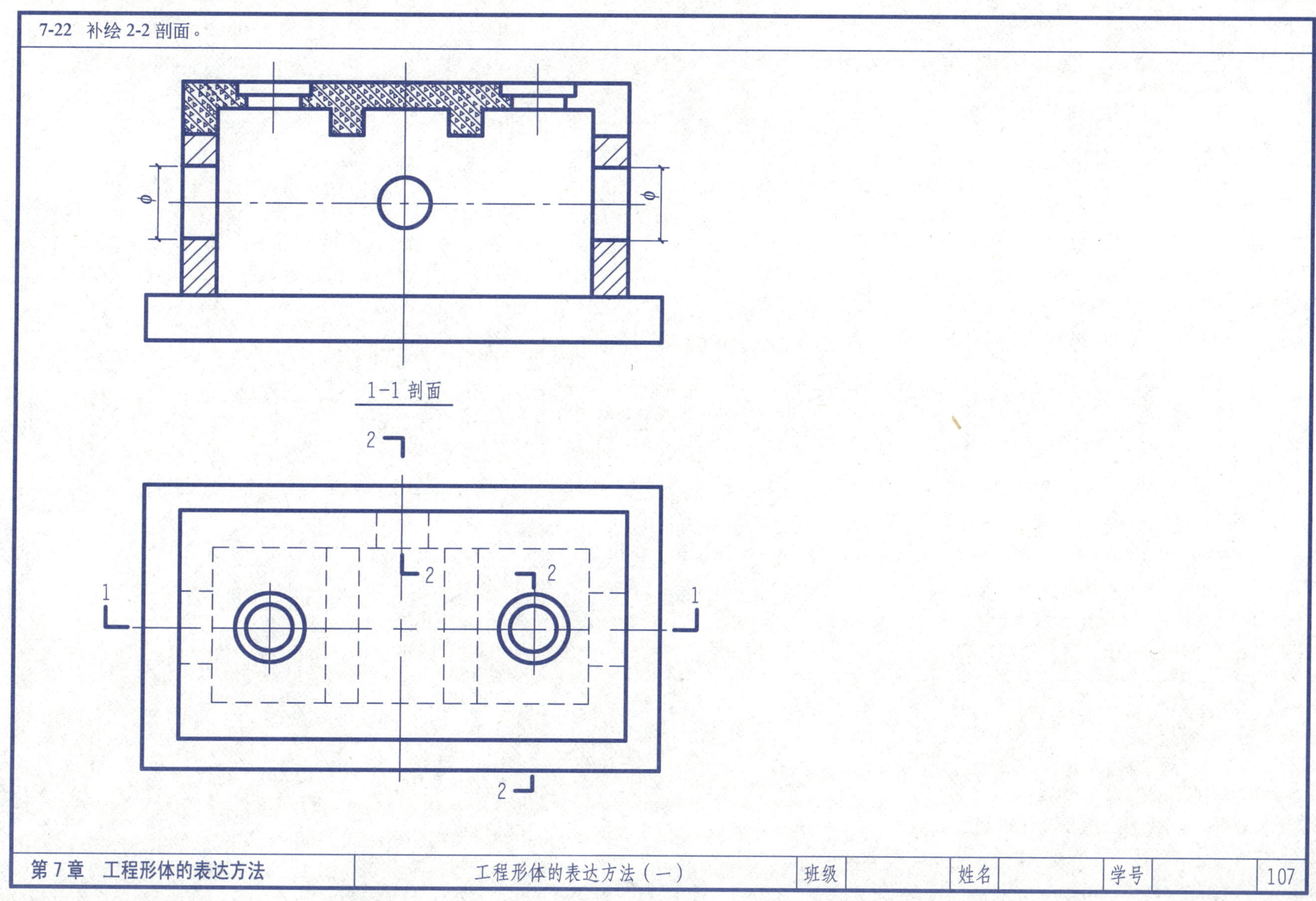

7-23 补绘 1-1 剖面，用 1∶100 的比例抄绘平面图和立面图、剖面图。

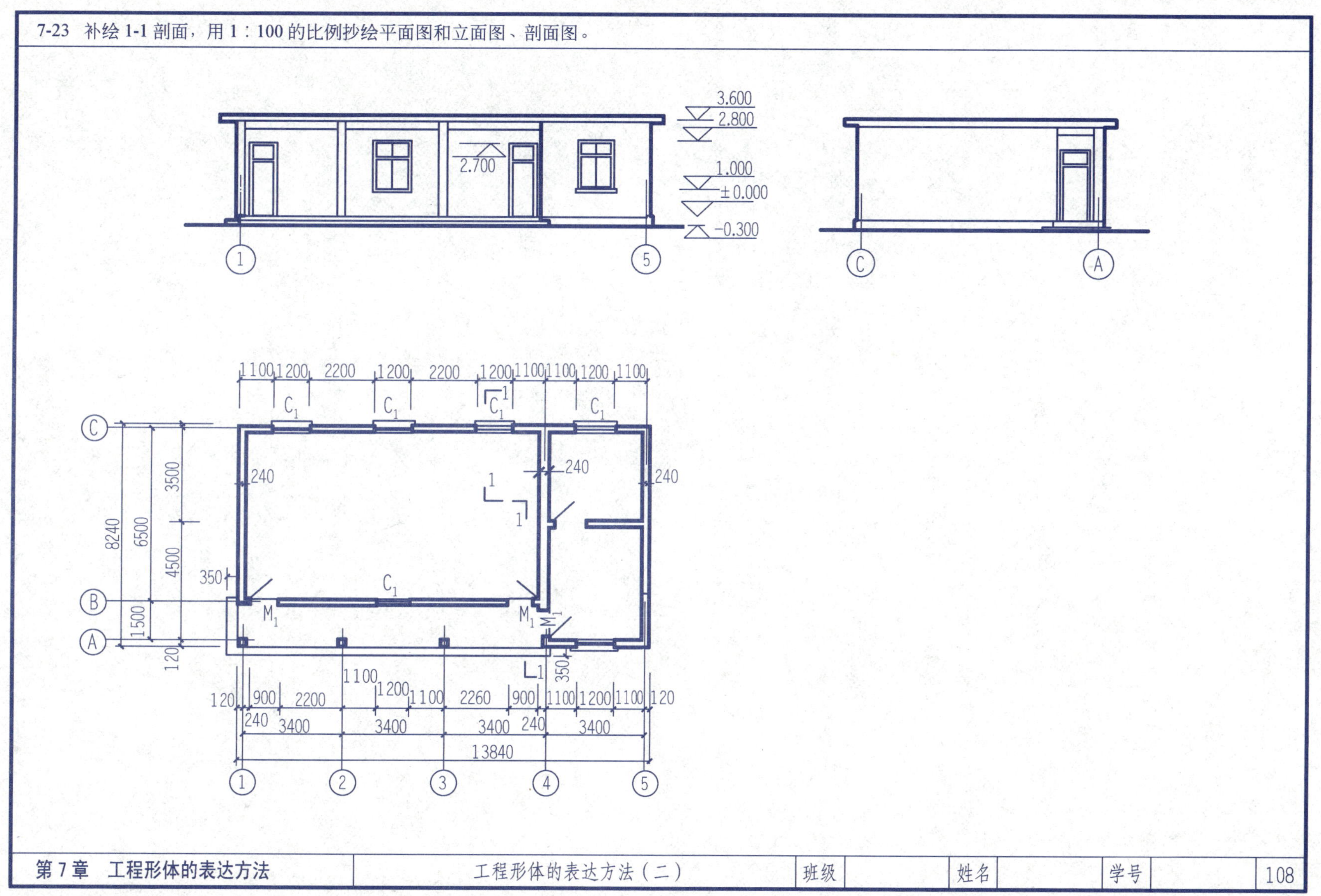

7-24 单层住宅如下图所示。补绘出 1-1 剖面图。

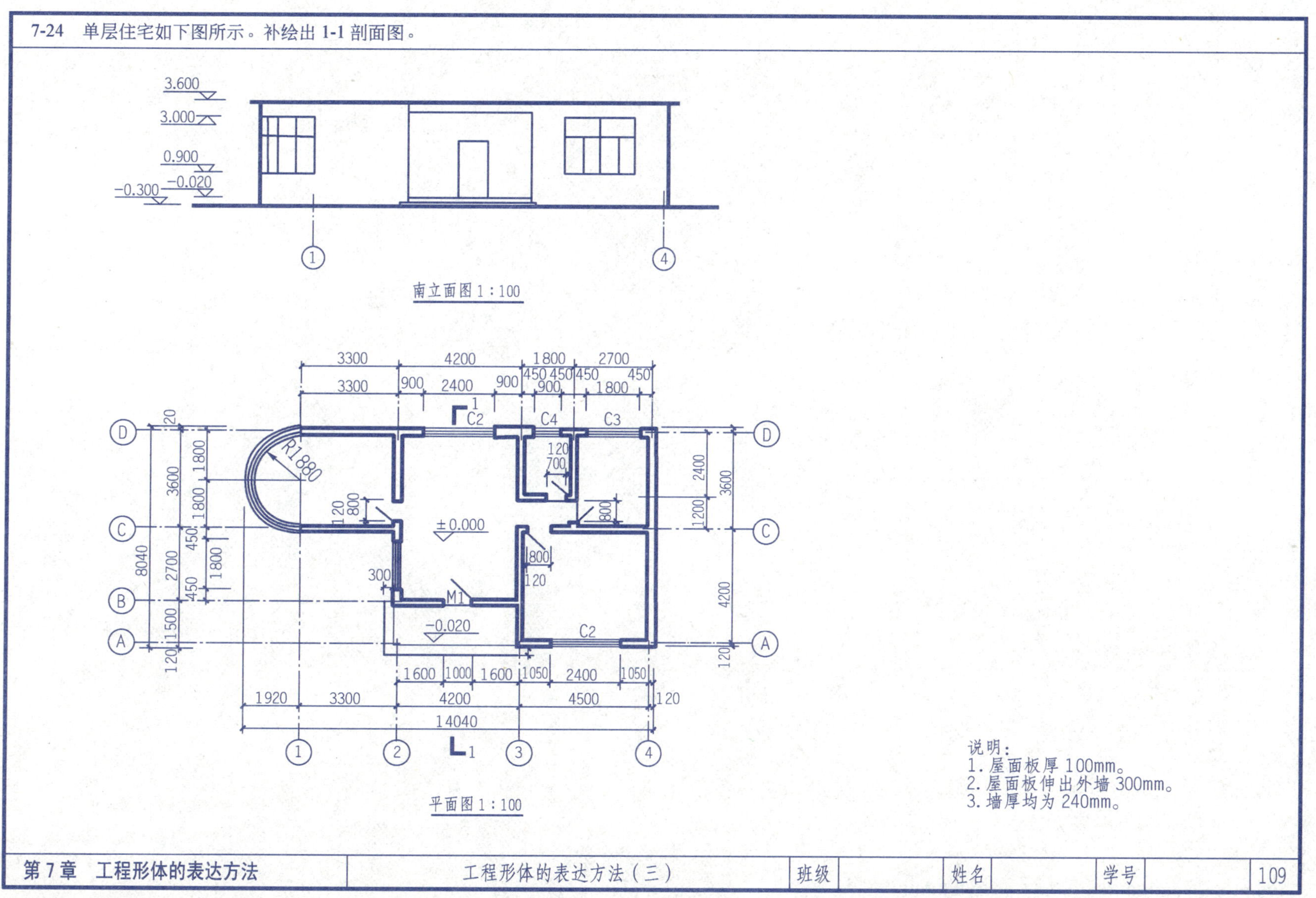

说明:
1. 屋面板厚 100mm。
2. 屋面板伸出外墙 300mm。
3. 墙厚均为 240mm。

7-25 用合适的比例将检查井的三面投影图改画成合适的剖面图，并标注尺寸。（井身为标准转，底板为混凝土，垫层为碎砖三合土，圆管为钢筋混凝土）

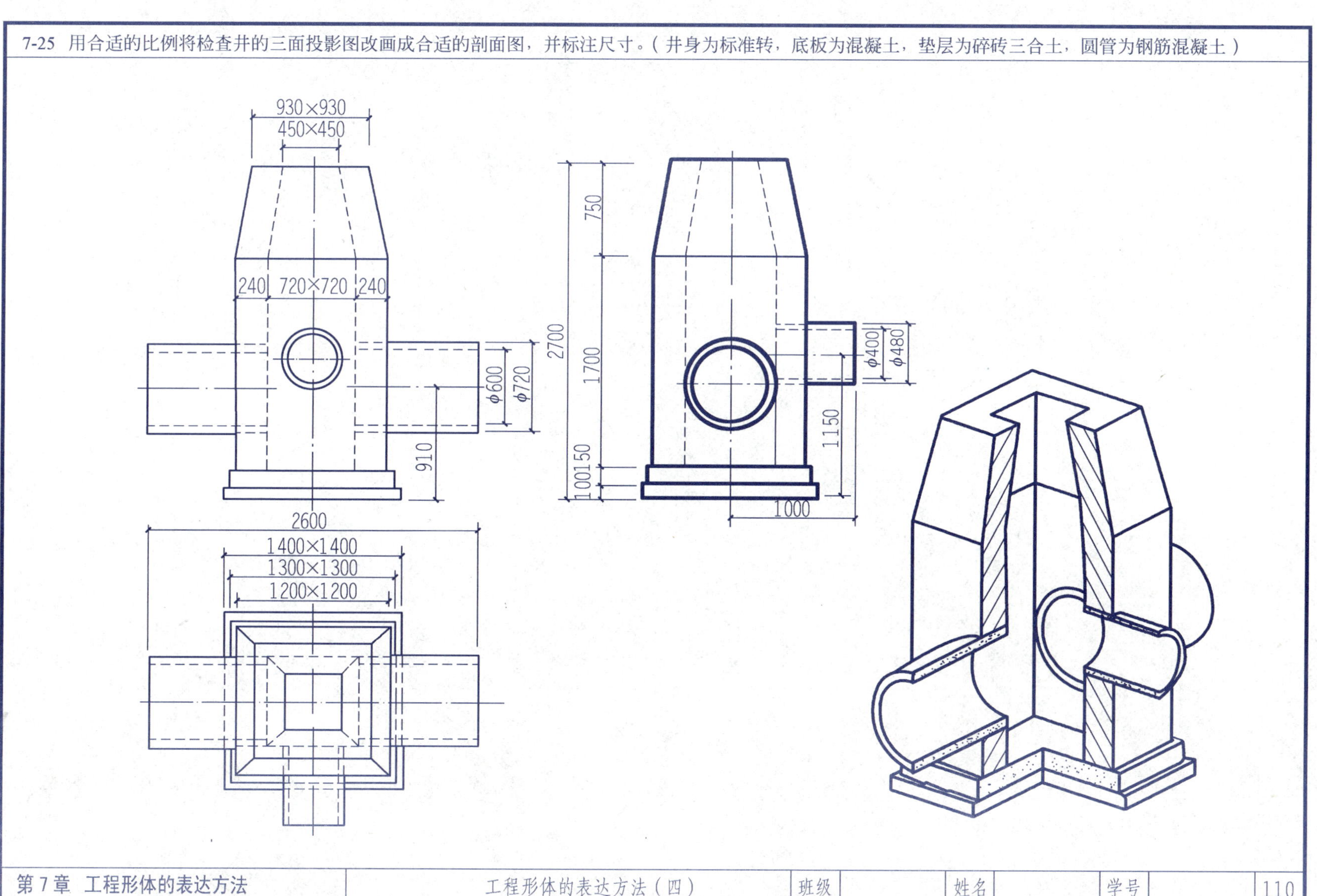

8-1 阅读 8-2~8-11 一套完整的建筑施工图，并回答以下问题。

1. 阅读设计说明和总平面图，明确学生宿舍建筑地域上的地物、地貌。了解工程做法。底层 ±0.000 的绝对标高是多少？
2. 根据 8-2~8-11 图纸计算出门窗表的数量。
3. 阅读学生宿舍各平面图，抄绘底层平面图，细部尺寸参见有关的详图或有教师给定。（抄绘的图形及数量由教师指定）
4. 补绘出 2-2 剖面图。
5. 阅读学生宿舍各立面图，抄绘立面图，细部尺寸参见有关的详图或有教师给定。（抄绘的图形及数量由教师指定）
6. 阅读学生宿舍各剖面图，抄绘剖面图，细部尺寸参见有关的详图或有教师给定。（抄绘的图形及数量由教师指定）
7. 学生宿舍楼总长、总宽、总高是多少？
8. 一层门厅的开间、进深是多少？使用面积是多少？
9. 室内外地面高差是多少？
10. 阅读屋顶平面图，说明屋顶的结构形式。
11. 厕所位置的朝向？
12. 散水的宽度为多少？坡度为多少？
13. 楼梯的踏步宽和高分别是多少？
14. 计算学生宿舍的建筑总面积、每户的建筑面积、每层的建筑面积、公摊面积分别是多少。
15. 指北针符号应画在什么地方？并找到相应的指北针符号所在的位置。
16. 总平面图与平面图的标高有何区别？
17. M3 门的宽和高是多少？
18. 8-4 题标准层平面图中⑥—⑦轴间结施处所画的细线指哪一部分的投影？
19. (1/4) 和 (1/4) 分别表示什么意思？

8-2 阅读一套完整的建筑施工图——建筑设计总说明。

图纸目录	
图号	图　名
建施 10-1	图纸目录 总平面图 建筑设计说明 门窗表
建施 10-2	底层平面图
建施 10-3	标准层平面图
建施 10-4	顶层平面图
建施 10-5	屋顶平面图
建施 10-6	①~②立面图 1-1 剖面图 Ⓖ~Ⓐ立面图
建施 10-7	⑫~①立面图 2-2 剖面图 栏杆详图
建施 10-8	墙身详图 节点详图
建施 10-9	楼梯详图
建施 10-10	木窗详图
结施 9-1	结构设计说明 预制构件表
结施 9-2	基础平面图 基础圈梁详图
结施 9-3	基础详图
结施 9-4	标准层结构布置平面图
结施 9-5	层面结构布置图
结施 9-6	构件安装详图
结施 9-7	楼梯结构详图
结施 9-8	预制构件详图
结施 9-9	现浇构件详图

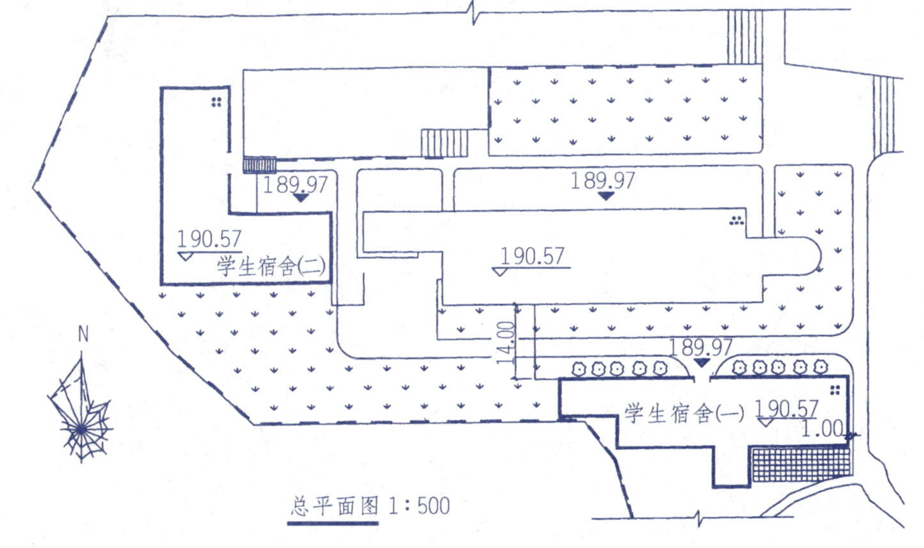

总平面图 1:500

建筑设计说明

一、设计依据

1.xx 公司计财字[1997]xxx 号文件。

2.xxx 市规划局建审字[1997]xxx 号文件。

二、建筑面积

该建筑物占地面积　m^2，建筑面积为　m^2。

三、标高

相对标高 ±0.000 相当于绝对标高 190.57m，即原有教学楼标高，施工放线的依据见总平面图。

四、一般地面

素土夯实基层，70 厚 C10 混凝土垫层，垫层上做法同楼面。卫生间楼面做法，见第六条。

五、一般楼地面

在结构层上做 25 厚 1:2.5 水泥砂浆找平层，素水泥浆结合层一道，15 厚 1:2 水泥瓜米石地面。

六、卫生间地面

基层为素土夯实,80 厚 C10 混凝土垫层,25 厚 1:25 水泥砂浆找平,素水泥浆结合层一道,陶磁马赛克面层。卫生间楼面在结构层上做法同卫生间地面。

七、内墙面

墙面：中级抹灰，803 涂料面层。

墙裙：用于卫生间，高 1800 白色磁砖面层。

踢脚：150 高，1:2 水泥砂浆面层。

八、油漆

凡木制品均刷三遍调和漆；凡铁制品均刷防锈漆一道，调和漆二道，颜色为棕红色。

本工程施工要求均按现行施工验收规范执行，图中不详之处，请与设计单位联系，共同研究解决，不得擅自处理。

门　窗　表

型号	单位	数量	采用图集	图中代号
M1	樘		西南 J601	PX-3027
M2	樘		西南 J601	X-1527
M3	樘		西南 J601	X-1027
M4	樘		西南 J601	X-0920
C1	樘		西南 J601	B-1818
C2	樘	17	西南 J601	B-1518

注：门窗数量由学生查图后填写。

图别 J—1/10

8-3 阅读一套完整的建筑施工图——底层平面图。

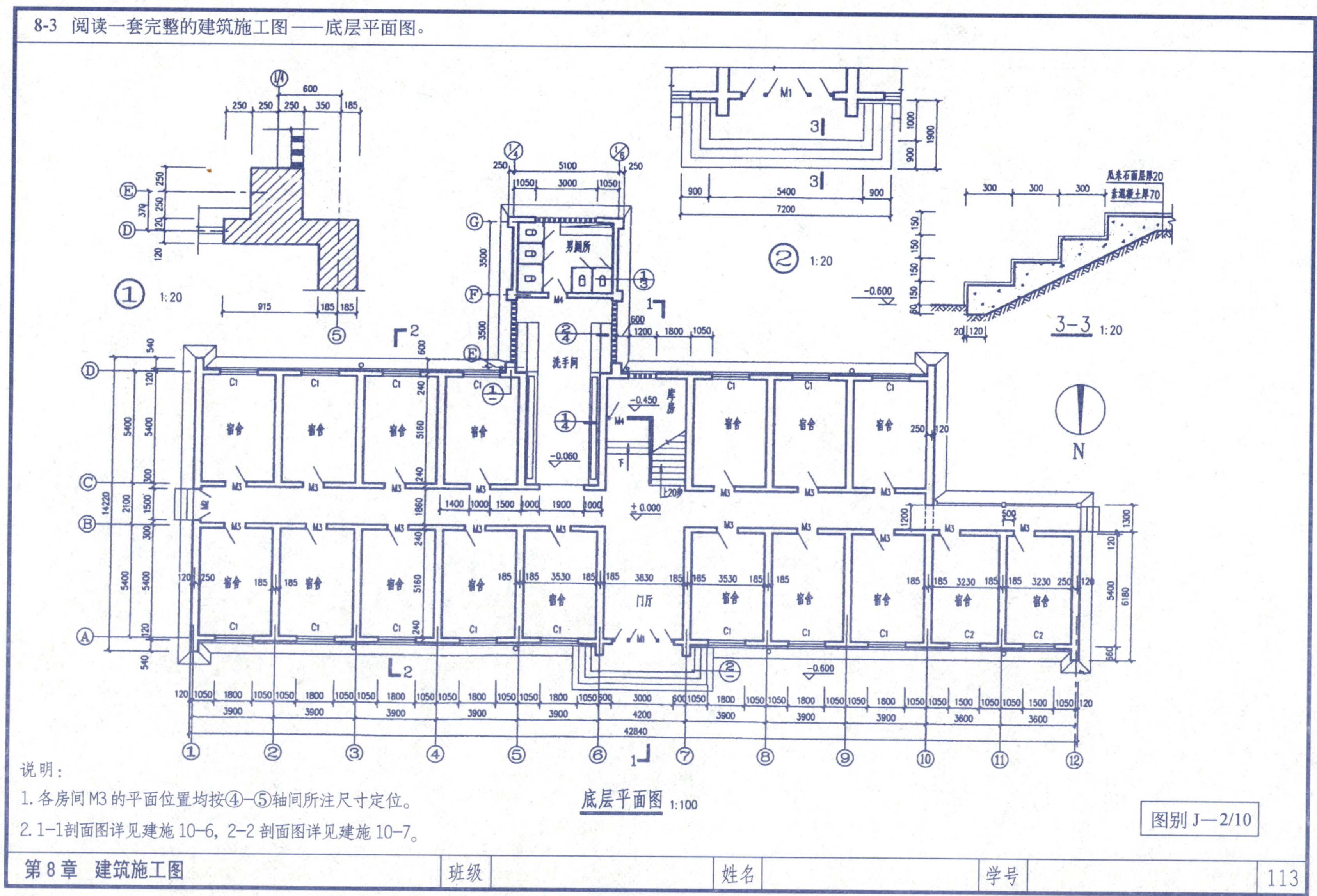

说明：

1. 各房间 M3 的平面位置均按④–⑤轴间所注尺寸定位。

2. 1–1剖面图详见建施 10–6，2–2 剖面图详见建施 10–7。

图别 J—2/10

第 8 章 建筑施工图 | 班级 | 姓名 | 学号

8-4 阅读一套完整的建筑施工图——标准层平面图。

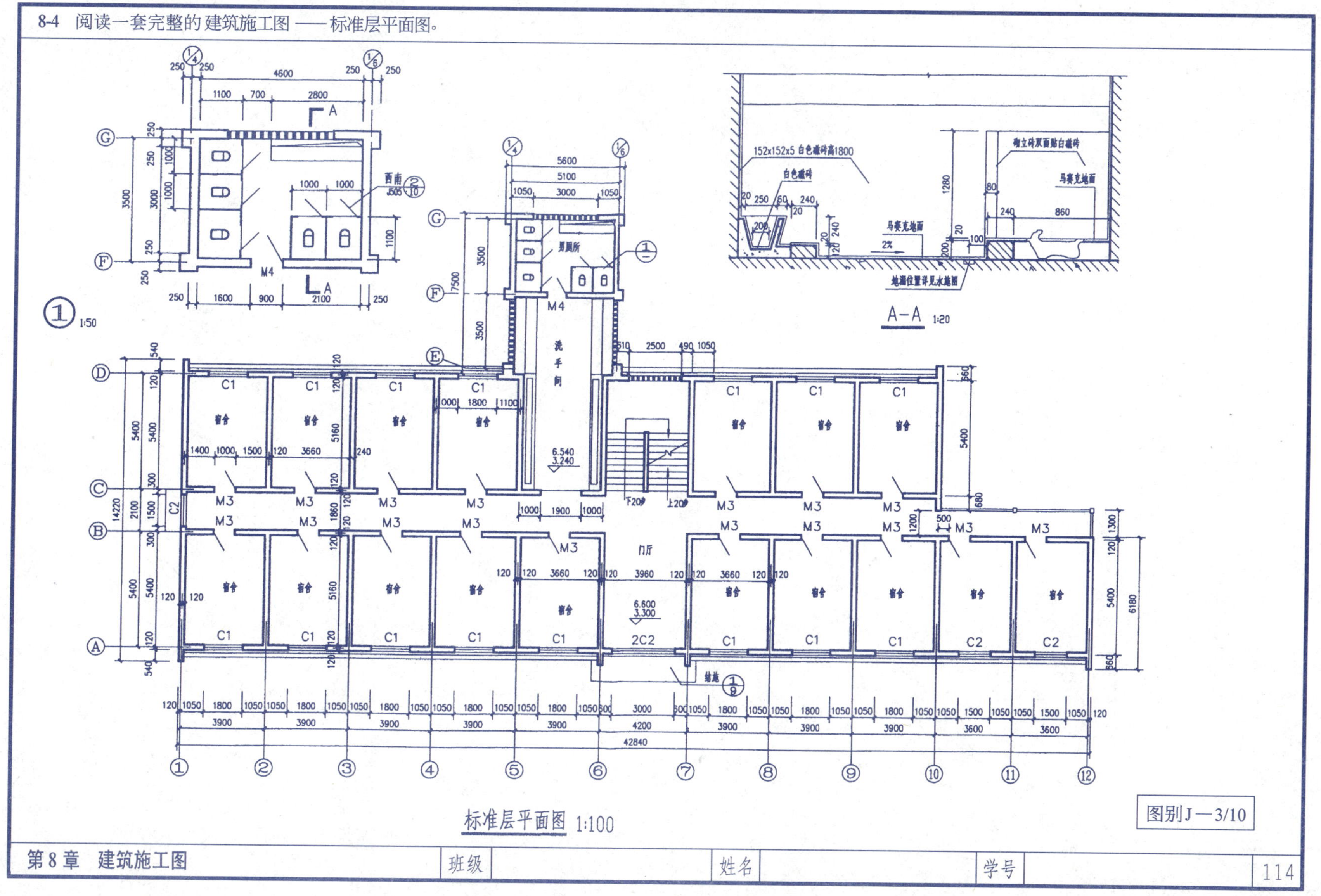

8-5 阅读一套完整的建筑施工图——顶层平面图。

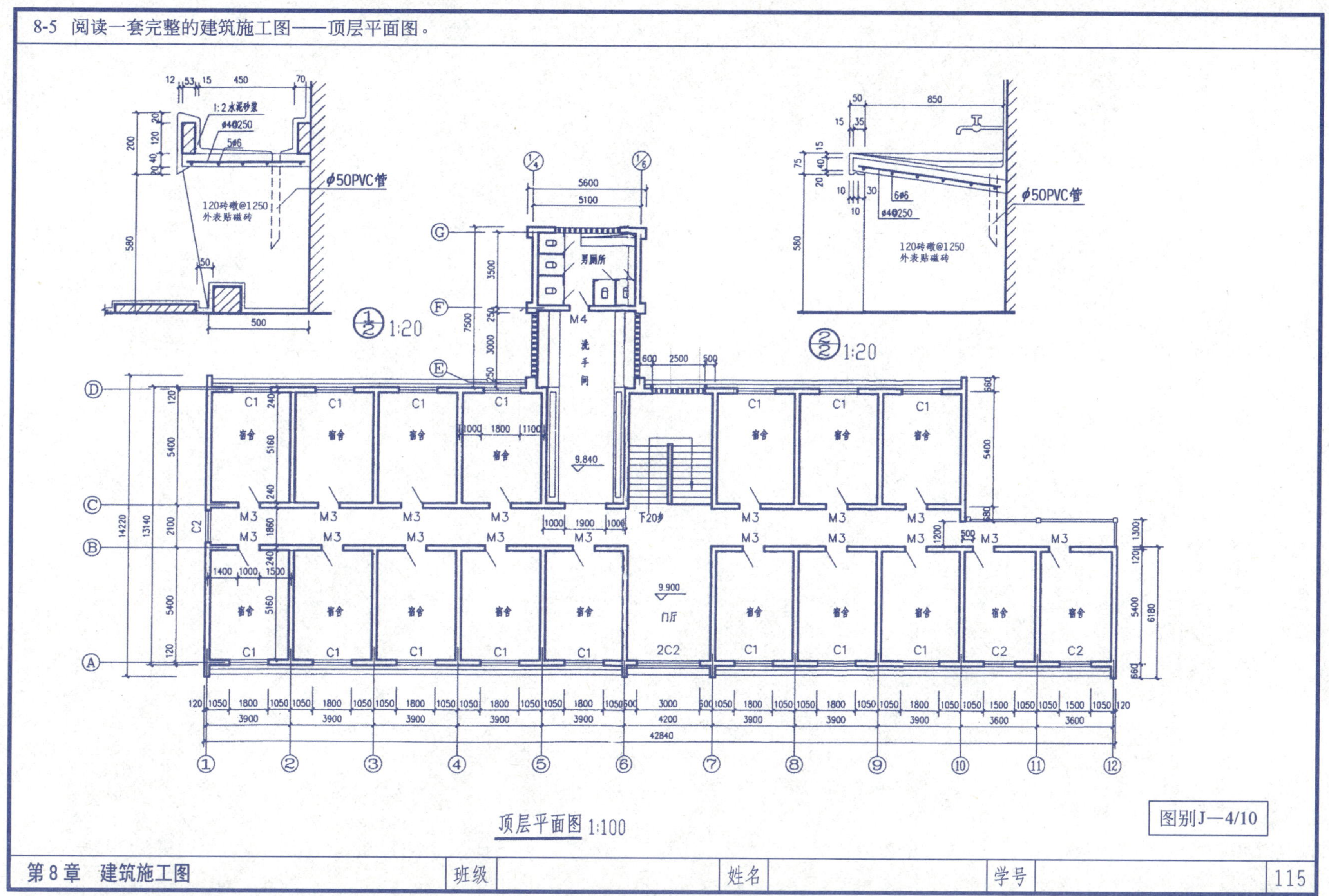

8-6 阅读一套完整的建筑施工图——屋顶平面图。

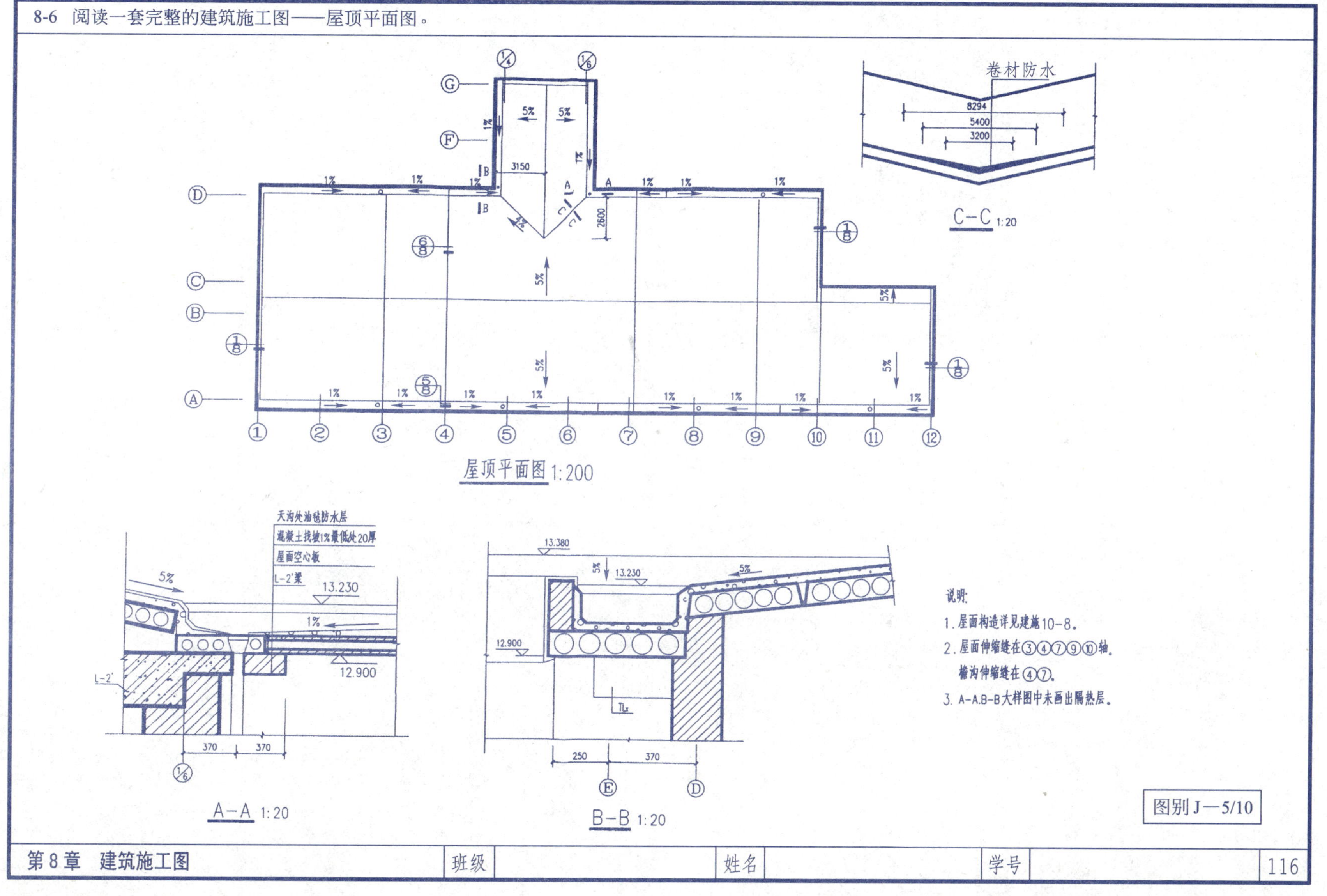

图别 J—5/10

8-7 阅读一套完整的建筑施工图——立面图、剖面图。

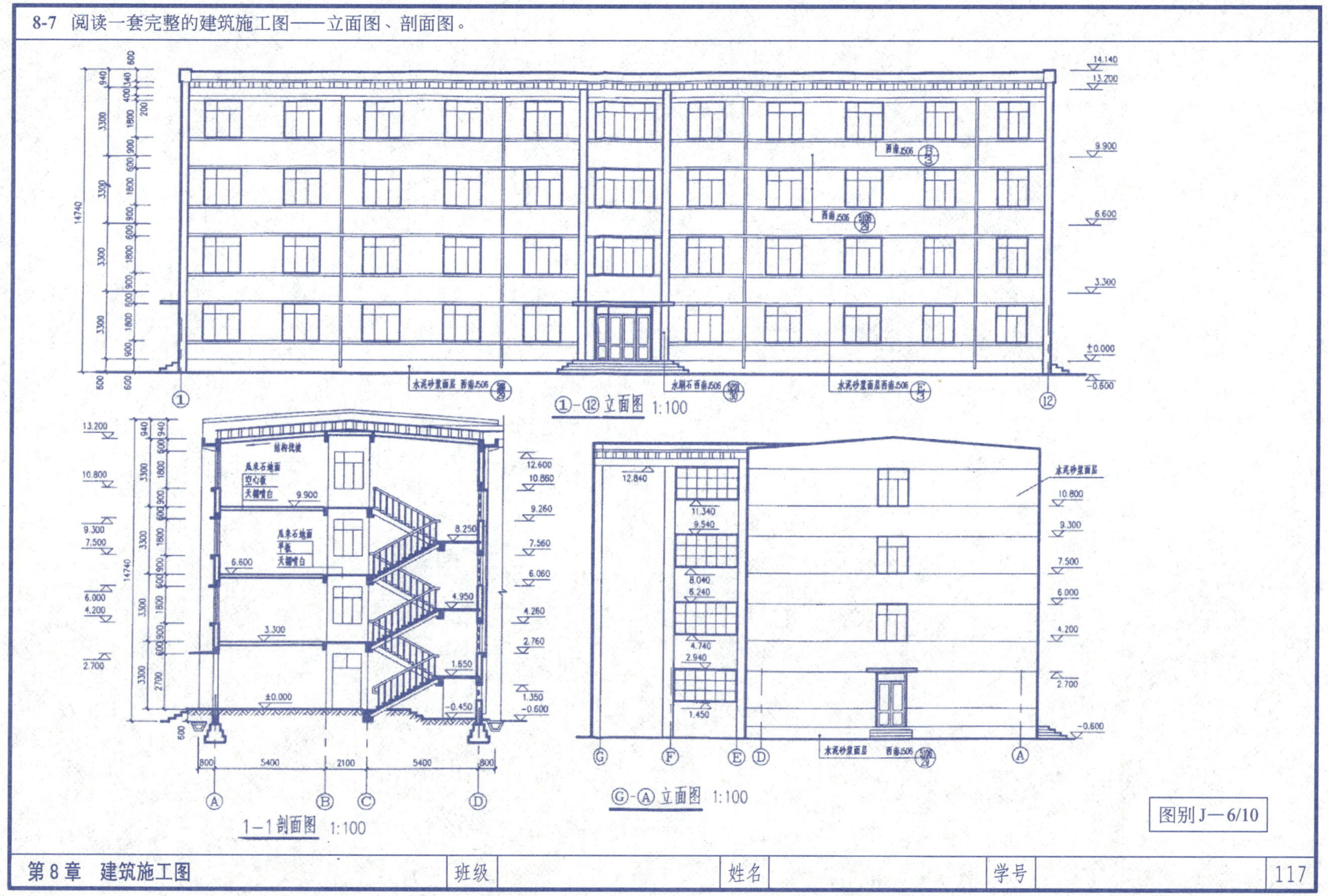

8-8 阅读一套完整的建筑施工图——立面图、剖面图、栏杆详图。

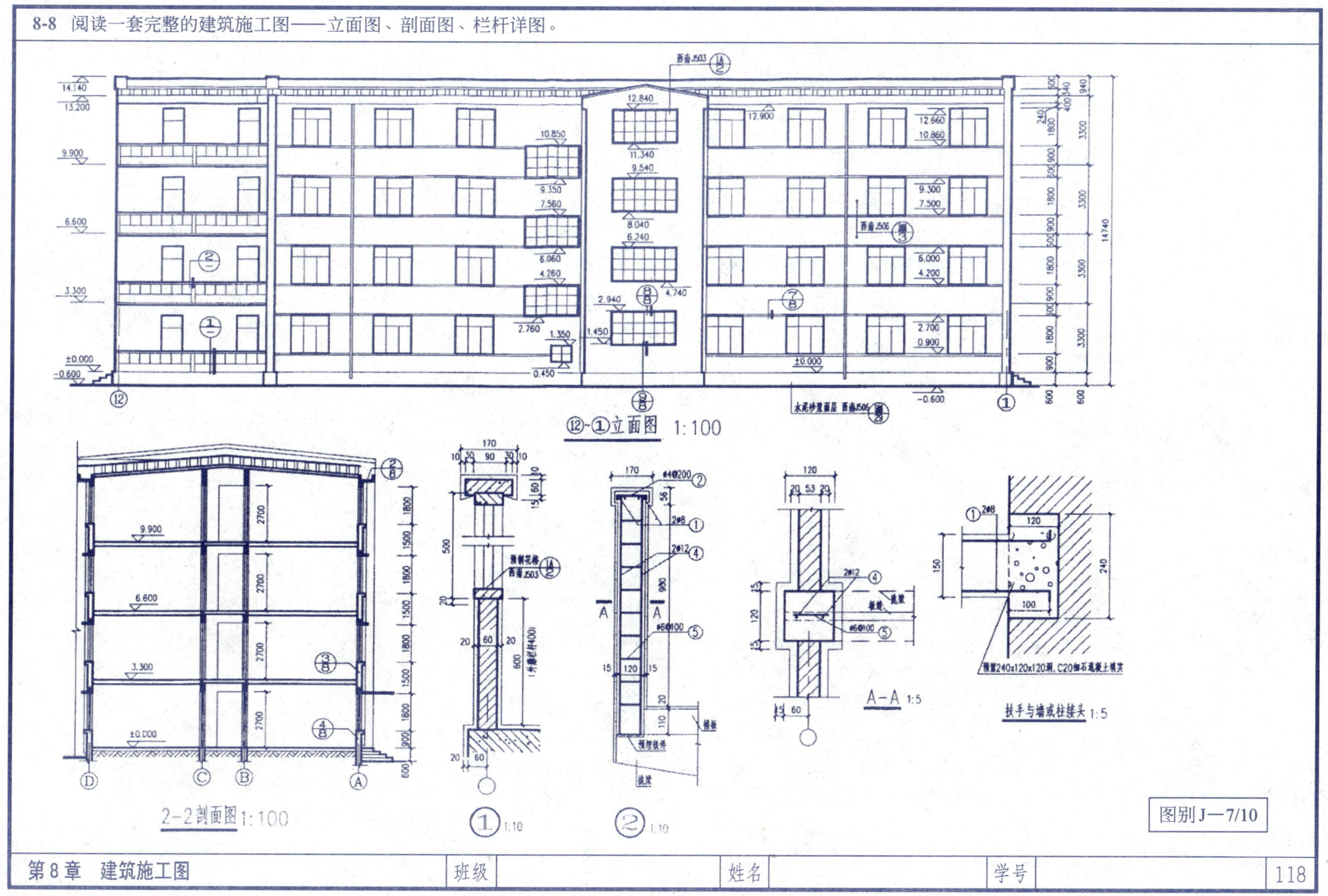

图别J—7/10

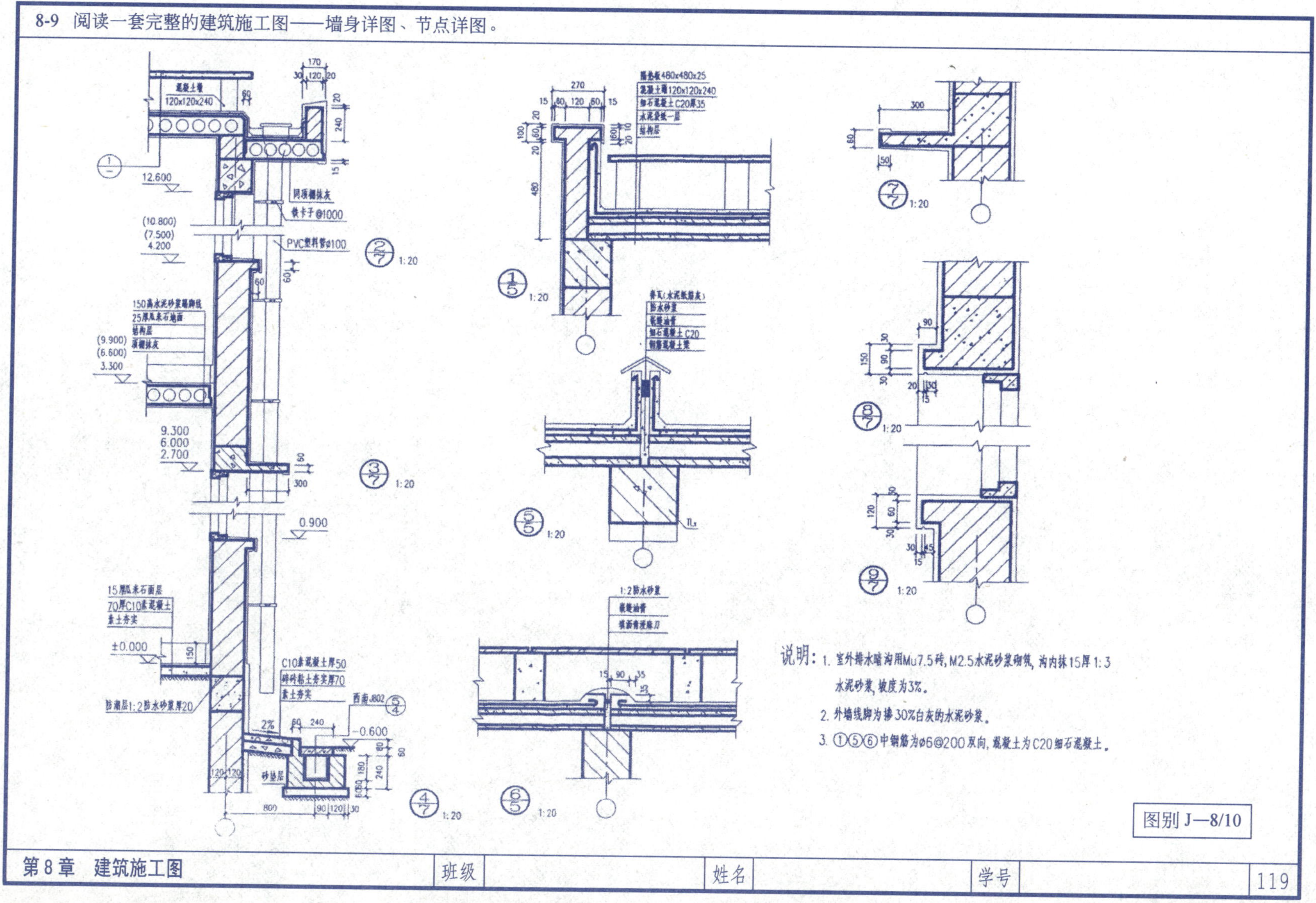
8-9 阅读一套完整的建筑施工图——墙身详图、节点详图。
12.600
(10.800)
(7.500)
4.200
铁卡子@1000
PVC塑料管ø100
150高水泥砂浆踢脚线
25厚水磨石地面
结构层
(9.900)
(6.600)
3.300
9.300
6.000
2.700
0.900
15厚水磨石面层
70厚C10素混凝土
素土夯实
±0.000
防潮层1:2防水砂浆厚20
C10素混凝土厚50
素土夯实
砂垫层
-0.600
隔热板480x480x25
细石混凝土C20厚35
结构层
防水砂浆
细石混凝土C20
1:2防水砂浆
1:20
说明：1. 室外排水暗沟用Mu7.5砖，M2.5水泥砂浆砌筑，沟内抹15厚1:3水泥砂浆，坡度为3%。
2. 外墙线脚为掺30%白灰的水泥砂浆。
3. ①⑤⑥中钢筋为ø6@200双向，混凝土为C20细石混凝土。
图别 J—8/10
第8章 建筑施工图
班级
姓名
学号
119

8-10 阅读一套完整的建筑施工图——楼梯详图。

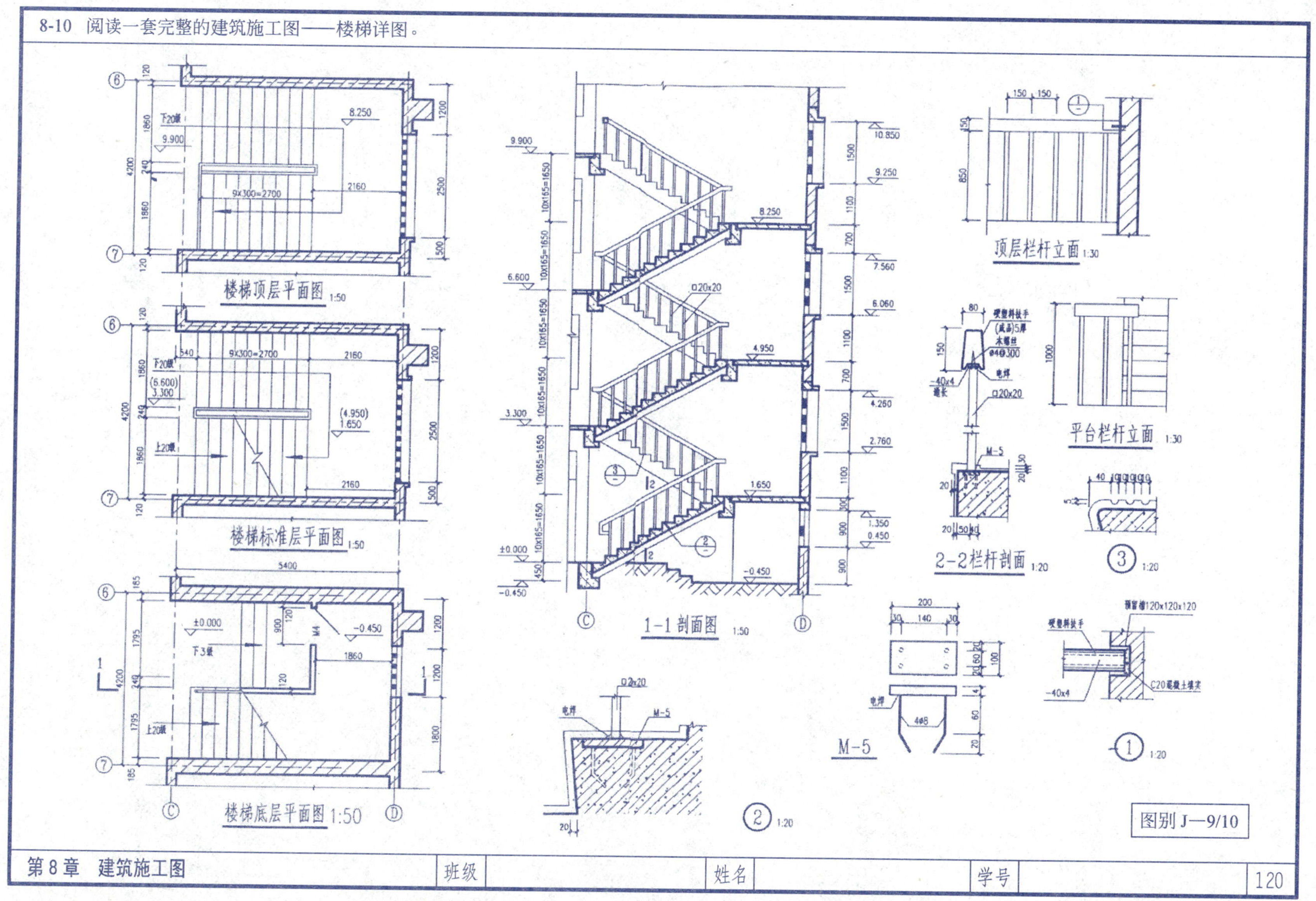

8-11 阅读一套完整的建筑施工图——门窗详图。

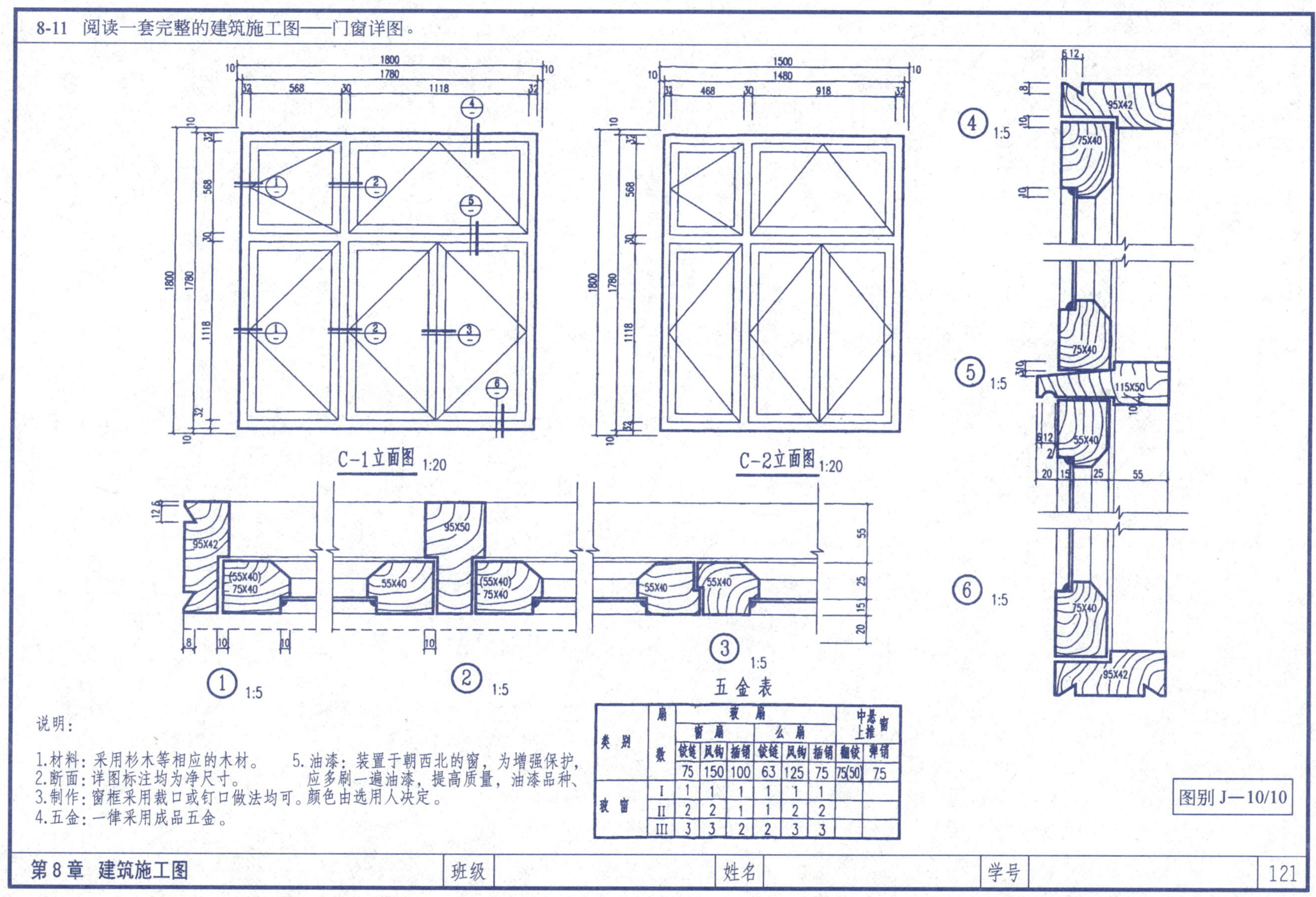

五金表

类别	扇数	玻扇						中悬窗上推	
		窗扇			么扇				
		铰链	风钩	插销	铰链	风钩	插销	翻铰	弹销
		75	150	100	63	125	75	75(50)	75
玻窗	I	1	1	1	1	1	1		
	II	2	2	1	1	2	2		
	III	3	3	2	2	3	3		

说明：

1. 材料：采用杉木等相应的木材。
2. 断面：详图标注均为净尺寸。
3. 制作：窗框采用裁口或钉口做法均可。
4. 五金：一律采用成品五金。
5. 油漆：装置于朝西北的窗，为增强保护，应多刷一遍油漆，提高质量，油漆品种、颜色由选用人决定。

图别 J—10/10

9-1 阅读9-2~9-10一套完整的结构施工图，并完成以下题目。

1. 阅读9-2结构施工图的图纸目录，了解一套完整的结构施工图的所包含的内容。

2. 阅读9-2结构施工图的结构设计总说明，了解本工程的设计条件、结构使用材料和上部结构的施工要点。

3. 阅读9-3结构施工图的基础平面布置图，掌握基础平面图的识读。

(1)了解图名和比例。

(2)了解基础与定位轴线的平面位置、相互关系以及轴线间的尺寸。

(3)了解基础墙和垫层的平面布置、形状、尺寸。本工程外墙厚度________；偏心________；内墙厚度________；偏心________。

(4)了解基础断面图的剖切位置及其编号。本工程所采用的是条形基础还是独立基础？

(5)通过文字说明，了解基础的用料、施工注意事项等内容。

(6)与其他有关图纸相配合，特别是结构平面图进一步了解基础与上部构件的关系。

4. 阅读9-4结构施工图的基础详图，掌握基础详图的识读。

(1)根据基础平面图中的详图剖切符号，查阅基础详图。

(2)了解基础的类型、特点、断面形状、材料以及施工要求等。结构使用材料中，混凝土的强度等级：基础垫层混凝土的强度等级为________；基础混凝土的强度等级为________。

(3)写出基础断面1-1的详细尺寸、配筋和基础底面的标高等。

(4)说出地圈梁和构造柱的尺寸及配筋等内容。

(5)以1∶30的比例抄绘基础断面图3-3。

5. 阅读9-5结构施工图的结构平面图，掌握楼层结构平面图的识读。

(1)了解图名和比例。根据下列的表述画出钢筋的图例。①无弯钩钢筋的搭接；②带半圆形弯钩钢筋的搭接；③带直钩钢筋的搭接；④现浇板中下部钢筋在平面图中的画法；⑤现浇板中上部钢筋在平面图中的画法。

(2)混凝土保护层厚度：梁：________柱：________现浇板：________。结构使用材料中，混凝土的强度等级：现浇板，圈梁，构造柱：________；卫生间，厨房，屋面________。

(3)了解构造柱的布置、断面尺寸和配筋情况，写出构造柱的作用。

(4)了解梁的平面布置、编号、截面尺寸和钢筋的平法标注方法等。写出圈梁的作用。

(5)了解现浇板的厚度、标高及支承情况。

(6)了解现浇板中钢筋的布置情况。

(7)了解现浇板高度变化等情况。

6. 阅读 9-8 楼梯结构施工图的结构图。

7. 以 1∶20 的比例绘出梁 L-1 的立面图和断面图。并找出 L-1 梁的位置。

8. 以 1∶30 的比例抄绘 XB-1 的现浇板配筋图。

9. 阅读 9-7 结构施工图的结构详图,掌握结构详图的识读。

(1)了解图名、比例和详图的索引位置。

(2)了解楼梯间的楼梯板、平台板和楼梯梁的尺寸和配筋,以 1∶30 的比例抄绘楼梯板配筋图和楼梯梁详图。

(3)与建筑施工图相结合,了解墙身、窗台、檐口等节点的构造。

10. 与建筑施工图相结合,并通读结构施工图。

(1)比较结构施工图包含内容与建筑施工图包含内容之间的区别和联系。

(2)比较结构施工图与建筑施工图在轴线、层高、构件尺寸标注和线条选用上的联系和不同。

(3)了解结构施工图中下部构件与上部构件之间的对应关系。

(4)写出各房间建筑上不同的功能在结构设置上的反映。

一、基 础 工 程

1. 本工程基础根据××建筑勘测设计院提供的《××地区工程地质勘测报告》，设计地耐力按 0.28MPa 计算。

2. 基础应置于老土上，若埋深超过设计标注尺寸时，应按地质情况确定基础的实际埋深度。

3. 基础用 C10 毛石混凝土，毛石用量不得超过 30%，基础垫层为 100 厚 C10 混凝土，比基础两边宽出 100mm。

4. 地坪以下基础砖墙用 Mu10 煤矸石 M5 水泥砂浆砌筑。

5. 基础底槽土质不一致时，必须做成踏步基础并按 1∶2 放坡。

6. 基础圈梁用 C15 混凝土浇筑，钢筋用 HPB235 级钢，圈梁按构造规定进行转角及丁字接头处理，钢筋的搭接长度不小于 35d，主筋保护层厚为 35mm。

二、上 部 结 构

1. 墙体：1～2 层采用 Mu15 煤矸石砖，M5 混合砂浆砌筑，3～4 层采用 Mu10 粘土砖，M2.5 混合砂浆砌筑。

2. 圈梁材料：混凝土为 C20，钢筋用 HPB 钢。钢筋搭接及圈梁转角应按有关构造处理。

3. 楼层结构：除标准构件外，其余梁板构件均采用 C20 混凝土制作，凡现浇部分混凝土必须按规定保养。

4. 钢筋：图中 ϕ 为 HPB235 钢筋，Φ 为 HRB335 钢筋。

5. 钢筋保护层：板 10mm，梁 25mm。

6. 厕所：洗手间的楼板应按水施预留孔洞，不得事后打孔。

三、其 他

1. 本图应与建施、水施和电施密切配合施工。

2. 本工程应严格执行国家现行施工及验收规范，对使用于结构所有材料必须有出厂合格证及复验报告。

3. 本图中未尽事宜或不详之处，要与设计人员联系，不得擅自处理。

预制构件表

构建名称	代号	数量	所在图集（纸）	备注
预应力混凝土多孔板	Y-KB4252	9	G201	
	Y-KB4262	18	G201	
	Y-KB4254		G201	
	Y-KB4262		G201	
	Y-KB3952		G201	
	Y-KB3962		G201	
	Y-KB3954		G201	
	Y-KB3964		G201	
	Y-KB3064		G201	
	Y-KB2764		G201	
走道板	YB-1		结施9—8	
休息平台	YB-2		结施9—8	
挑梁	TL-1		结施9—8	
	TL-2		结施9—8	
梁	L-1		结施9—8	
	L-2(L-2′)		结施9—8	
楼梯梁	YTL-1		结施9—7	
	YTL-2		结施9—7	
楼梯梁	TB-1		结施9—7	
	TB-2		结施9—7	

图别G — 1/9

9-3 阅读一套完整的结构施工图——基础平面布置图。

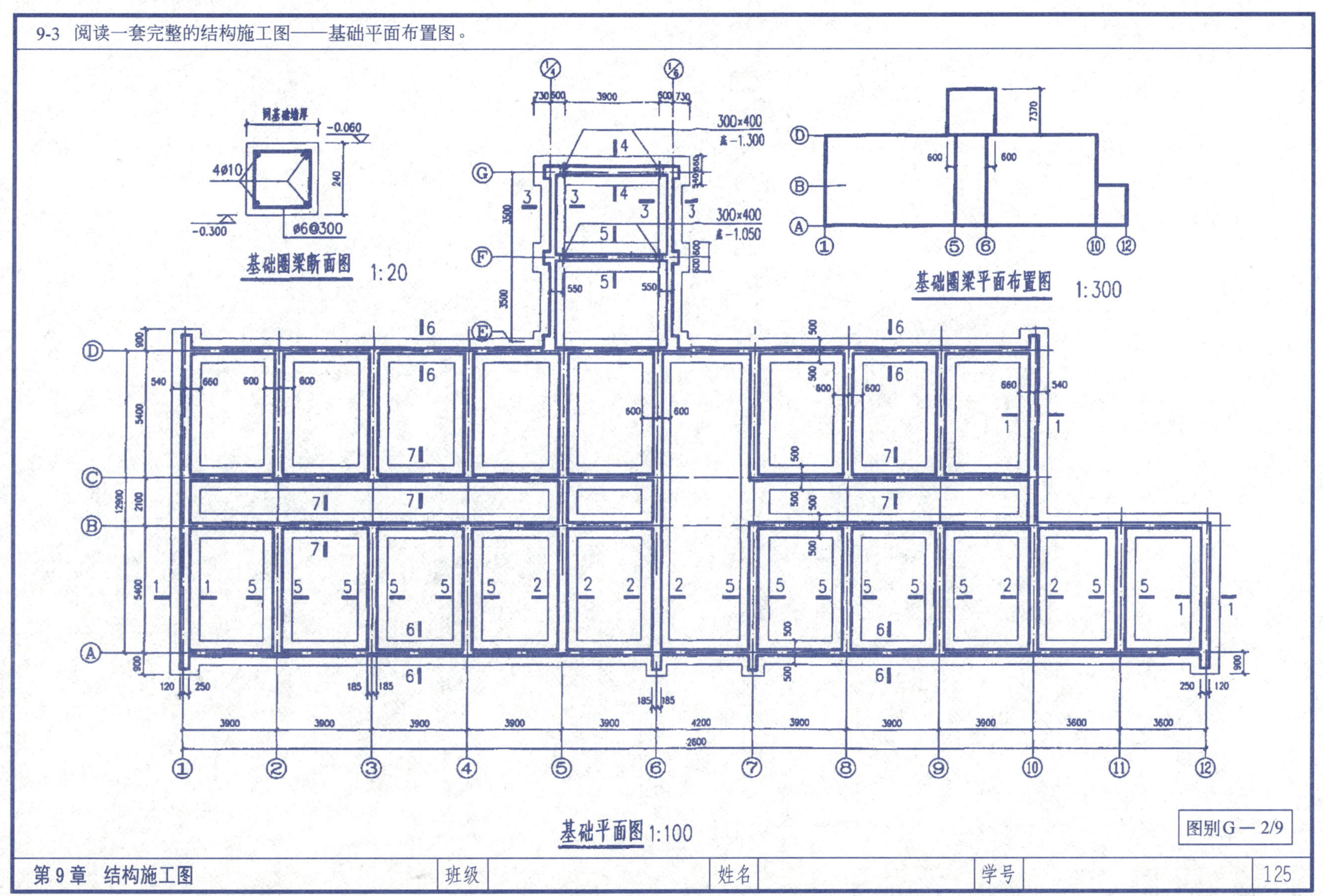

图别G—2/9

9-4 阅读一套完整的结构施工图——基础详图。

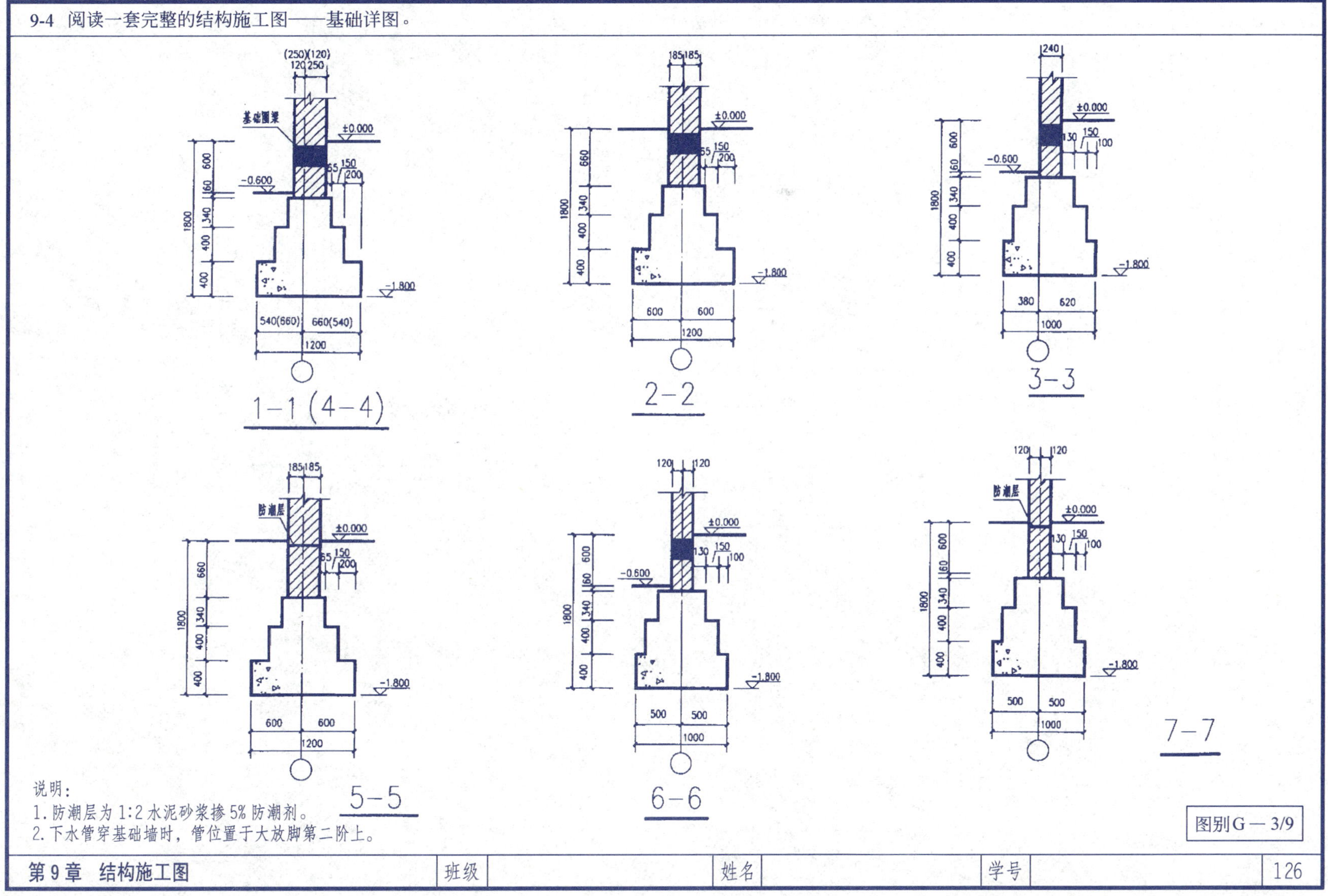

说明：

1. 防潮层为 1:2 水泥砂浆掺 5% 防潮剂。
2. 下水管穿基础墙时，管位置于大放脚第二阶上。

图别 G—3/9

9-5 阅读一套完整的结构施工图——标准层结构布置平面图。

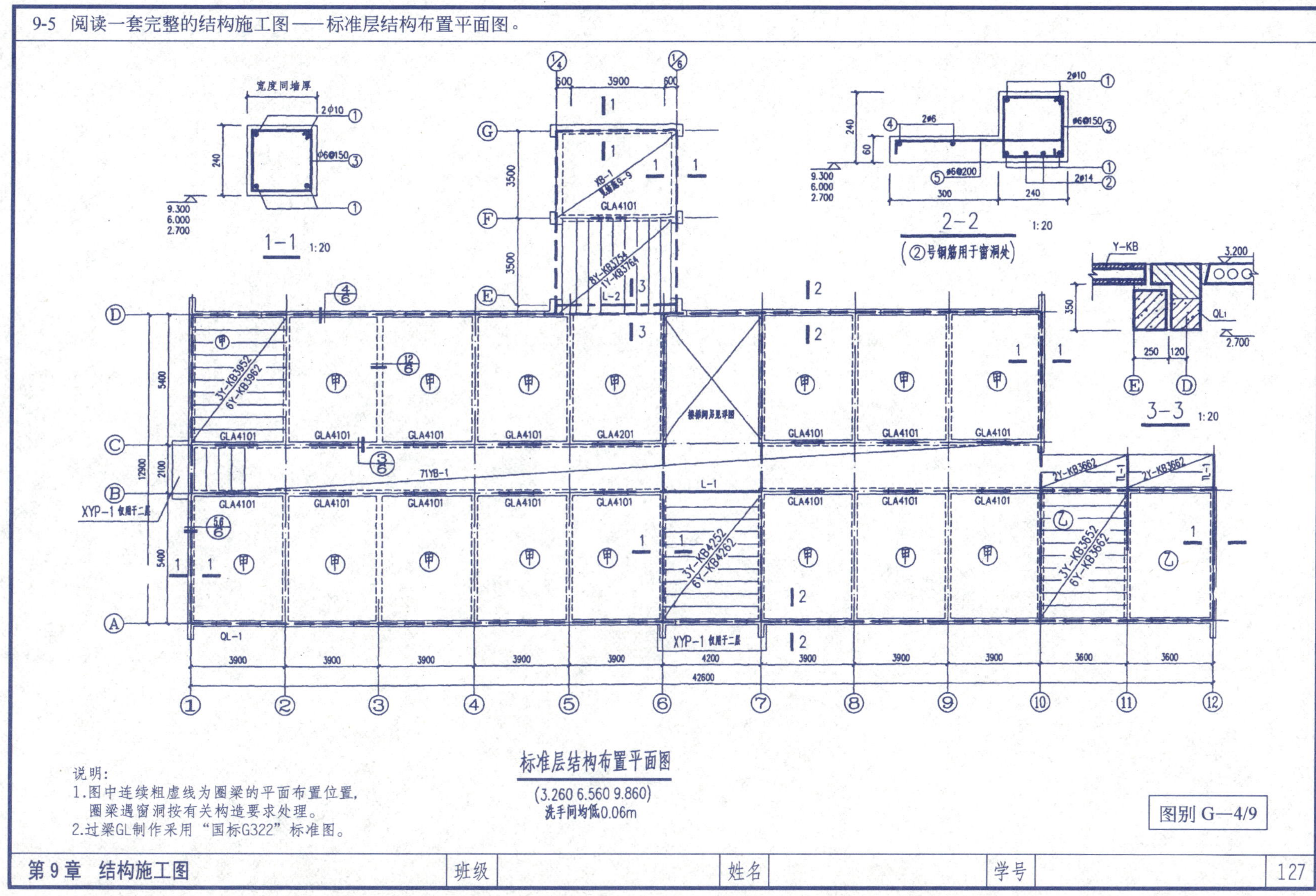

说明:

1. 图中连续粗虚线为圈梁的平面布置位置,圈梁遇窗洞按有关构造要求处理。
2. 过梁GL制作采用"国标G322"标准图。

图别 G—4/9

9-6 阅读一套完整的结构施工图——屋面结构布置平面图。

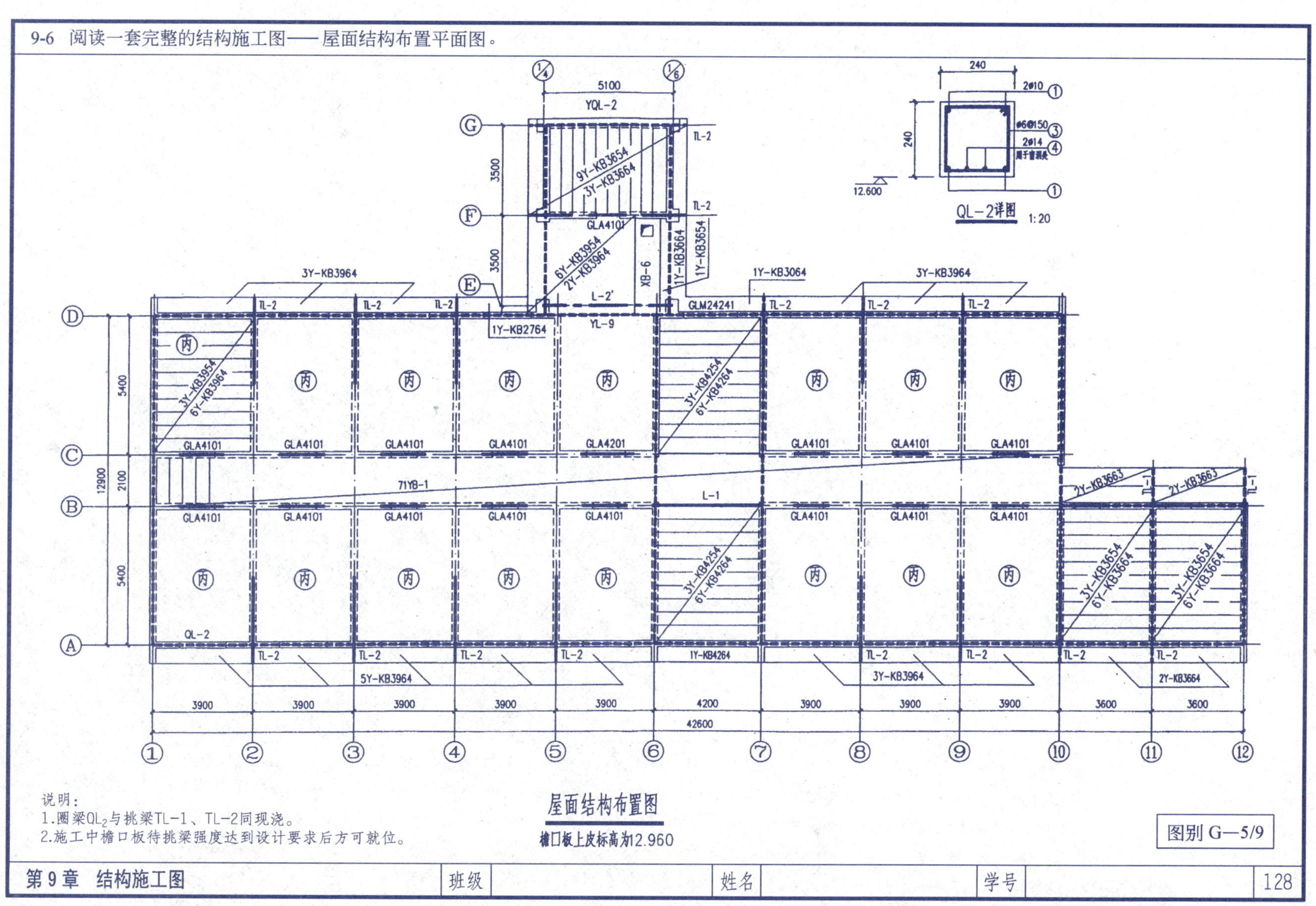

说明：

1.圈梁QL_2与挑梁TL-1、TL-2同现浇。

2.施工中檐口板待挑梁强度达到设计要求后方可就位。

图别 G—5/9

9-7 阅读一套完整的结构施工图——构件详图。

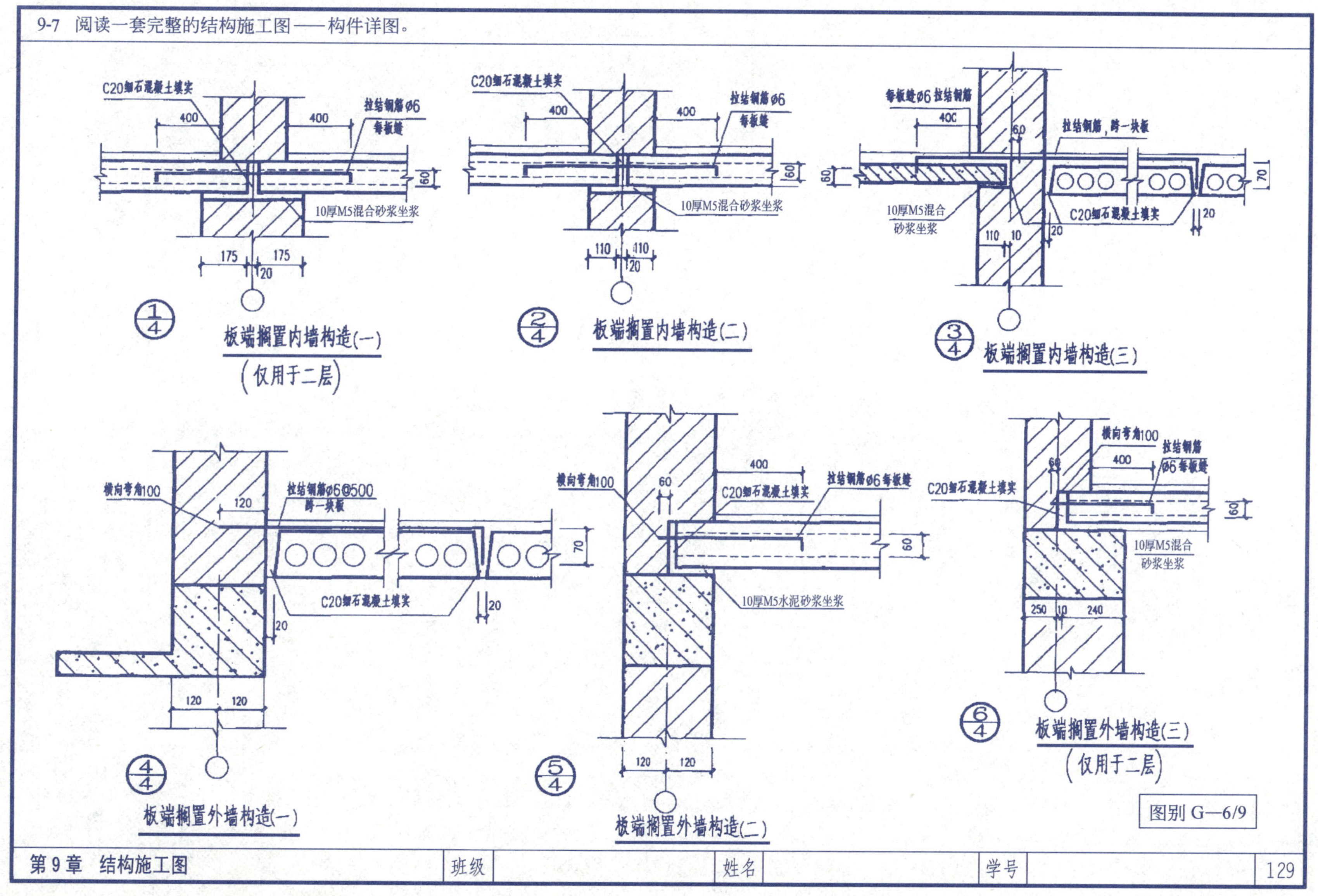

图别 G—6/9

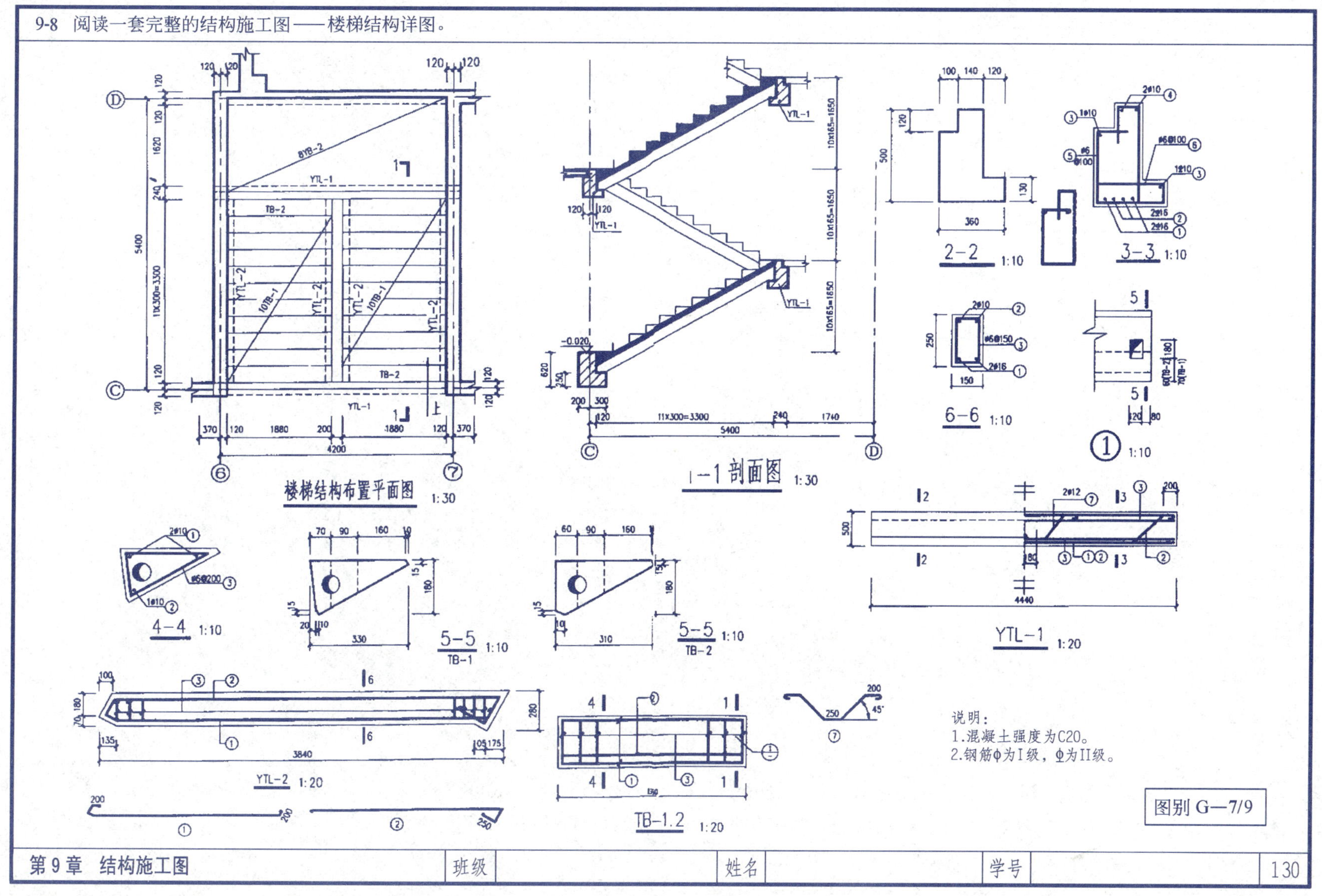
9-8 阅读一套完整的结构施工图——楼梯结构详图。
楼梯结构布置平面图 1:30
1-1剖面图 1:30
2-2 1:10
3-3 1:10
6-6 1:10
① 1:10
YTL-1 1:20
4-4 1:10
5-5 1:10 TB-1
5-5 1:10 TB-2
YTL-2 1:20
TB-1.2 1:20
说明：
1.混凝土强度为C20。
2.钢筋ф为I级，Φ为II级。
图别 G—7/9
第9章 结构施工图
班级
姓名
学号
130

9-9 阅读一套完整的结构施工图——预制构件详图。

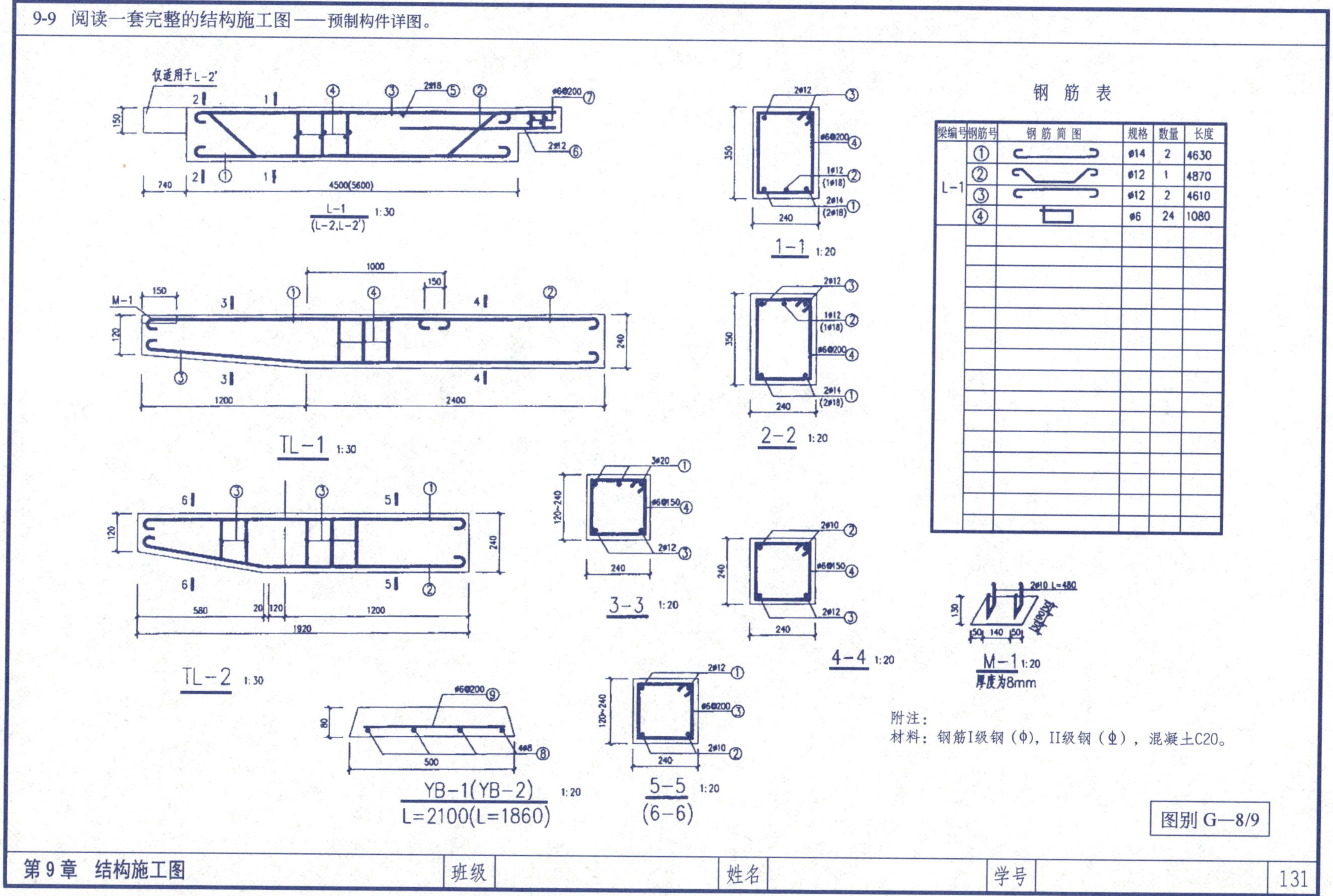

钢 筋 表

梁编号	钢筋号	钢 筋 简 图	规格	数量	长度
L-1	①		φ14	2	4630
	②		φ12	1	4870
	③		φ12	2	4610
	④		φ6	24	1080

附注：

材料：钢筋I级钢（ϕ），II级钢（Φ），混凝土C20。

图别 G—8/9

9-10 阅读一套完整的结构施工图——现浇构件详图。

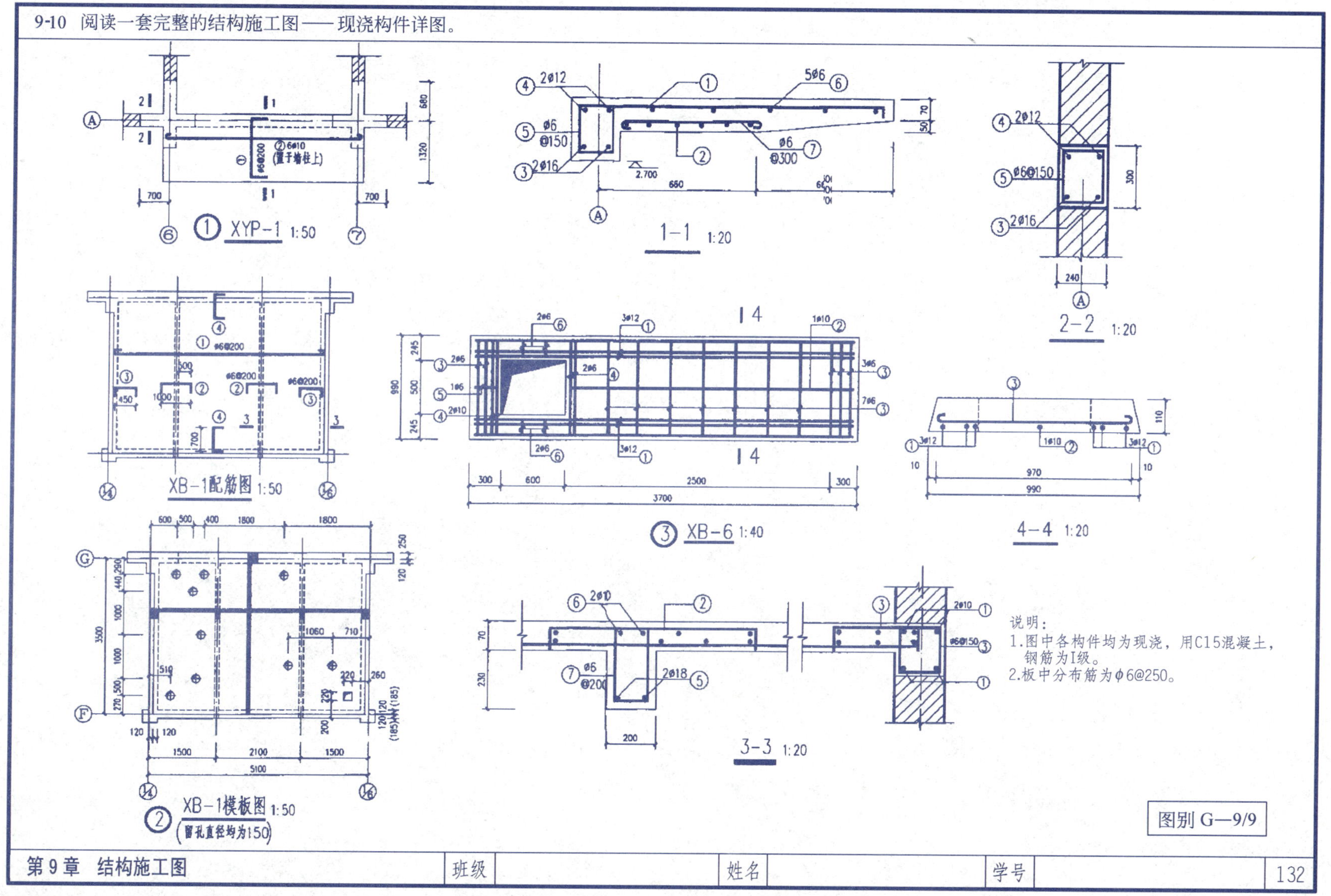

9-11 阅读钢筋混凝土结构构件图，画出 3-3 断面图。

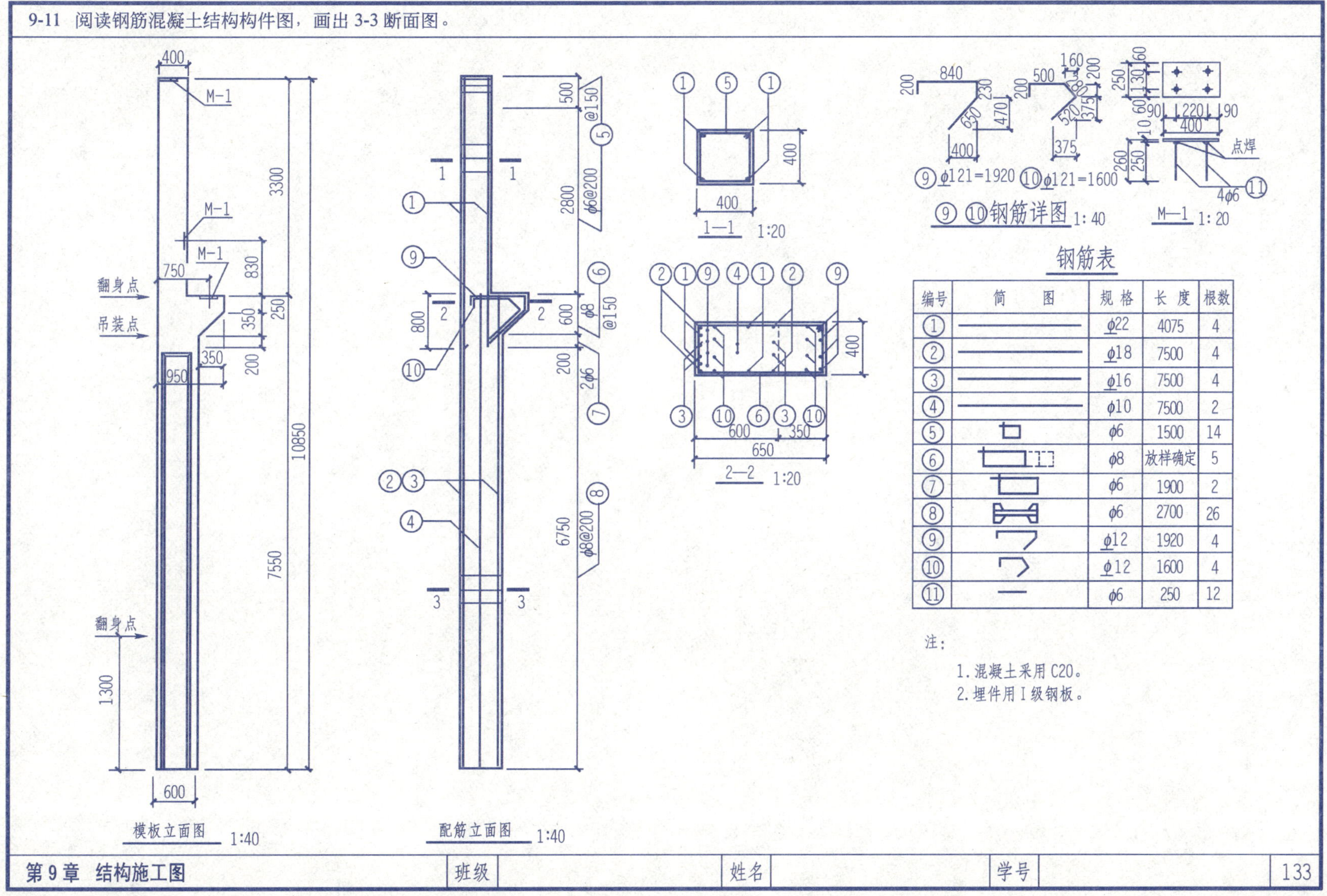

钢筋表

编号	简 图	规 格	长 度	根数
①		φ22	4075	4
②		φ18	7500	4
③		φ16	7500	4
④		φ10	7500	2
⑤		φ6	1500	14
⑥		φ8	放样确定	5
⑦		φ6	1900	2
⑧		φ6	2700	26
⑨		φ12	1920	4
⑩		φ12	1600	4
⑪		φ6	250	12

注：

1. 混凝土采用 C20。
2. 埋件用 I 级钢板。

9-12 阅读钢筋混凝土结构构件图。

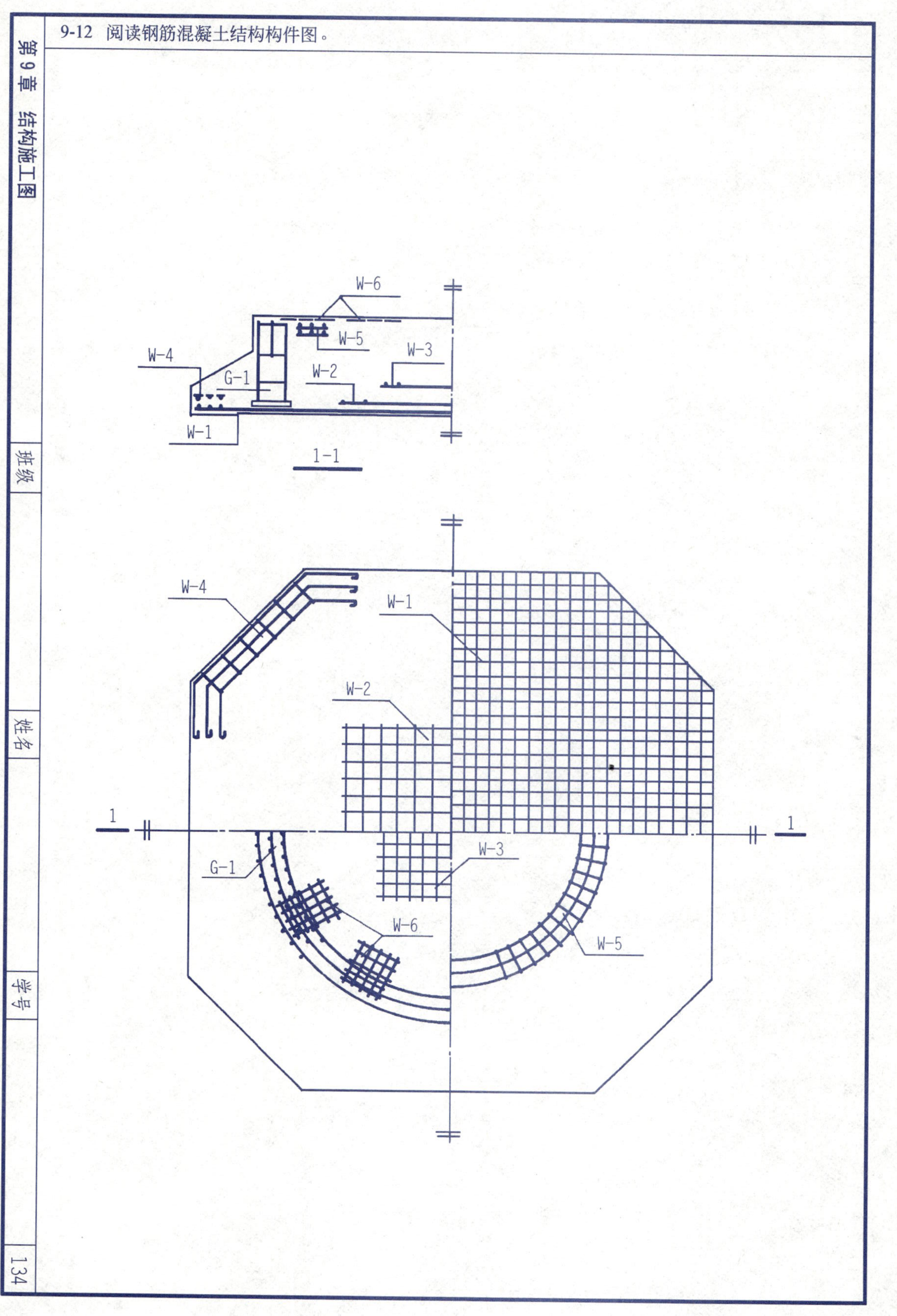

9-13 阅读钢筋混凝土结构构件图，画出 2-2、4-4 断面图。

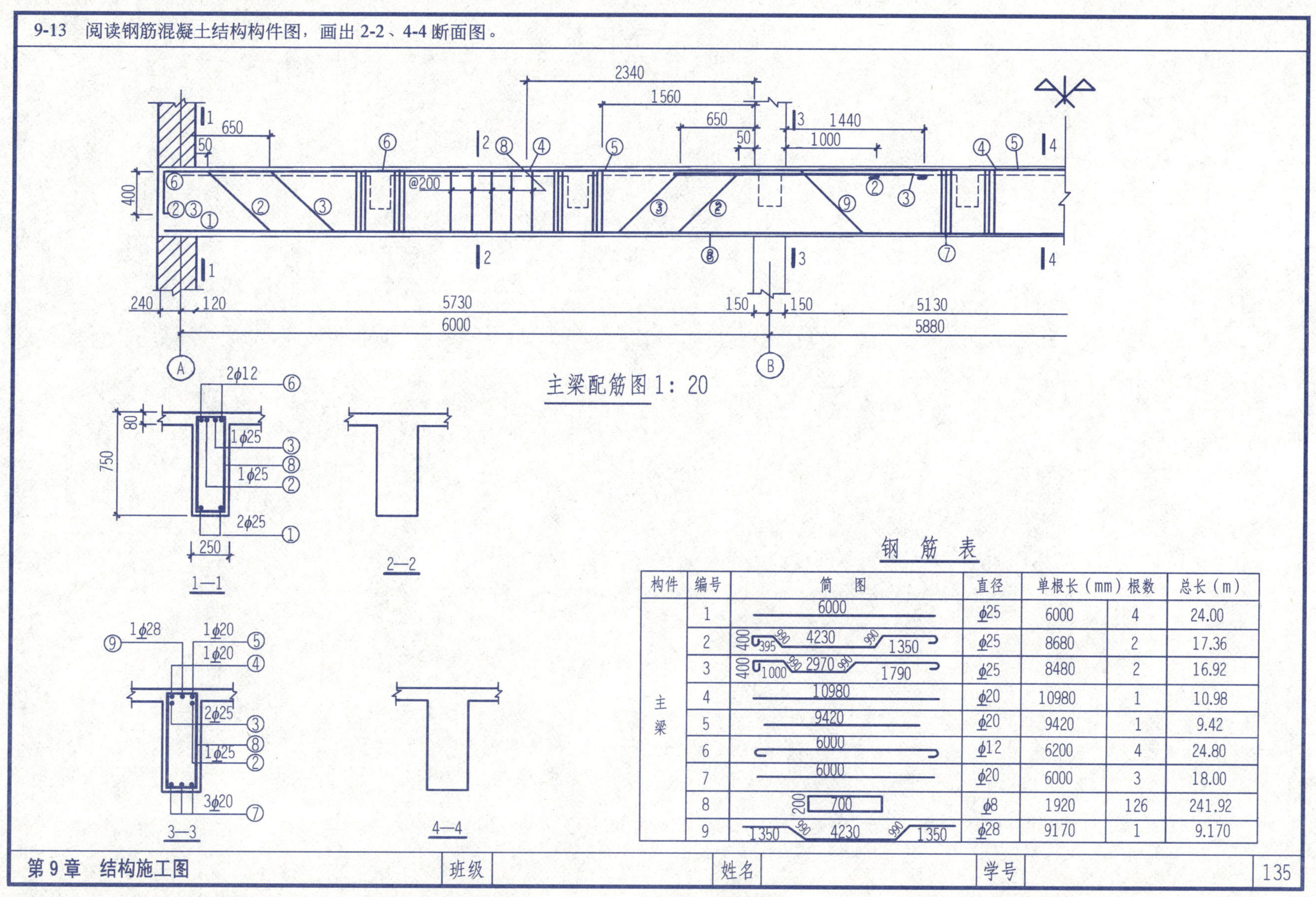

钢　筋　表

构件	编号	简　图	直径	单根长（mm）	根数	总长（m）
主梁	1	6000	ϕ25	6000	4	24.00
	2	400 395 990 4230 990 1350	ϕ25	8680	2	17.36
	3	400 1000 990 2970 990 1790	ϕ25	8480	2	16.92
	4	10980	ϕ20	10980	1	10.98
	5	9420	ϕ20	9420	1	9.42
	6	6000	ϕ12	6200	4	24.80
	7	6000	ϕ20	6000	3	18.00
	8	200 700	ϕ8	1920	126	241.92
	9	1350 990 4230 990 1350	ϕ28	9170	1	9.170

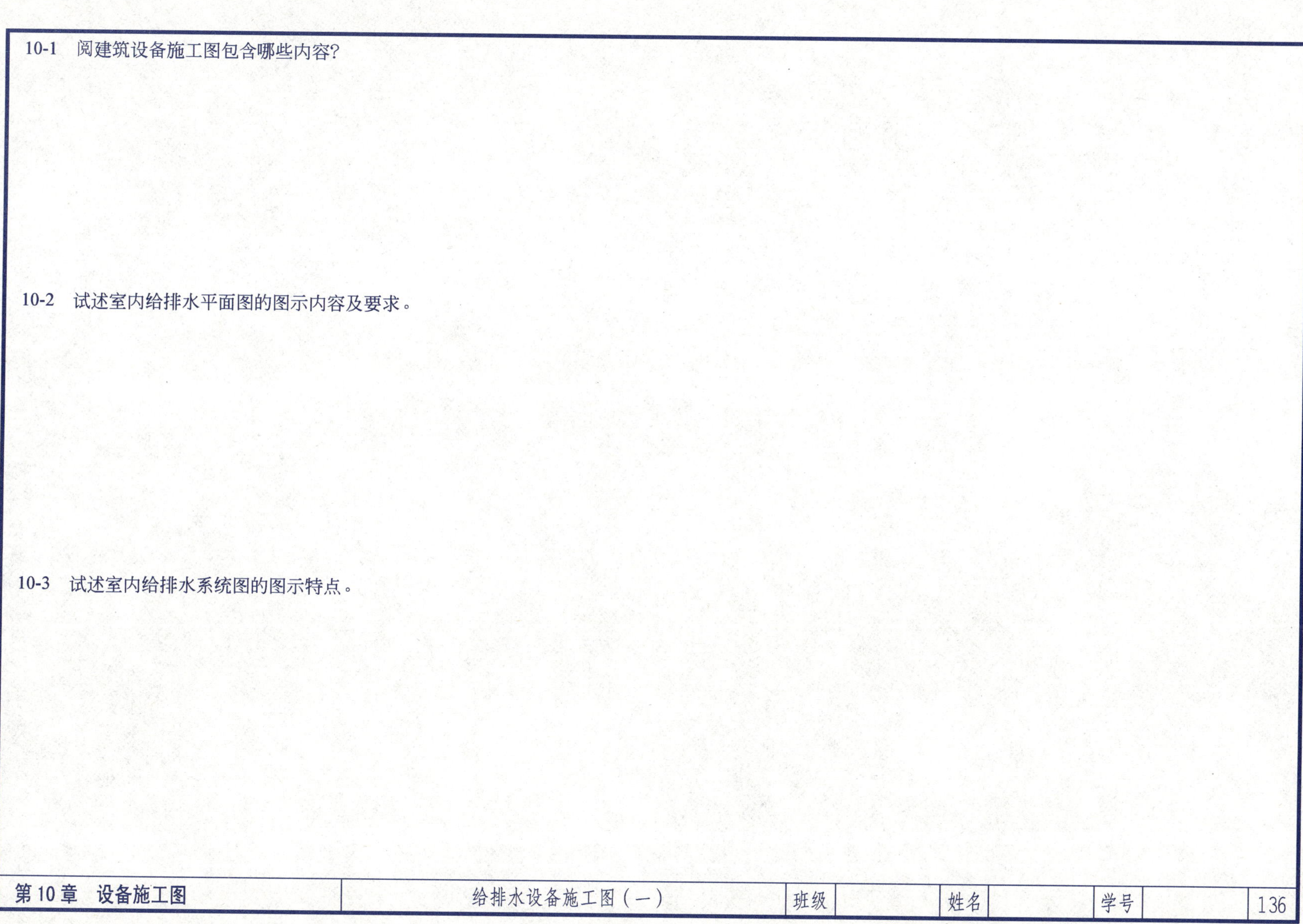

10-1　阅建筑设备施工图包含哪些内容?

10-2　试述室内给排水平面图的图示内容及要求。

10-3　试述室内给排水系统图的图示特点。

10-4　图中给定某卫生间的给排水施工图，试对该图进行识读。

（1）某卫生间给排水平面图

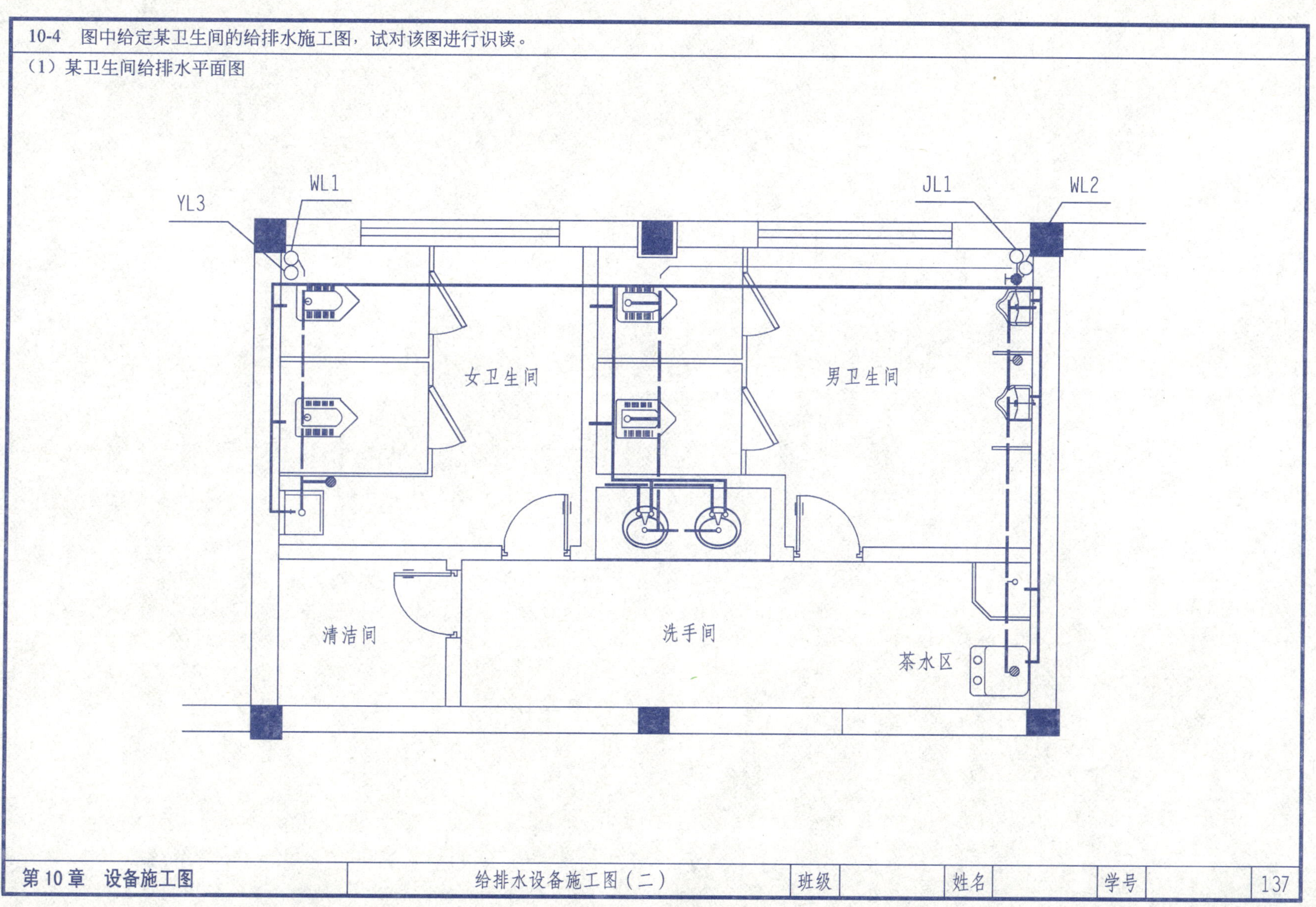

(2) 某卫生间给水系统图

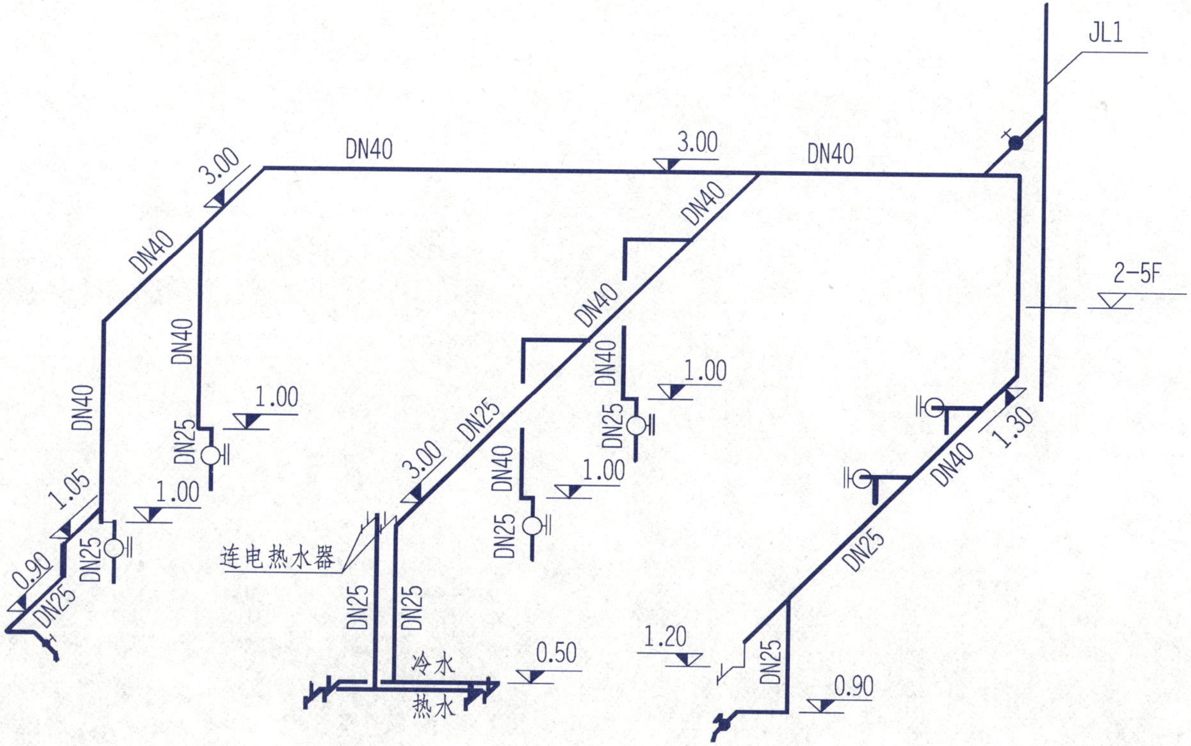

(3) 某卫生间排水系统图

WL1
2-5F
DM110
DM110
DN50
DM110
DN50
DM50
WL2
2-5F
DN110
DM110
DM110
DM110
DM50
DM50
DM50
DM75
DM50
DM50
DM50
DM50
DM50
DM50

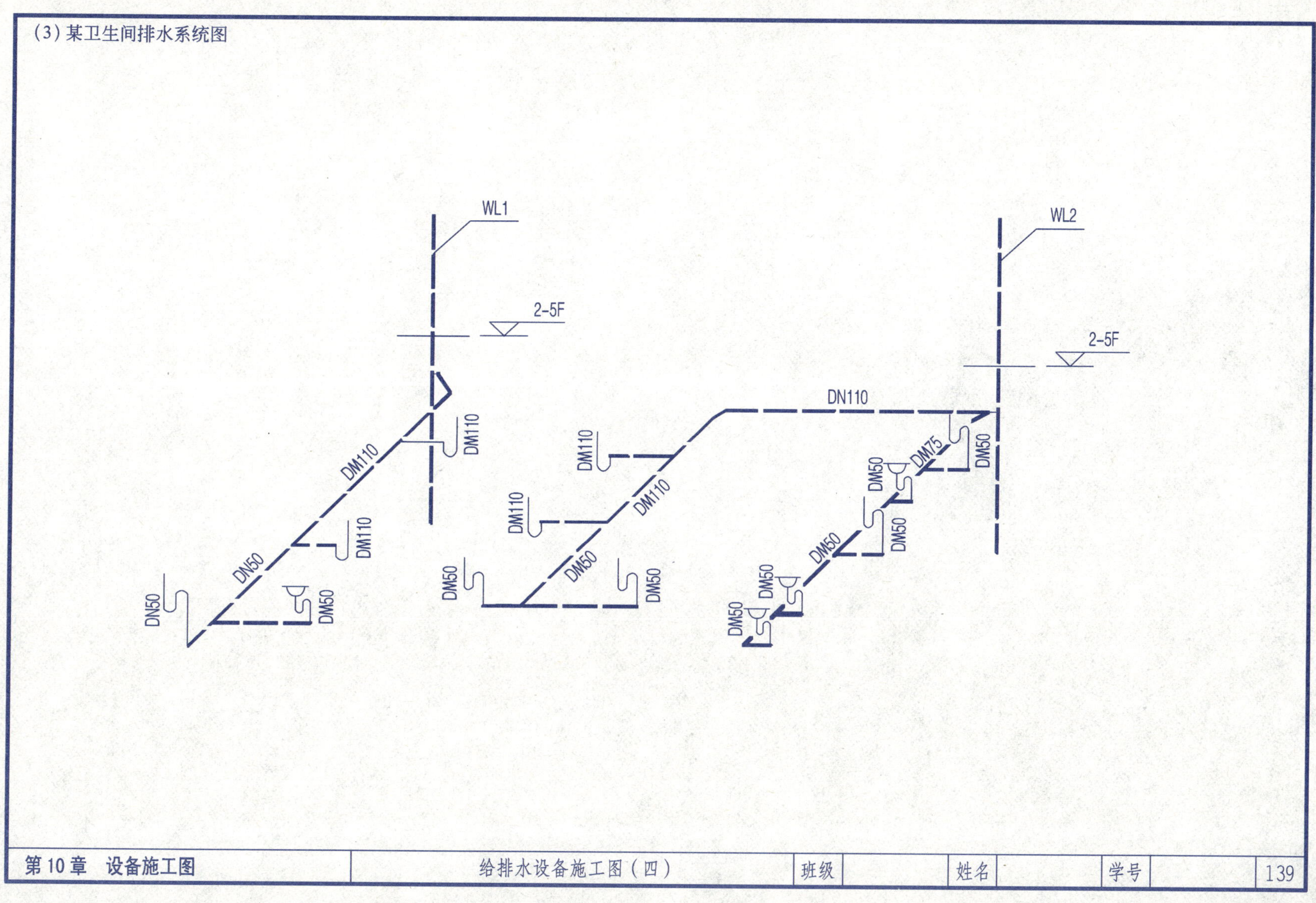

10-5 供暖施工图图纸有哪些内容组成?

10-6 试述室内供暖系统平面图和轴测图的图示内容和特点。

10-7 通风系统施工图纸包括哪些主要内容?

10-8 试述通风系统施工图的图示特点和要求。

10-9 阅读教材中的图 10-7、图 10-8 所示的供暖系统平面图和系统轴测图。

10-10 阅读教材中的图 10-9、图 10-10 某厂房的通风系统平面图和轴测图。

10-11 图中给定某办公室的供暖系统一、二、三层和顶层平面图，识读该图纸，并绘制出其系统图。

（1）某办公楼供暖系统一层平面图。

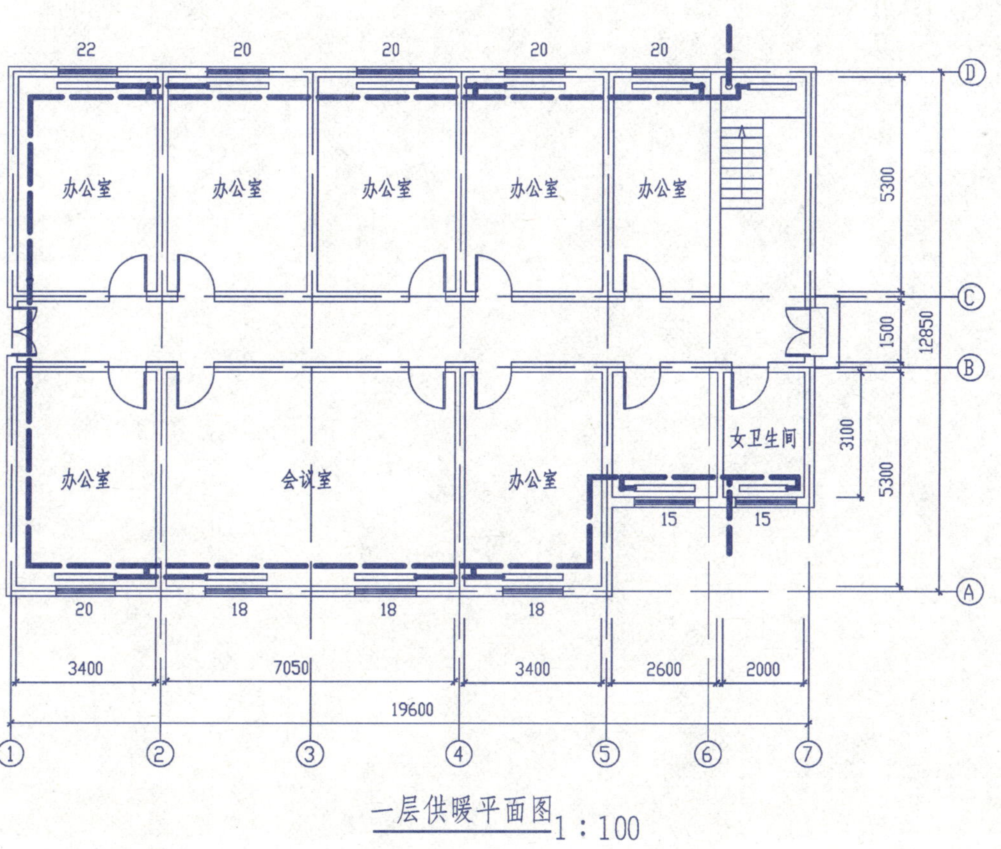

一层供暖平面图 1：100

（2）某办公楼供暖系统二、三层平面图。

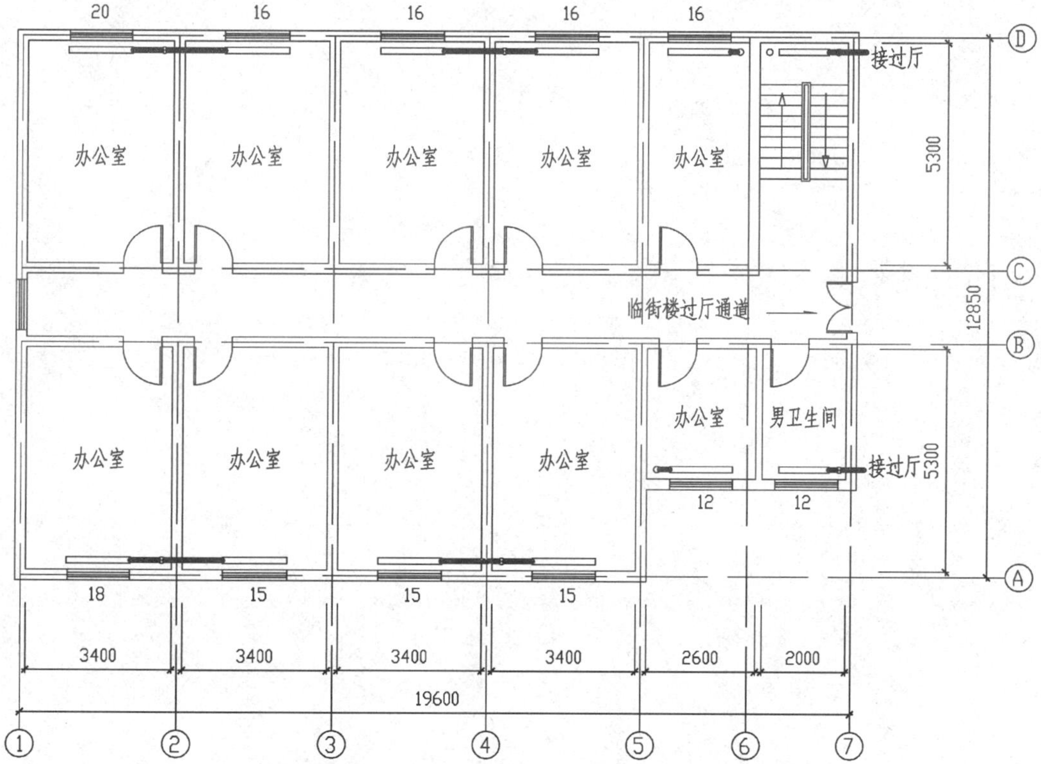

二、三层供暖平面图 1：100

（3）某办公楼供暖系统四层平面图。

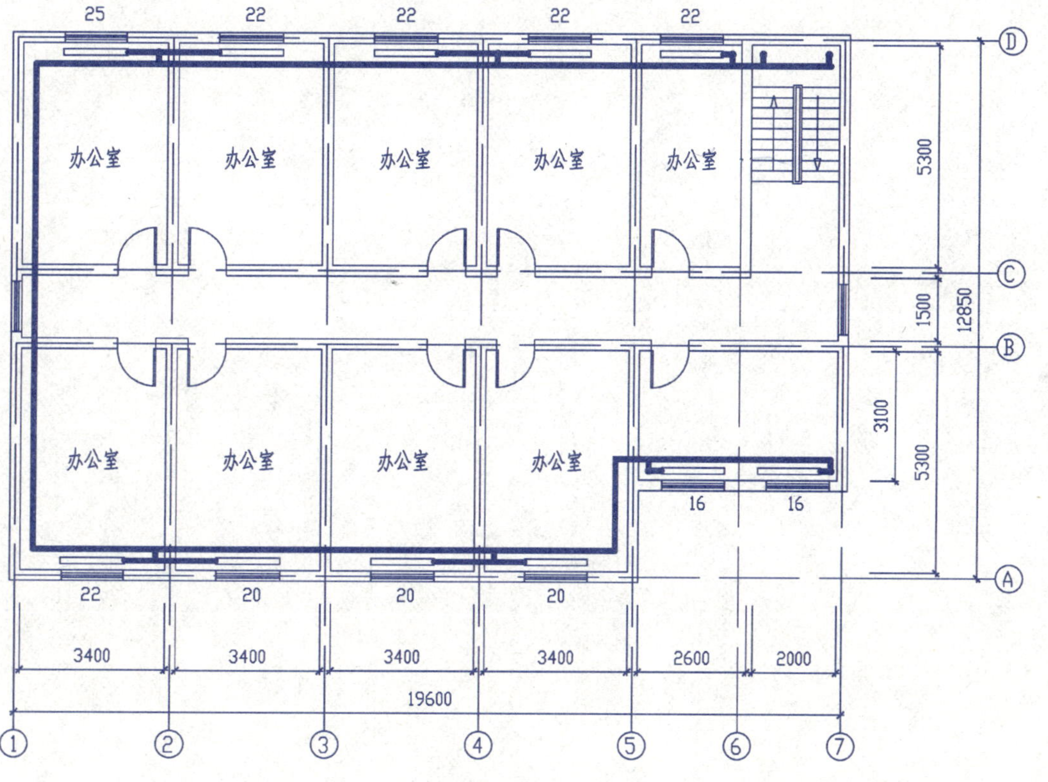

四层供暖平面图 1∶100

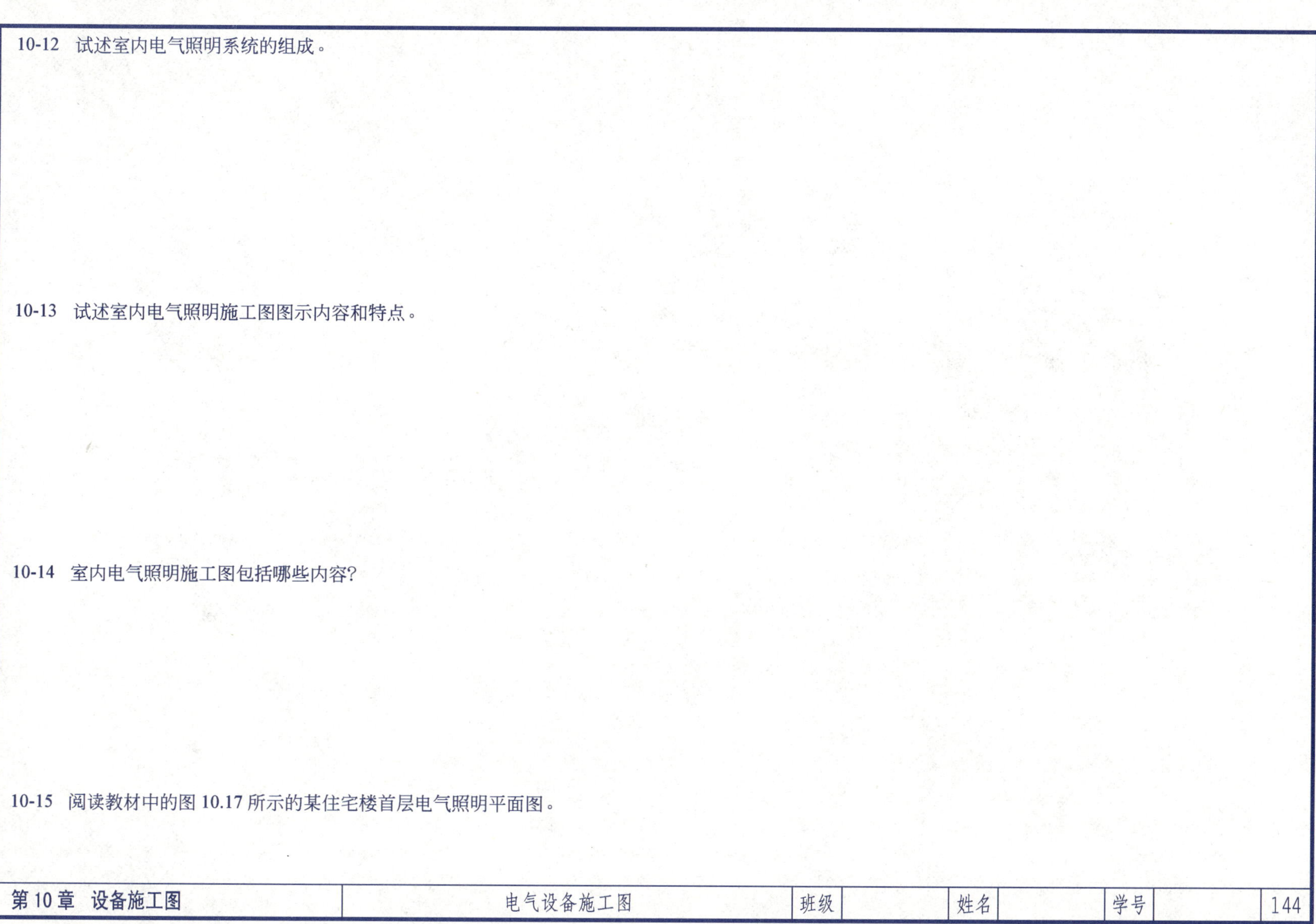

10-12 试述室内电气照明系统的组成。

10-13 试述室内电气照明施工图图示内容和特点。

10-14 室内电气照明施工图包括哪些内容?

10-15 阅读教材中的图 10.17 所示的某住宅楼首层电气照明平面图。

10-16　试述室内燃气管道平面图和系统施工图的图示特点和要求。

10-17　阅读教材中图 10-11、10-12 所示的某食堂厨房燃气管道平面图和系统图。

11-1 作出 P 平面（a56.5,b58.5,c61.0）的坡度比例尺 P_i，并作出该平面与 H 面的倾角 α。

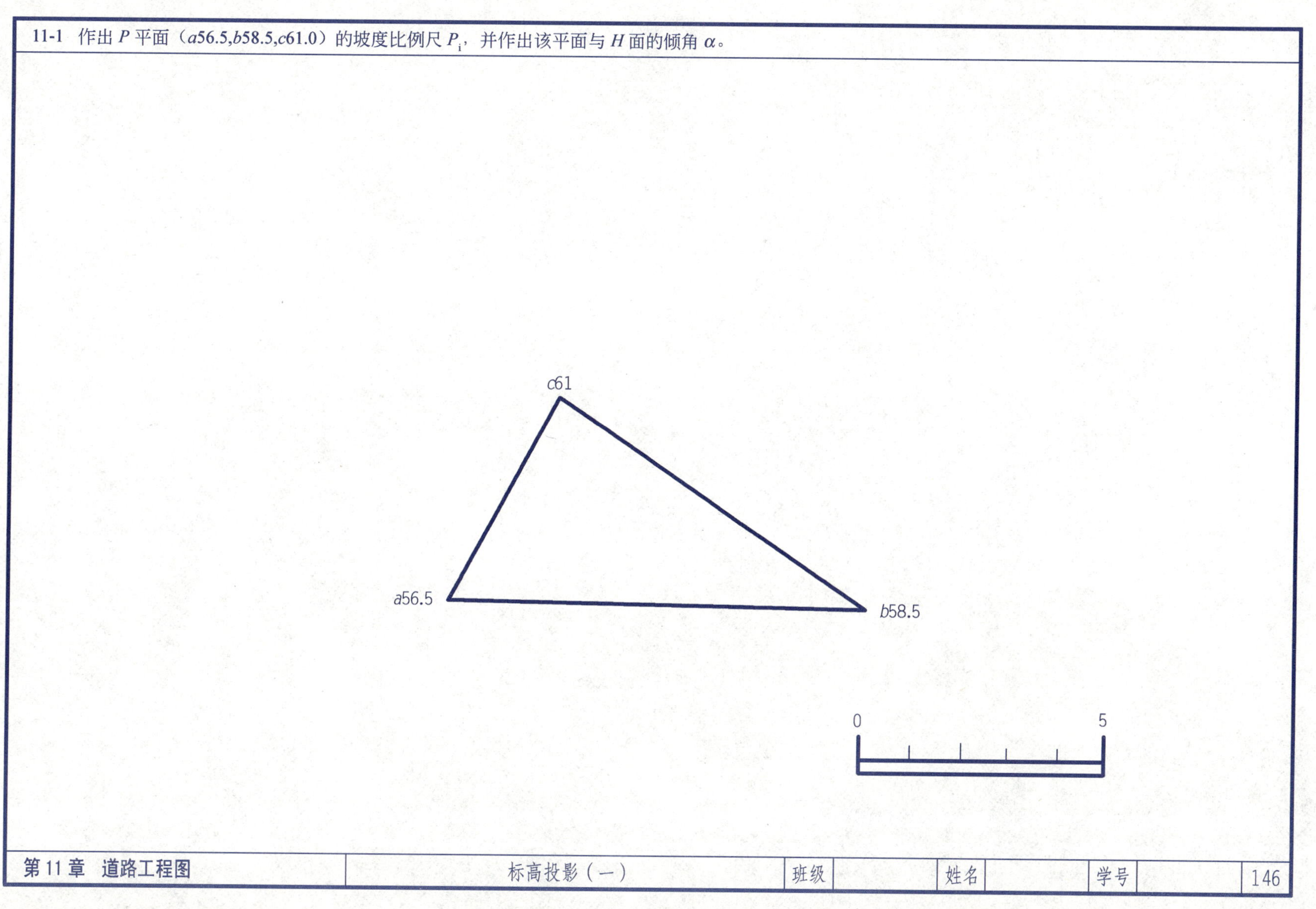

11-2 求下列两平面的交线。

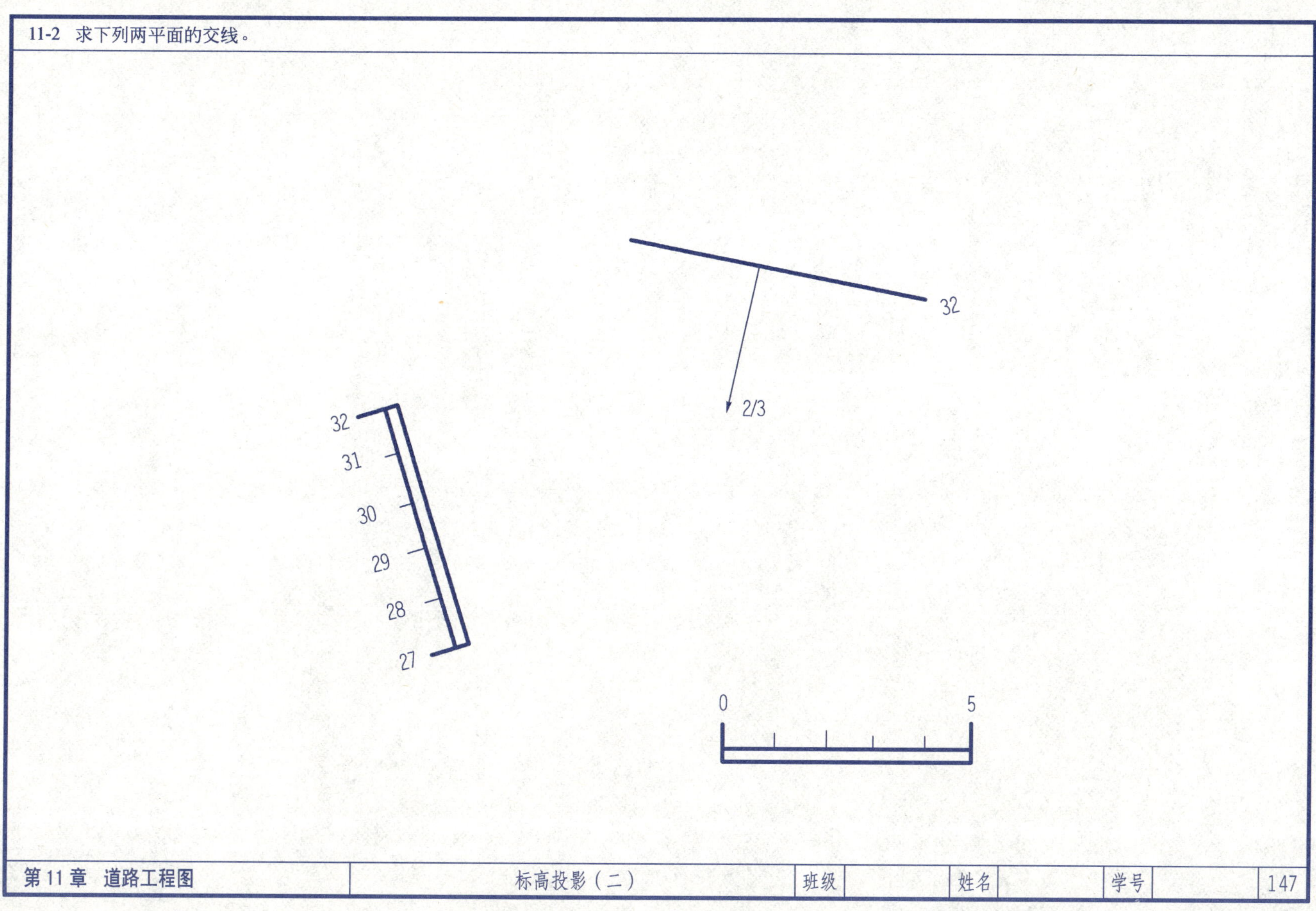

11-3 已知直线 AB 两端点的高程，求该线段的坡度 i，并定出线段上高程为整数的各点。(比例 1：100)

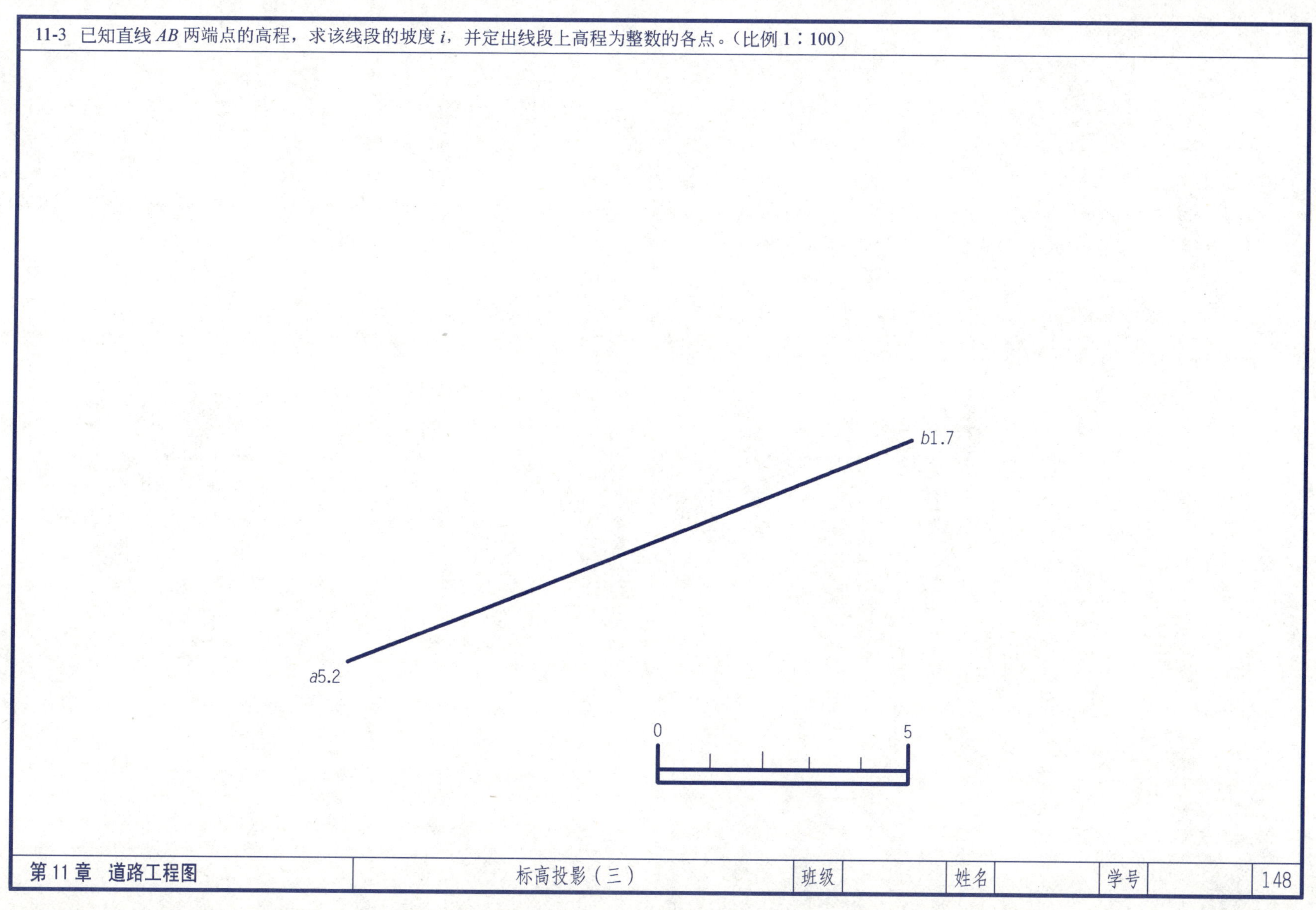

11-4 平面 P 由直线 (a_4b_4) 及坡度 4/5 所决定，Q 平面由过 A 点的直线及坡度 3/4 所决定，求作 P、Q 两平面的交线。

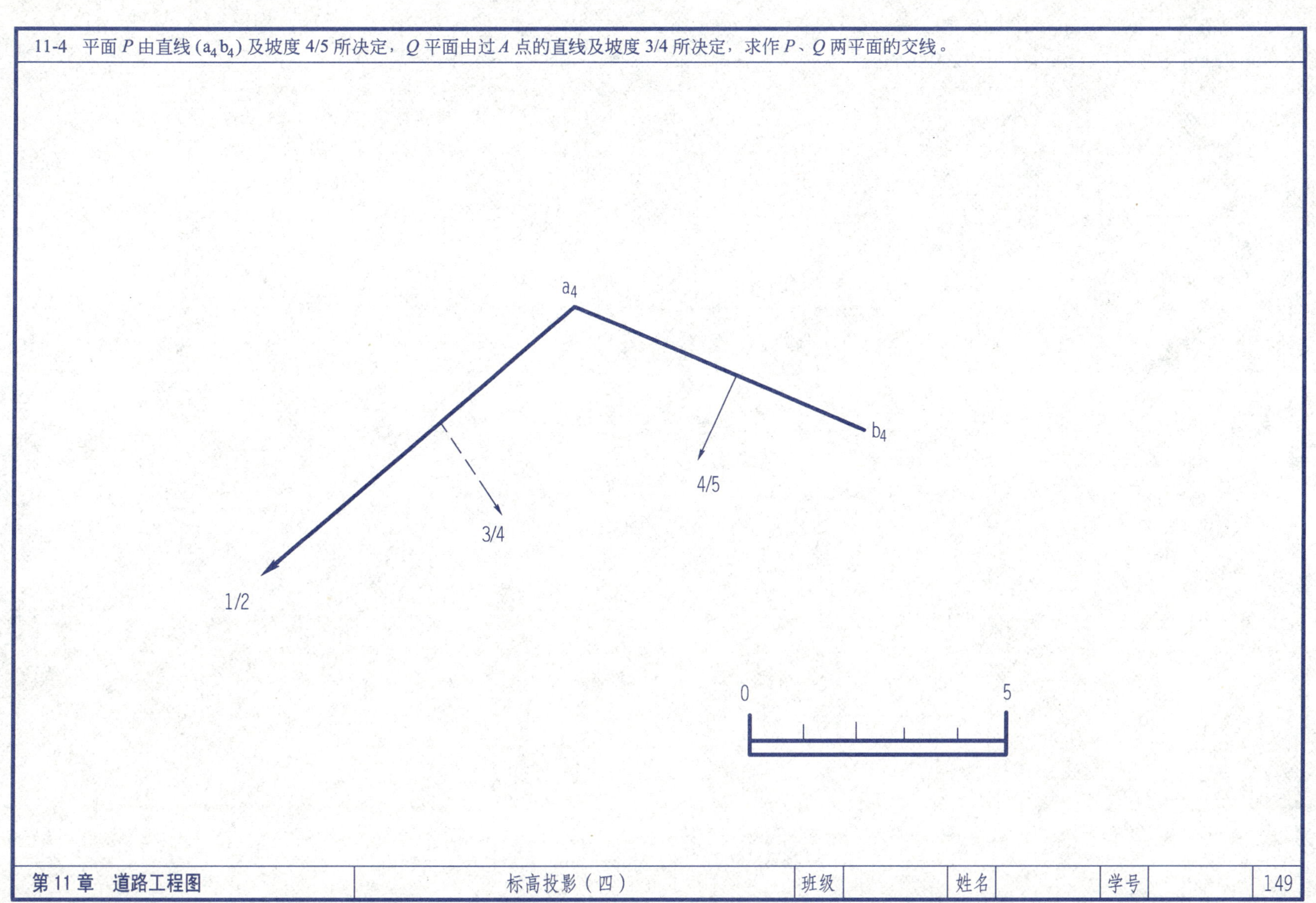

11-5 在高程为 0m 的地面上建筑一高程为 3m 的平台，下图均为平台的一角，求作坡脚线及坡面交线。（比例 1:200）

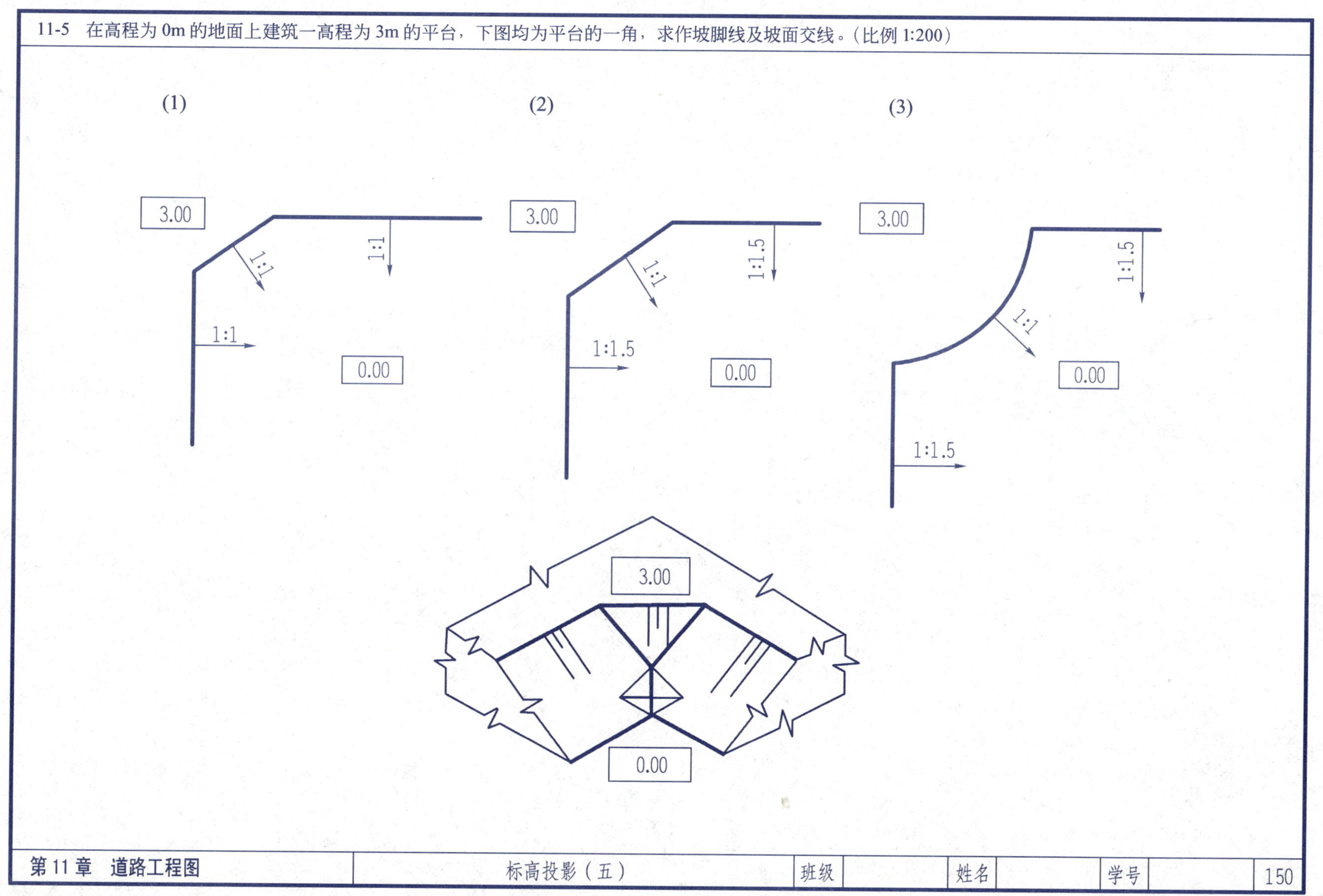

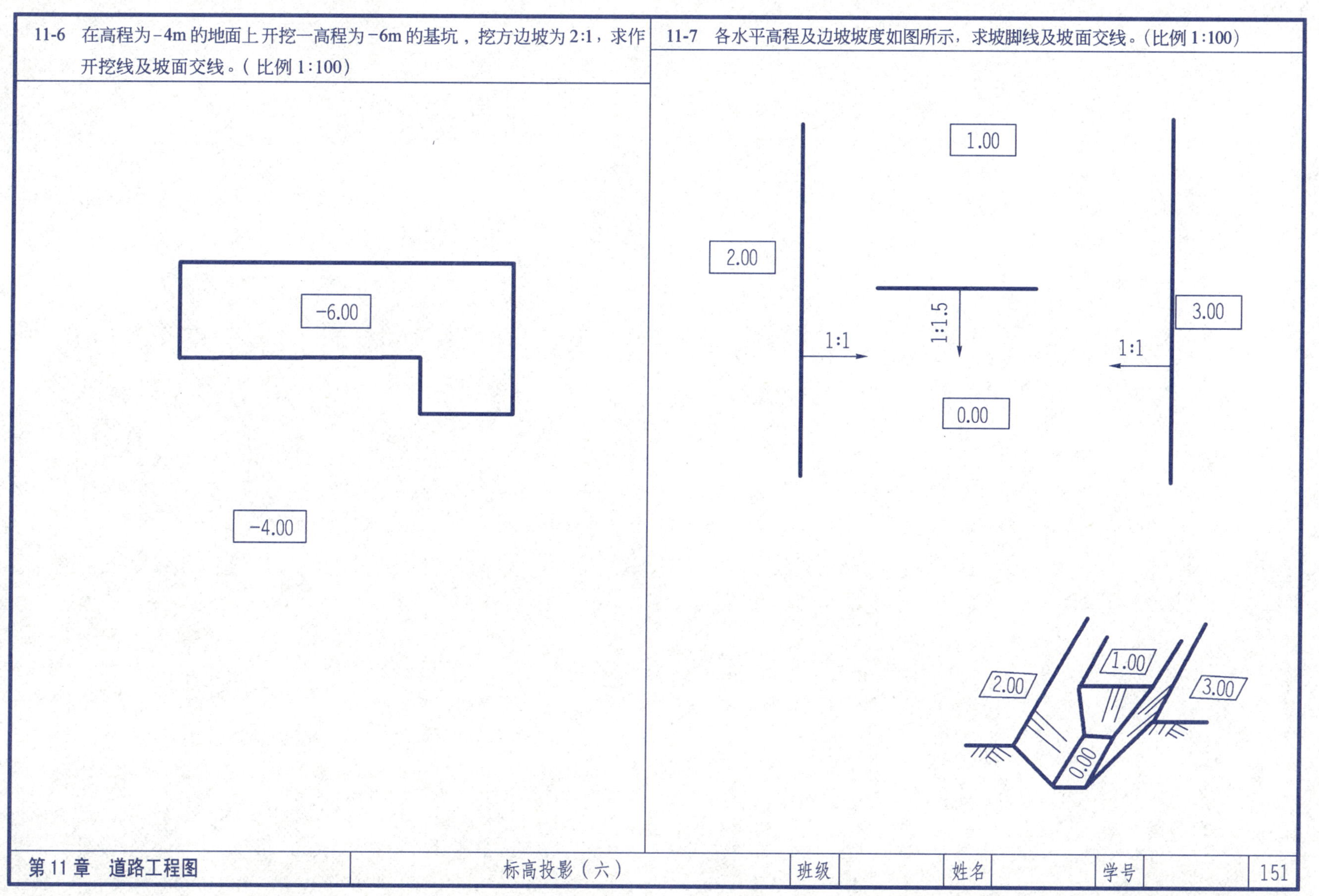
11-6 在高程为-4m的地面上开挖一高程为-6m的基坑，挖方边坡为2:1，求作开挖线及坡面交线。（比例1:100）
-6.00
-4.00
11-7 各水平高程及边坡坡度如图所示，求坡脚线及坡面交线。（比例1:100）
1.00
2.00
1:1
1:1.5
3.00
1:1
0.00
2.00
1.00
3.00
0.00
第11章 道路工程图
标高投影（六）
班级
姓名
学号
151

11-8 在高程为 1m 的平地上建筑大小二堤、堤顶高程及两侧边坡如图所示，求作坡脚线及坡面交线。(比例 1:500)

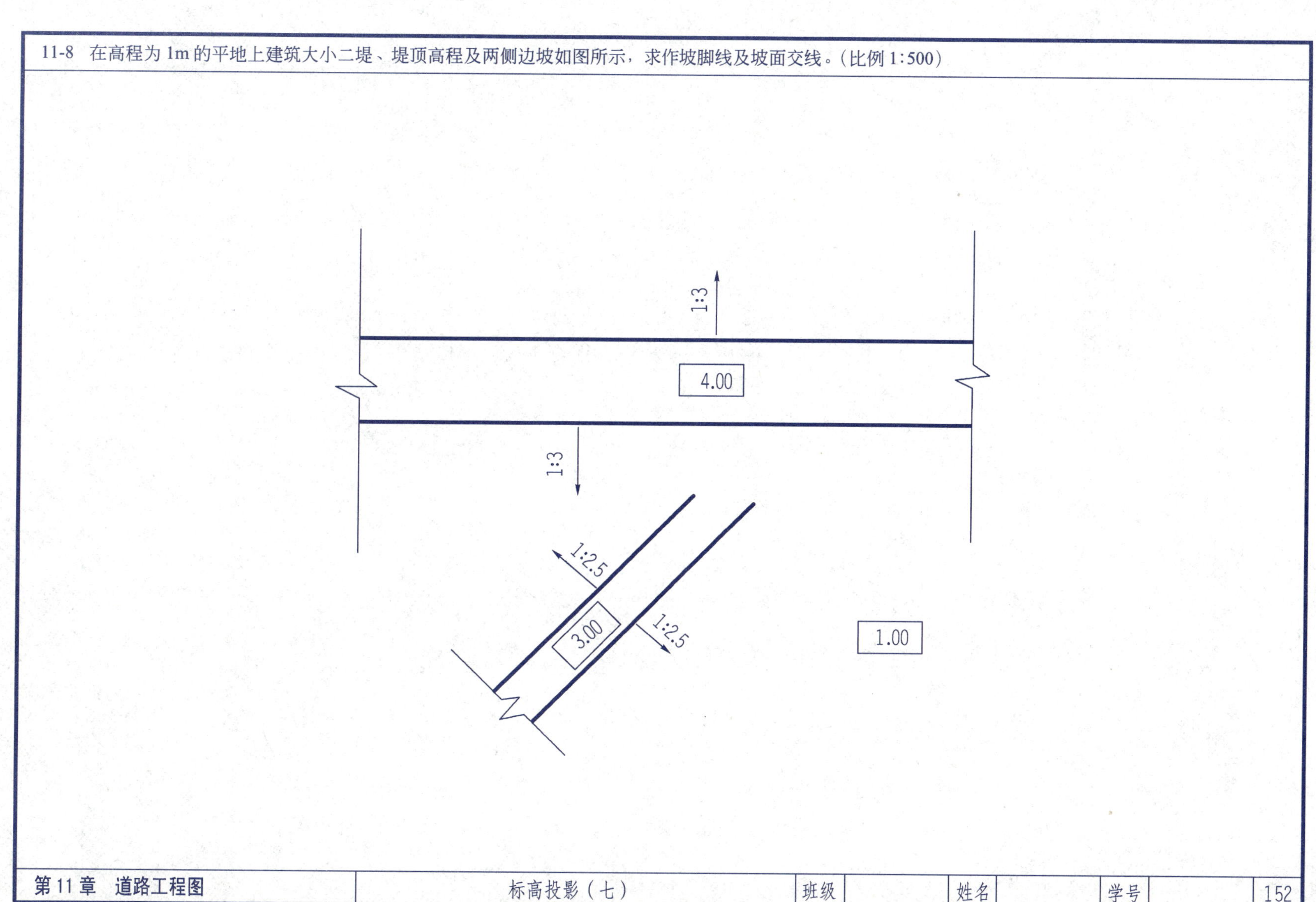

11-9 在山坡上开挖一水平场地，其高程为121m，已知挖方边坡为1:1。填方边坡为1:1.5，求开挖线、坡脚线和坡面交线。(比例1:200)

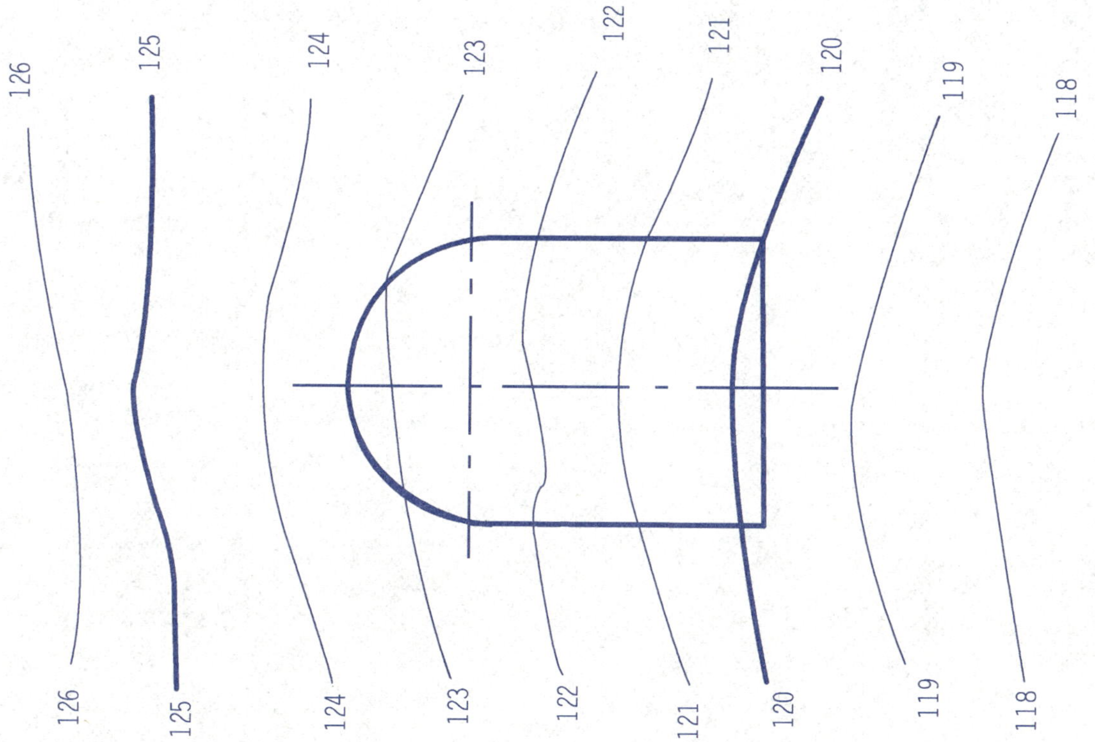

11-10　水平道路路面标高为 +46，填方坡度为 2／3，挖方坡度为 1，求作填挖方界线。

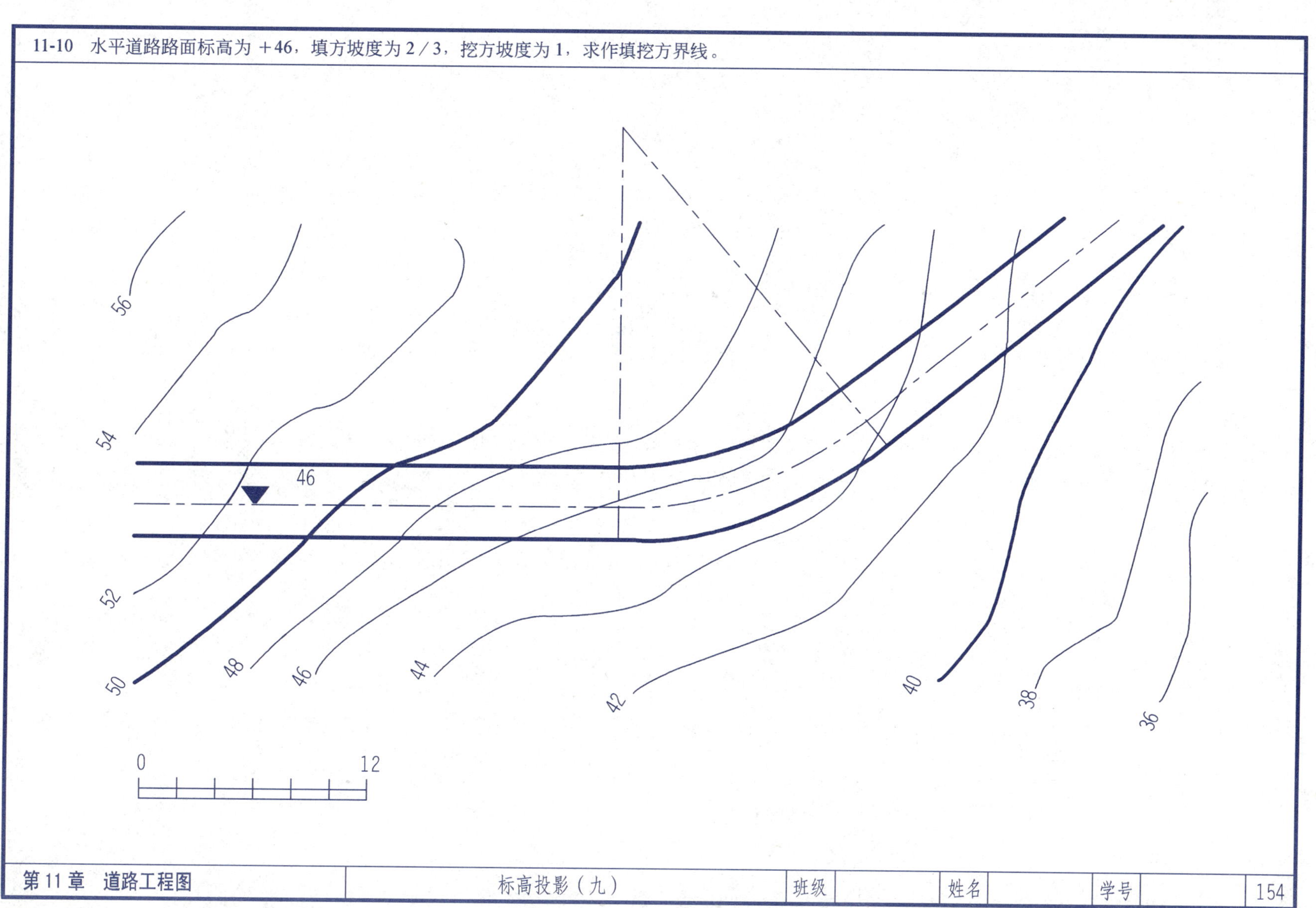

11-11 阅读下面的道路路线工程图，说明基本的地形、地物、路线的布置情况，并抄绘该图（采用方形坐标网格的方法确定地形、地物、路线的位置）。

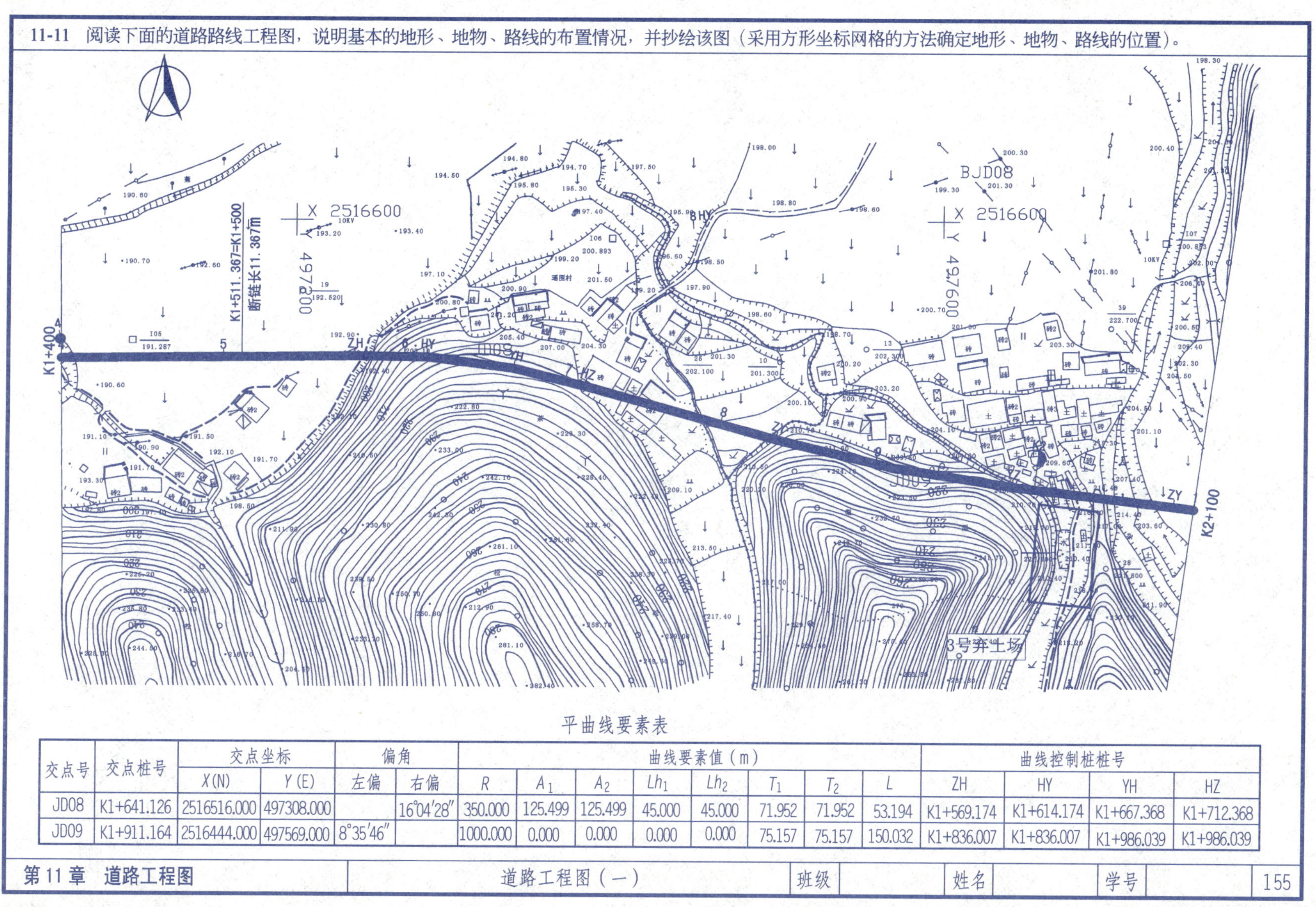

平曲线要素表

交点号	交点桩号	交点坐标		偏角		曲线要素值（m）								曲线控制桩桩号			
		X(N)	Y(E)	左偏	右偏	R	A_1	A_2	Lh_1	Lh_2	T_1	T_2	L	ZH	HY	YH	HZ
JD08	K1+641.126	2516516.000	497308.000		16°04′28″	350.000	125.499	125.499	45.000	45.000	71.952	71.952	53.194	K1+569.174	K1+614.174	K1+667.368	K1+712.368
JD09	K1+911.164	2516444.000	497569.000	8°35′46″		1000.000	0.000	0.000	0.000	0.000	75.157	75.157	150.032	K1+836.007	K1+836.007	K1+986.039	K1+986.039

11-12 阅读下面的道路路线从断面图，说明路线的设计情况和添挖情况及构造物的布置情况，并抄绘该图。

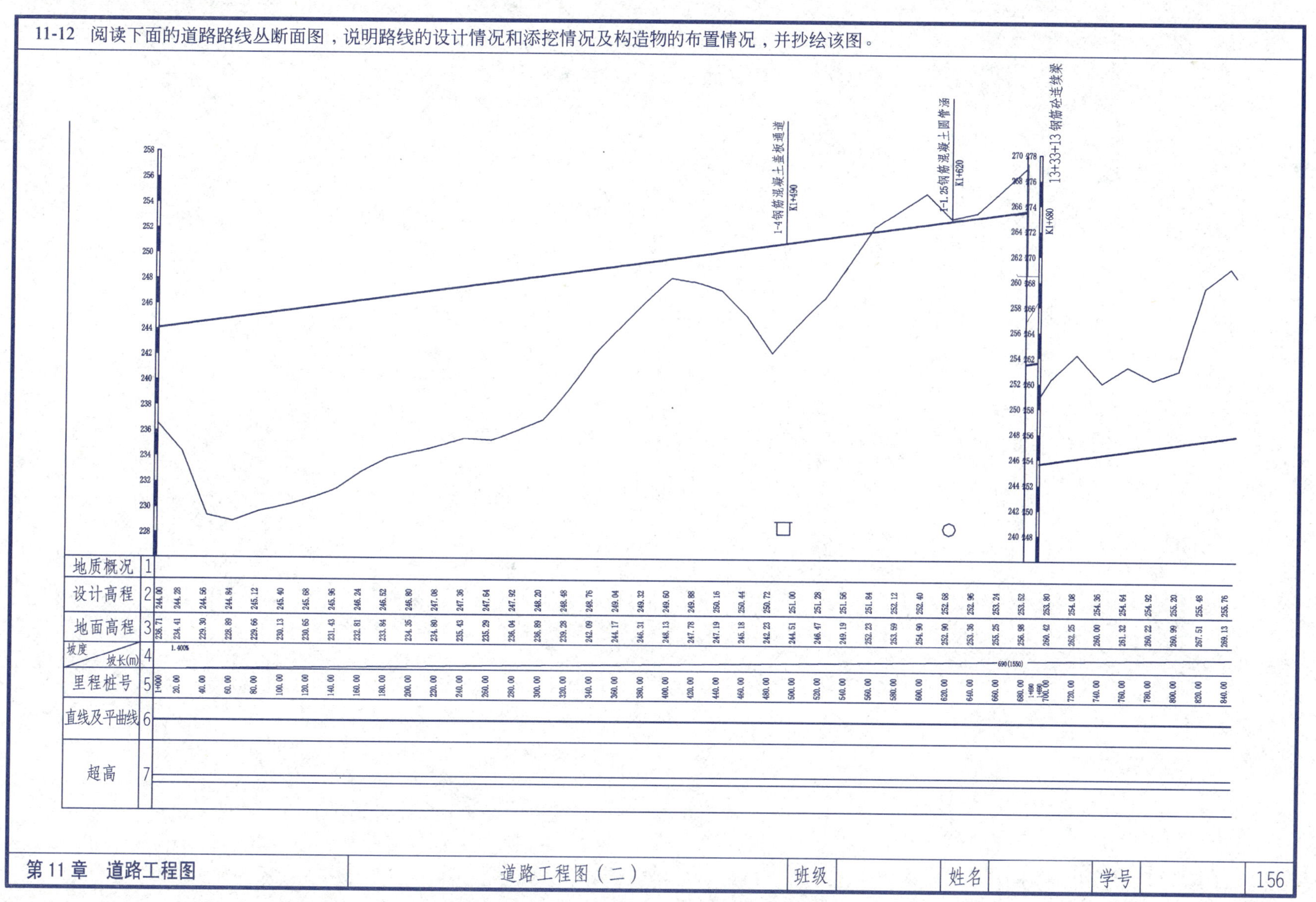

11-13　抄绘下面的道路路基横断面图。

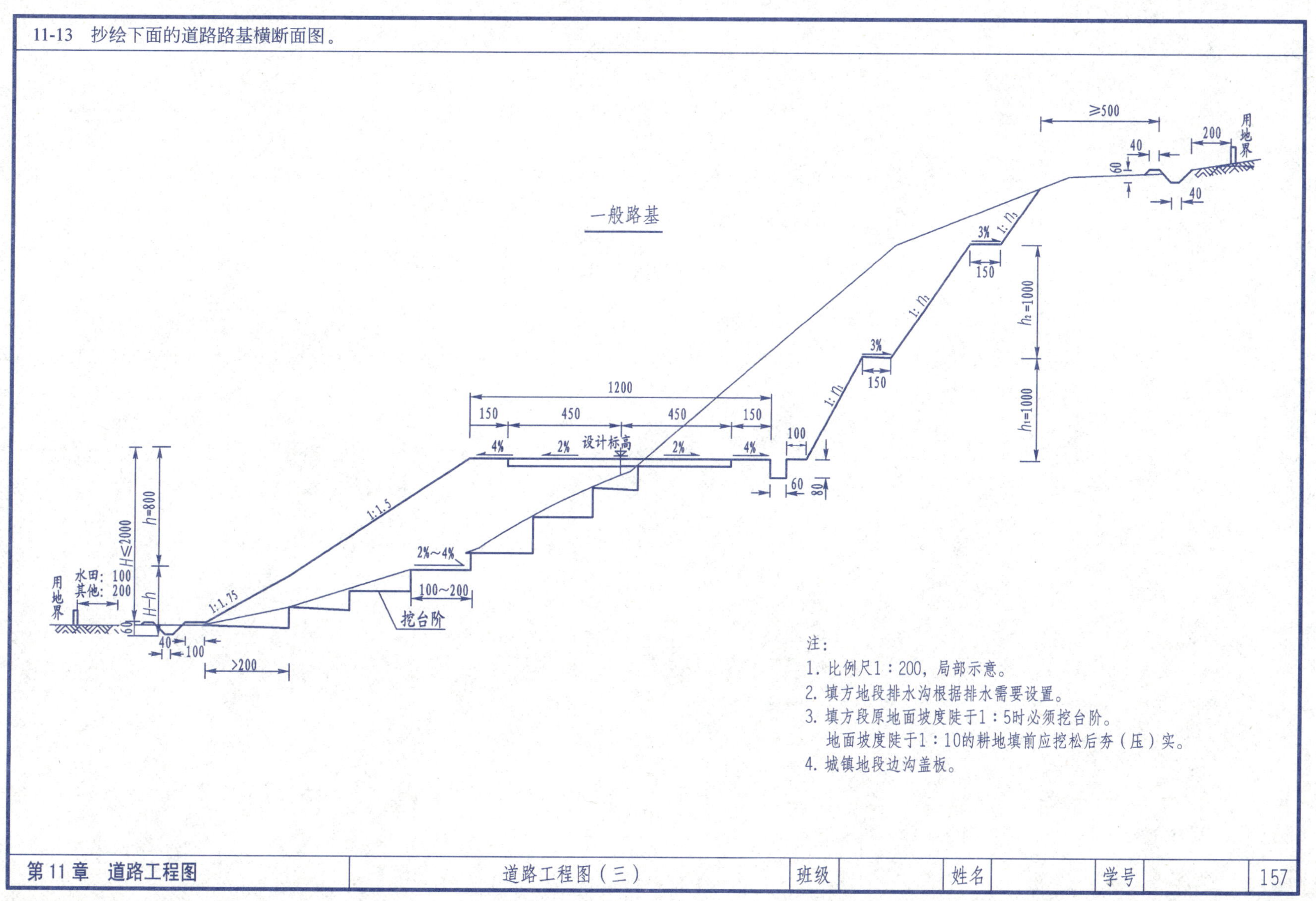

注：

1. 比例尺1：200，局部示意。
2. 填方地段排水沟根据排水需要设置。
3. 填方段原地面坡度陡于1：5时必须挖台阶。
   地面坡度陡于1：10的耕地填前应挖松后夯（压）实。
4. 城镇地段边沟盖板。

12-1 绘制下面的桥梁总体布置图。

总体布置图（一）

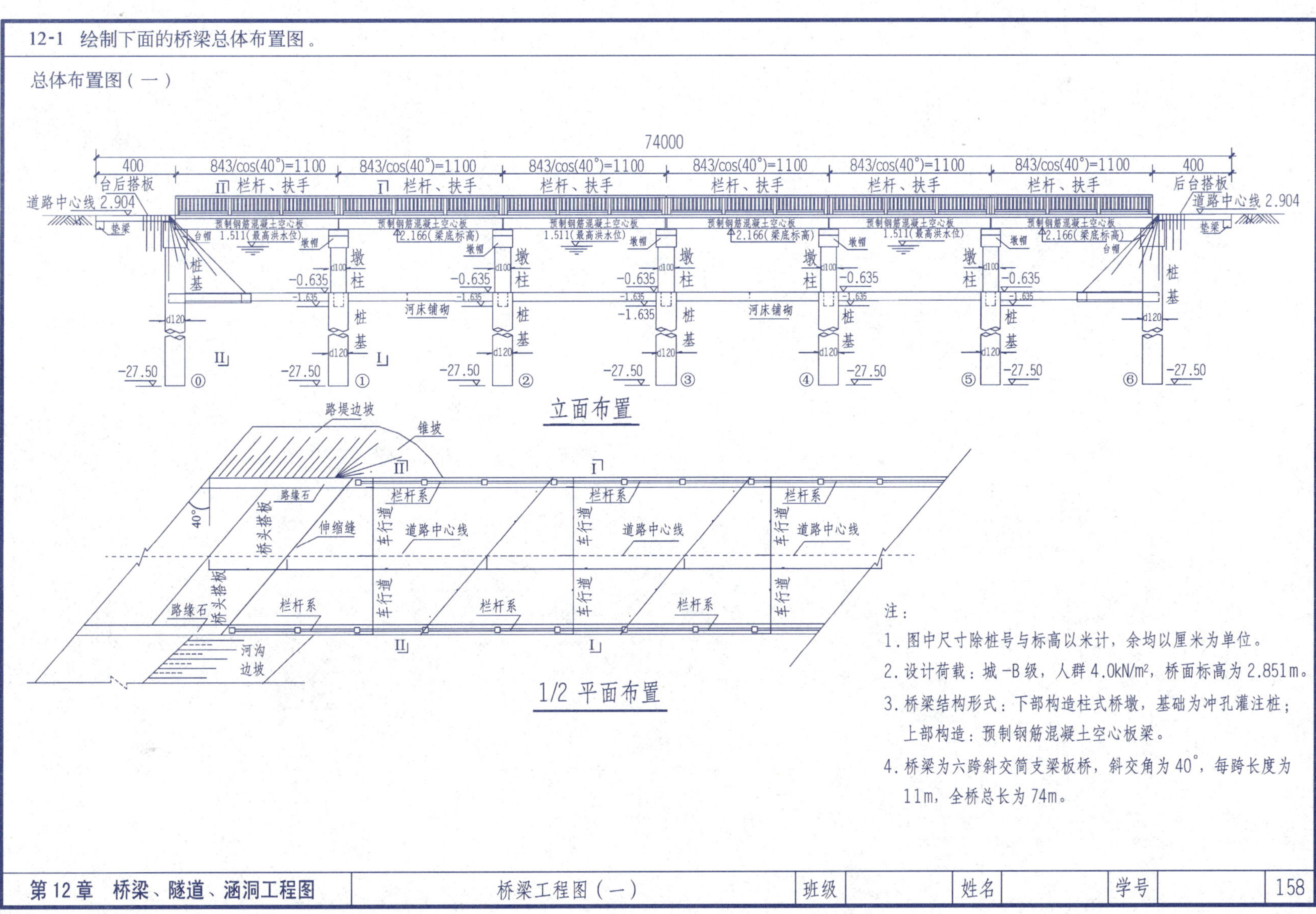

注：

1. 图中尺寸除桩号与标高以米计，余均以厘米为单位。
2. 设计荷载：城-B级，人群 4.0kN/m²，桥面标高为 2.851m。
3. 桥梁结构形式：下部构造柱式桥墩，基础为冲孔灌注桩；上部构造：预制钢筋混凝土空心板梁。
4. 桥梁为六跨斜交筒支梁板桥，斜交角为 40°，每跨长度为 11m，全桥总长为 74m。

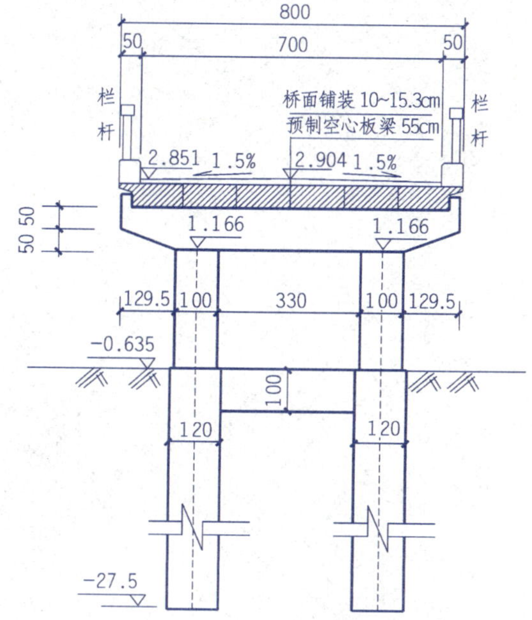

I-I 剖面图

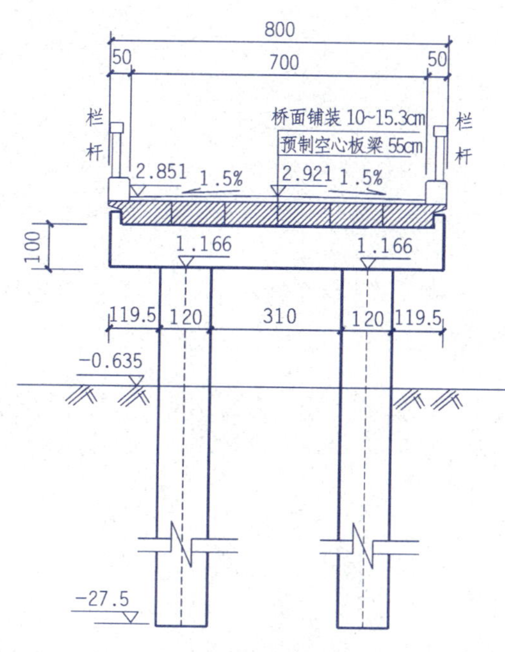

II-II 剖面图

注：

1. 本图尺寸以厘米为单位，比例：1:100
2. 每一孔桥预制空心板共 6 块，边块板 2 块，每块宽 11cm，中块板 4 块板，每块宽 124cm，间缝为 1cm。
3. 桥面总宽为 8m，桥面采用不等厚 10~15.3cm 的铺装层，桥面横坡为 1.5%。

12-2 阅读下面隧道衬砌断面构造图，说明其基本结构形式和特点。

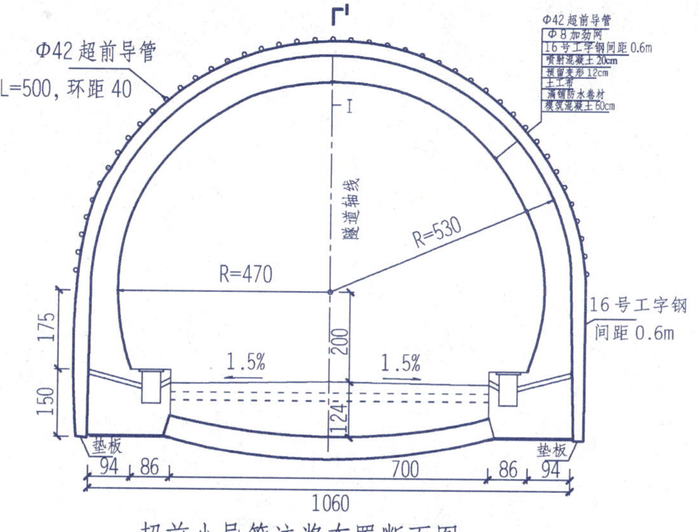

超前小导管注浆布置断面图 1:80

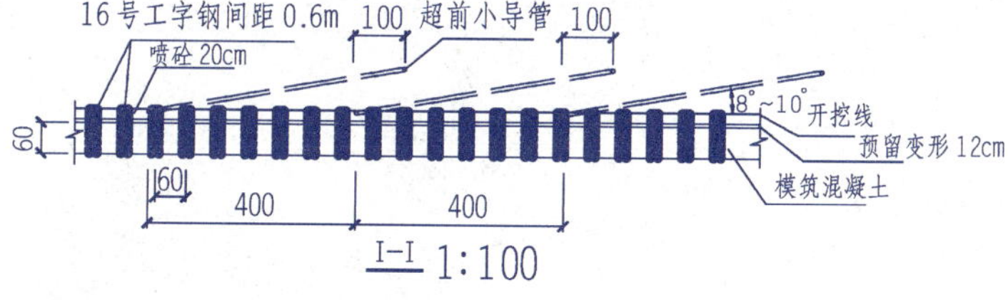

I-I 1:100

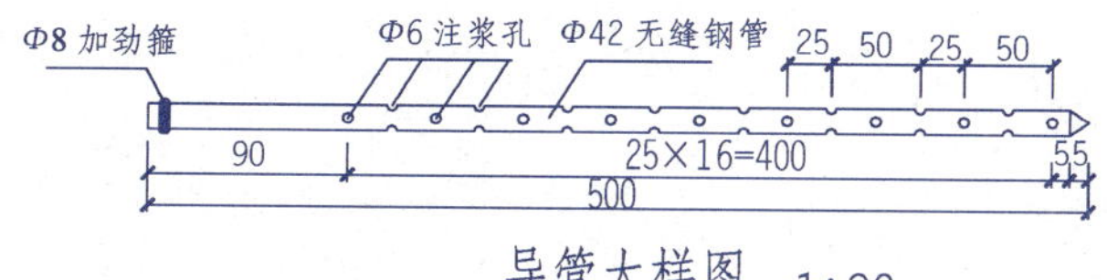

导管大样图 1:30

连接板大样 1:10

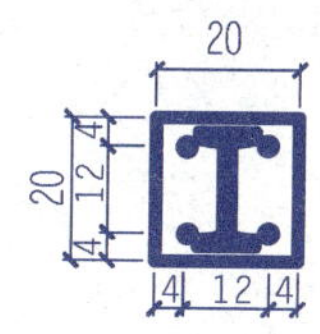

垫板大样 1:10

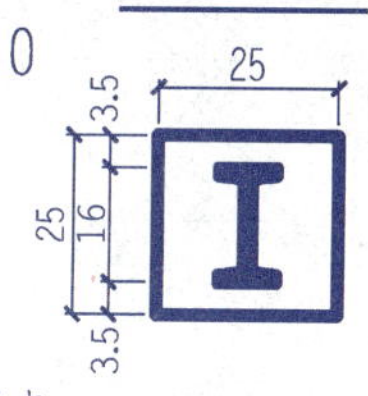

小导管工程数量表

工程名称	材料	单位	单根数量	根数	合计	单位
小导管注浆	Φ42mm 无缝钢管	kg	18.75	430	8062.5	GB8163-37
	加工 Φ6 漏浆孔	个	34	430	14620	
	Φ50mm 钻孔	m^3	5	430	2150	
	52.5 级水泥	kg	135	430	58050	
	水玻璃（30 波美度）	kg	151	430	64931	
	磷酸二氢钠（缓凝剂）	kg	4.1	430	1763	
	浆液体积	m^3	0.3	430	129	孔径 6 倍

工程数量表

工程名称		材料	单位	每延米数量	总长	合计	单位
喷锚支护	钢筋网	Φ8 钢筋	kg	74.66	41	3061.06	
	喷混凝土	C20	m^3	5.65	41	231.65	
	工字钢	16 号	m	39.2	41	1607.2	
	钢板		kg	77	41	1107	
洞身防水		防水卷材	m^2	21.4	41	877.4	
		土工布	m^2	21.4	41	877.4	

注：

1. 本图尺寸除钢筋、钢管直径以毫米计外，其余均以厘米计。
2. 超前小导管注浆采用外径Φ42mm，壁厚 42mm 的热轧无缝钢管加工制成，长 500cm，钢管前端加工成锥形，尾部焊接 8 钢筋加劲箍，管壁四周钻 φ6 漏浆孔。
3. 超前小导管注浆应有不小于 1m 的搭接长度，侧壁需向洞径外方向偏移 10~15 。
4. 本图适用 K5+155~K5+176.5 及 K5+494.5~K5+514 段，共长 41 米。
5. 钢筋网（Φ8 钢筋）呈 25×25cm 菱形，小导管加劲箍处与钢筋网捆接固定。喷射混凝土按 20% 的回弹量计入。
6. 超前小导管注浆采用水泥 + 水玻璃双液，其参数如下：
   ①. 注浆压力 1~2MPa　②. 水泥浆参考水灰比 1:1
   ③. 水泥强度等级 52.5 级　④. 水玻璃波美度为 30, 模数为 2.4
   ⑤. 水玻璃玻与水泥浆的参考体积比 1:1.5
7. 水玻璃玻与水泥浆双液必须现场试配。

12-3 抄绘下面的箱涵工程图。

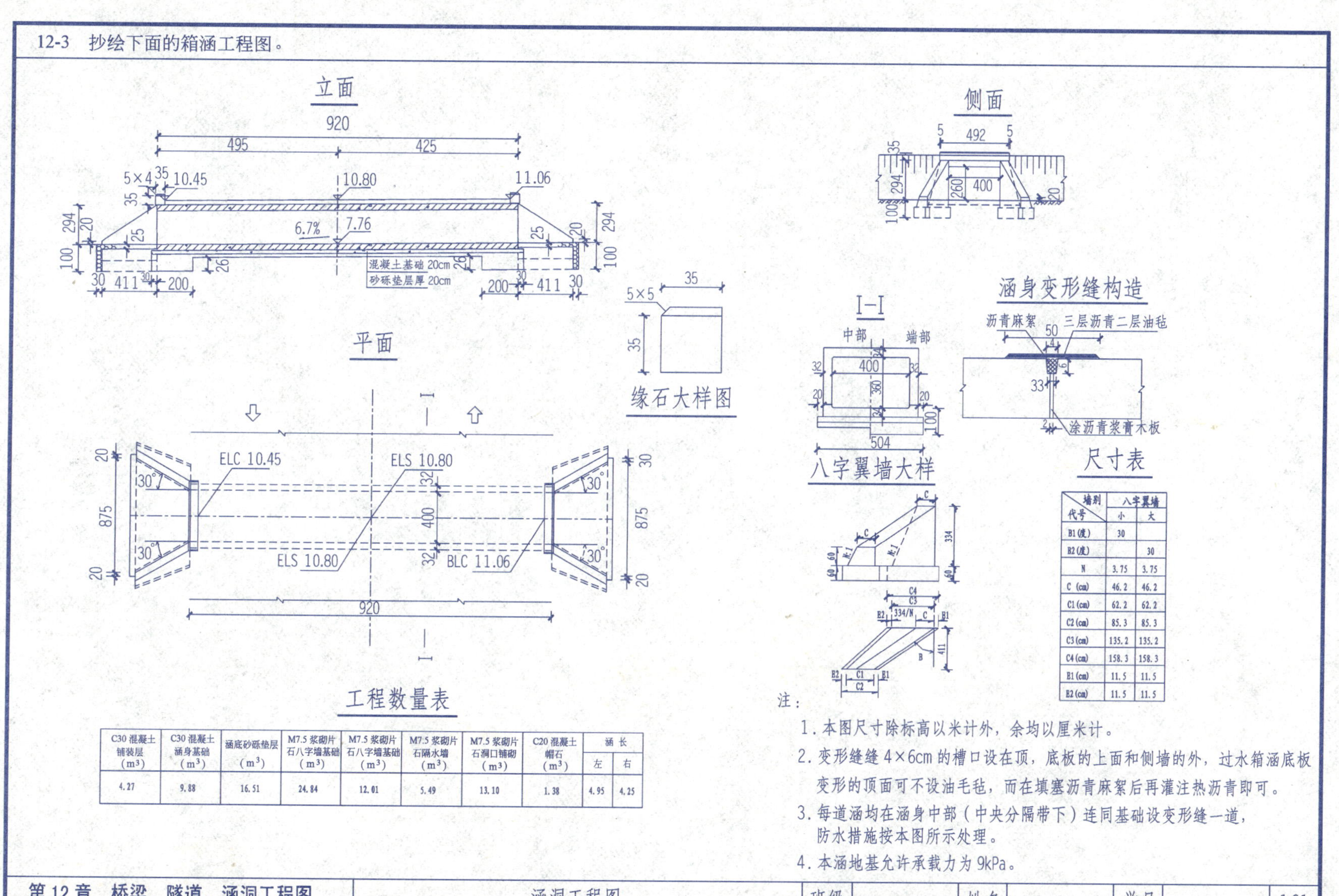

尺寸表

墙别 / 代号	八字翼墙	
	小	大
B1(度)	30	
B2(度)		30
N	3.75	3.75
C (cm)	46.2	46.2
C1(cm)	62.2	62.2
C2(cm)	85.3	85.3
C3(cm)	135.2	135.2
C4(cm)	158.3	158.3
B1(cm)	11.5	11.5
B2(cm)	11.5	11.5

工程数量表

C30 混凝土铺装层 (m^3)	C30 混凝土涵身基础 (m^3)	涵底砂砾垫层 (m^3)	M7.5 浆砌片石八字墙基础 (m^3)	M7.5 浆砌片石八字墙基础 (m^3)	M7.5 浆砌片石隔水墙 (m^3)	M7.5 浆砌片石洞口铺砌 (m^3)	C20 混凝土帽石 (m^3)	涵长	
								左	右
4.27	9.88	16.51	24.84	12.01	5.49	13.10	1.38	4.95	4.25

注：

1. 本图尺寸除标高以米计外，余均以厘米计。
2. 变形缝缝 4×6cm 的槽口设在顶，底板的上面和侧墙的外，过水箱涵底板变形的顶面可不设油毛毡，而在填塞沥青麻絮后再灌注热沥青即可。
3. 每道涵均在涵身中部（中央分隔带下）连同基础设变形缝一道，防水措施按本图所示处理。
4. 本涵地基允许承载力为 9kPa。

13-1 阅读下面土坝的平面布置图，说明其基本结构形式和主要构造物及特点。

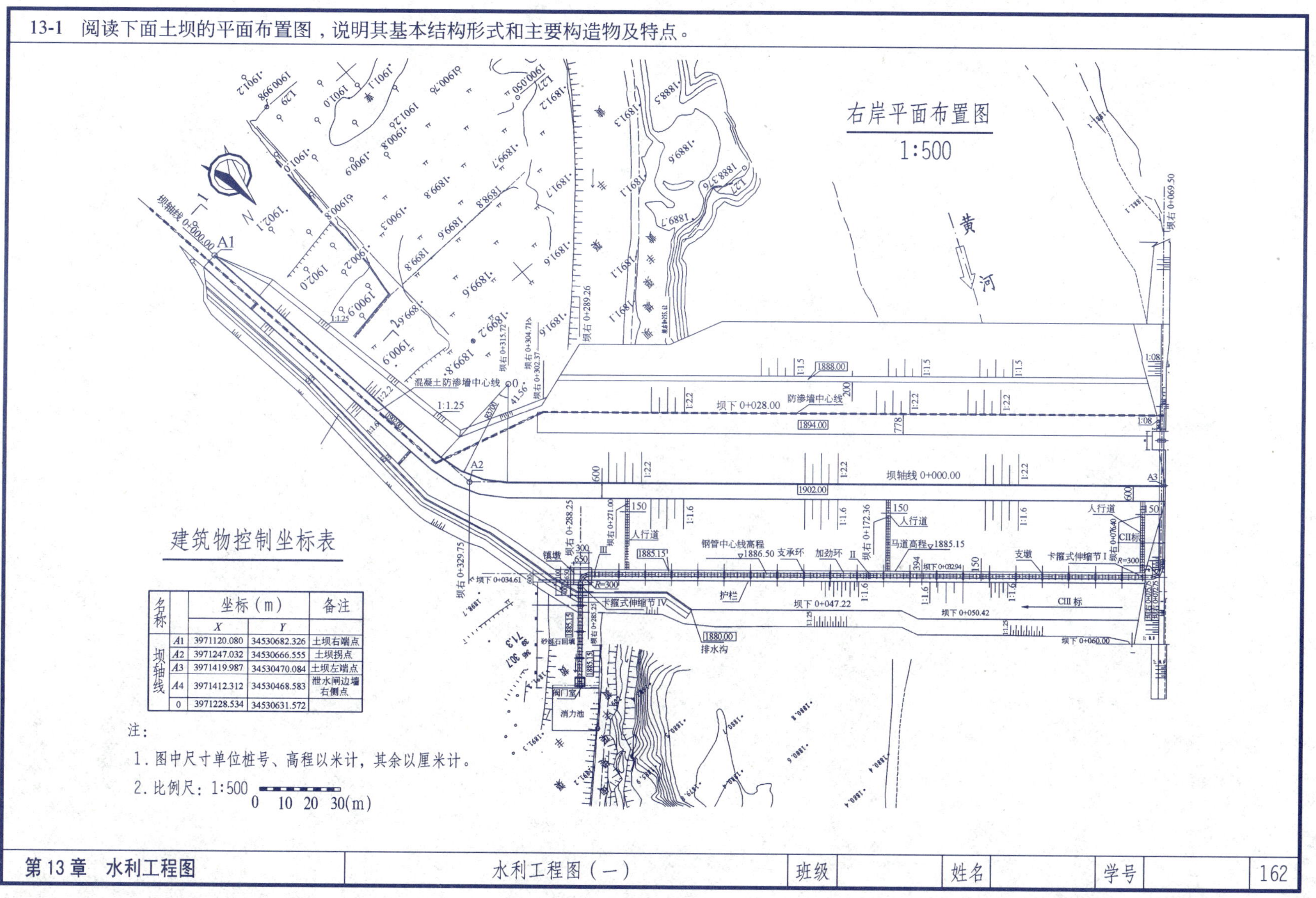

建筑物控制坐标表

名称		坐标（m）		备注
		X	Y	
坝轴线	A1	3971120.080	34530682.326	土坝右端点
	A2	3971247.032	34530666.555	土坝拐点
	A3	3971419.987	34530470.084	土坝左端点
	A4	3971412.312	34530468.583	泄水闸边墙右侧点
	0	3971228.534	34530631.572	

注：

1. 图中尺寸单位桩号、高程以米计，其余以厘米计。
2. 比例尺：1:500 0 10 20 30(m)

(2) 码头东侧立面图

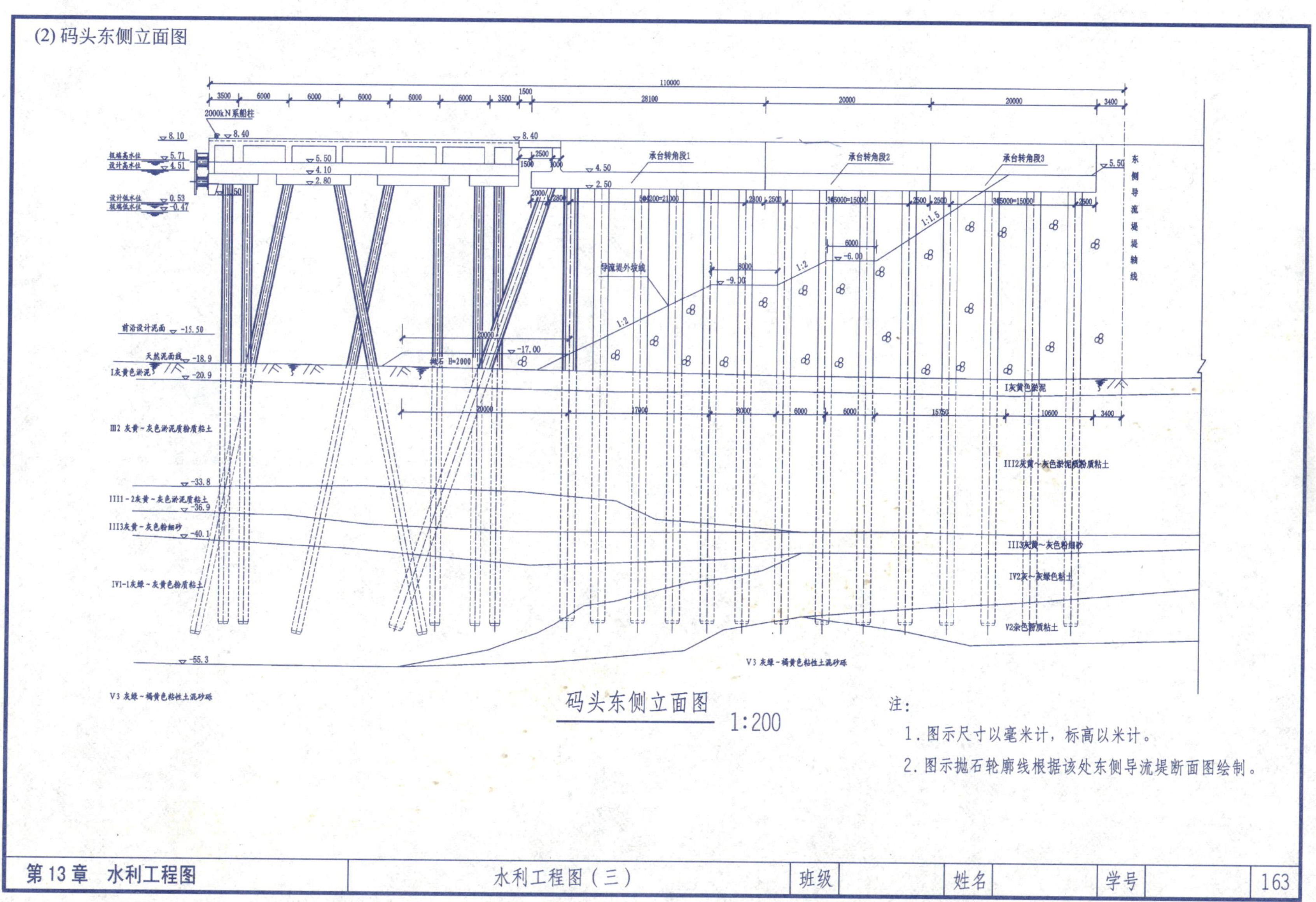

码头东侧立面图 1:200

注：

1. 图示尺寸以毫米计，标高以米计。
2. 图示抛石轮廓线根据该处东侧导流堤断面图绘制。

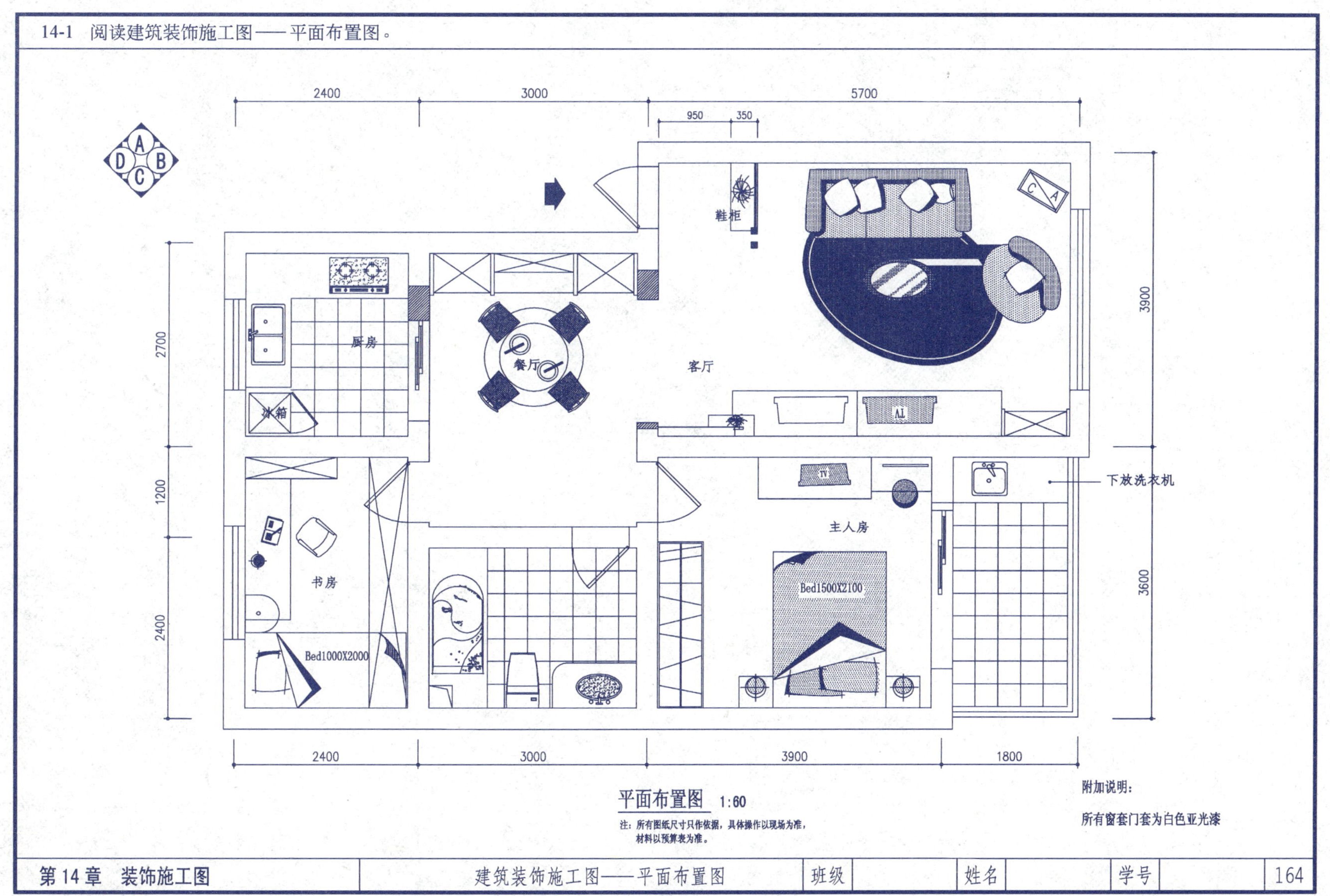

平面布置图 1:60

注：所有图纸尺寸只作依据，具体操作以现场为准，
材料以预算表为准。

附加说明：

所有窗套门套为白色亚光漆

14-2 阅读建筑装饰施工图——顶棚平面布置图。

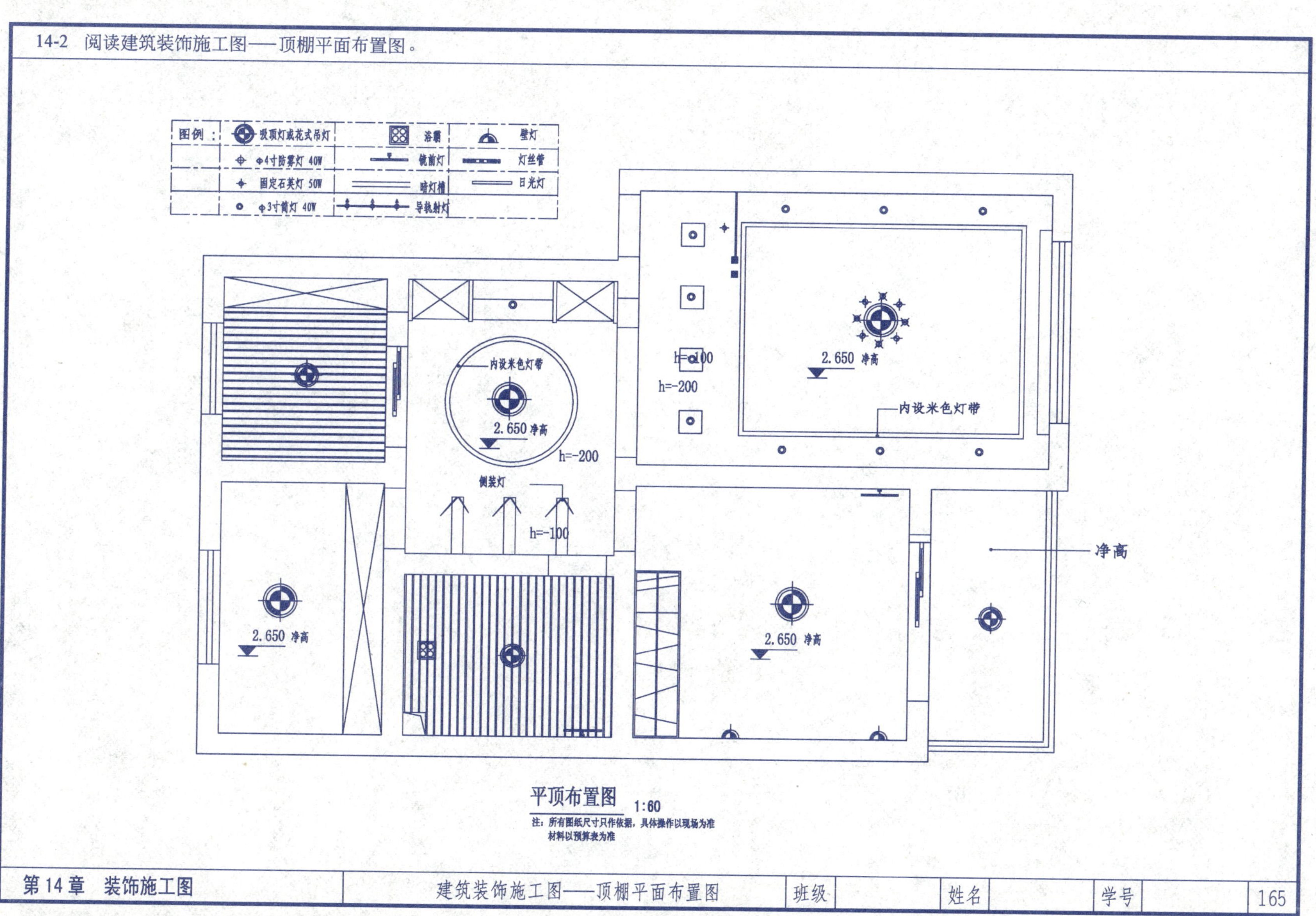

平顶布置图 1:60

注：所有图纸尺寸只作依据，具体操作以现场为准
材料以预算表为准

TV
330
600
280
120
40
820
40
1910
900
3560
600
1124
1440
墙纸面层，边装细灯管
白色乳胶漆饰面
灯带
装饰画
黑胡桃木饰面板
150
黑胡桃木饰面板
5MM无框玻璃门（内置MM玻璃搁板）
1790
次部分可活动
200
380
40
40
40
120
100
腾空
820
40
1900
600
900
3600
白色亚光漆面层抽屉
黑胡桃木饰面板
黑胡桃木饰面板
深度300MM，白色亚光漆面层
150
10
20
20
20
20
20
750
1100
挡线，白色亚光漆面层

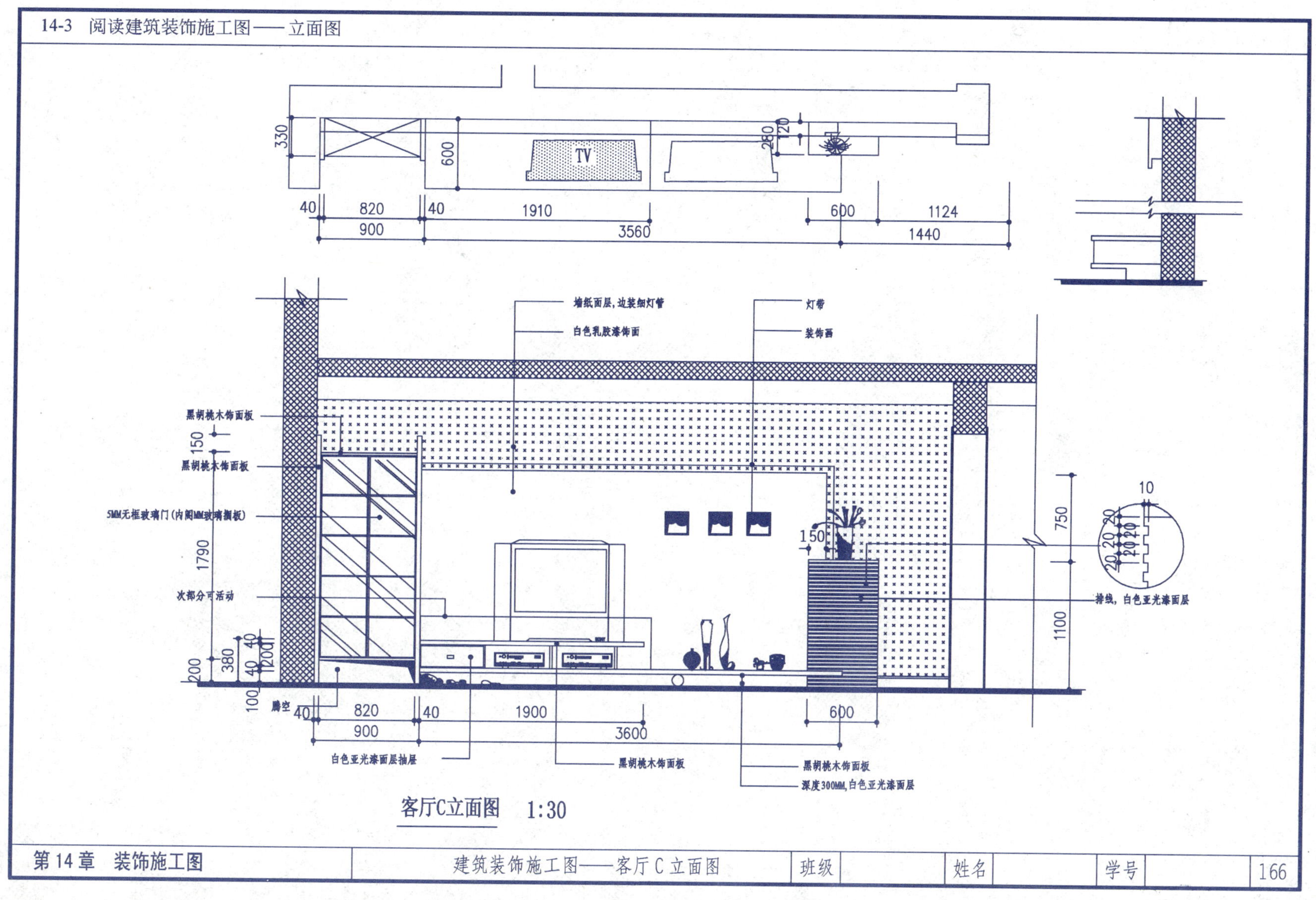

客厅C立面图 1:30

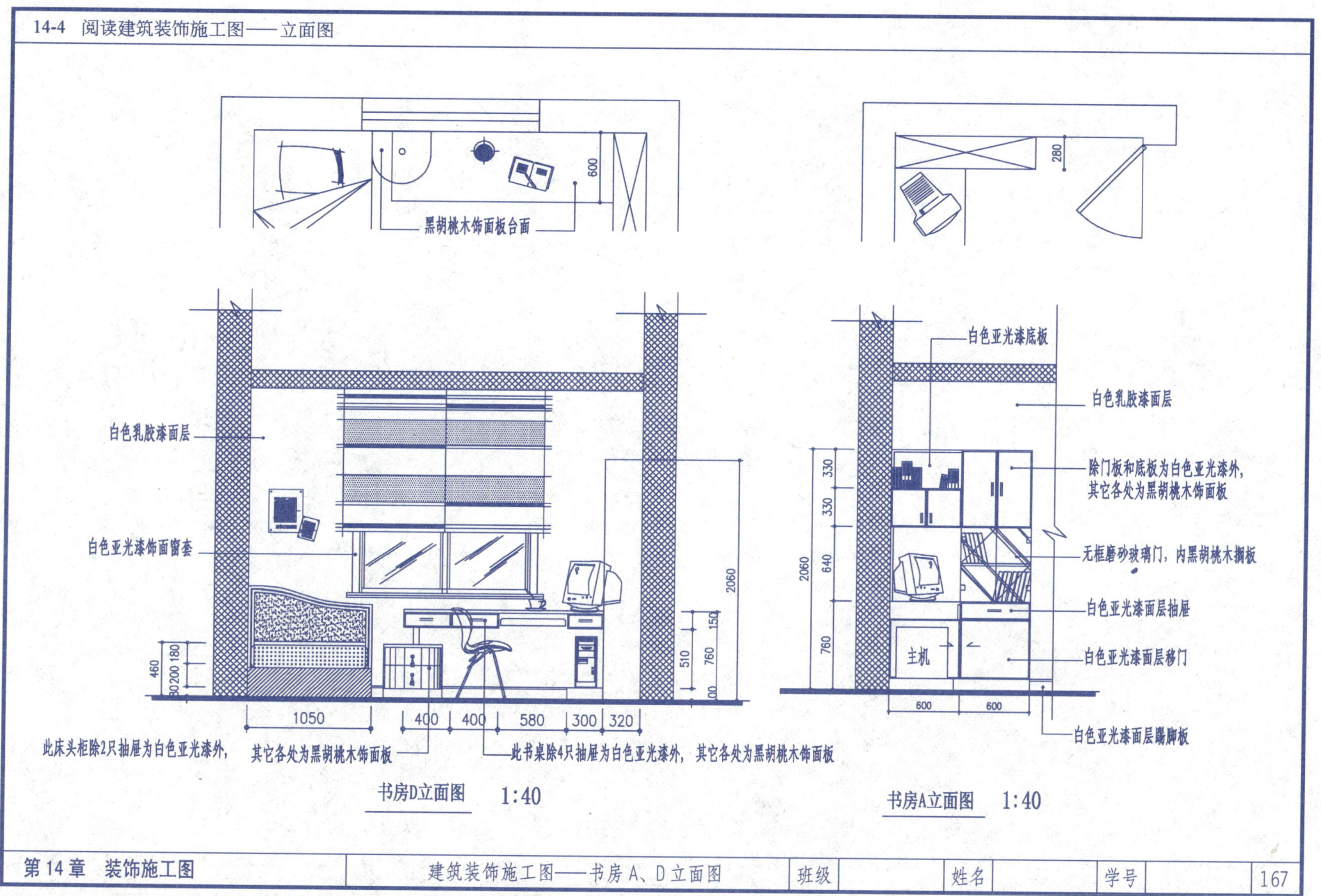

书房D立面图 1:40

书房A立面图 1:40

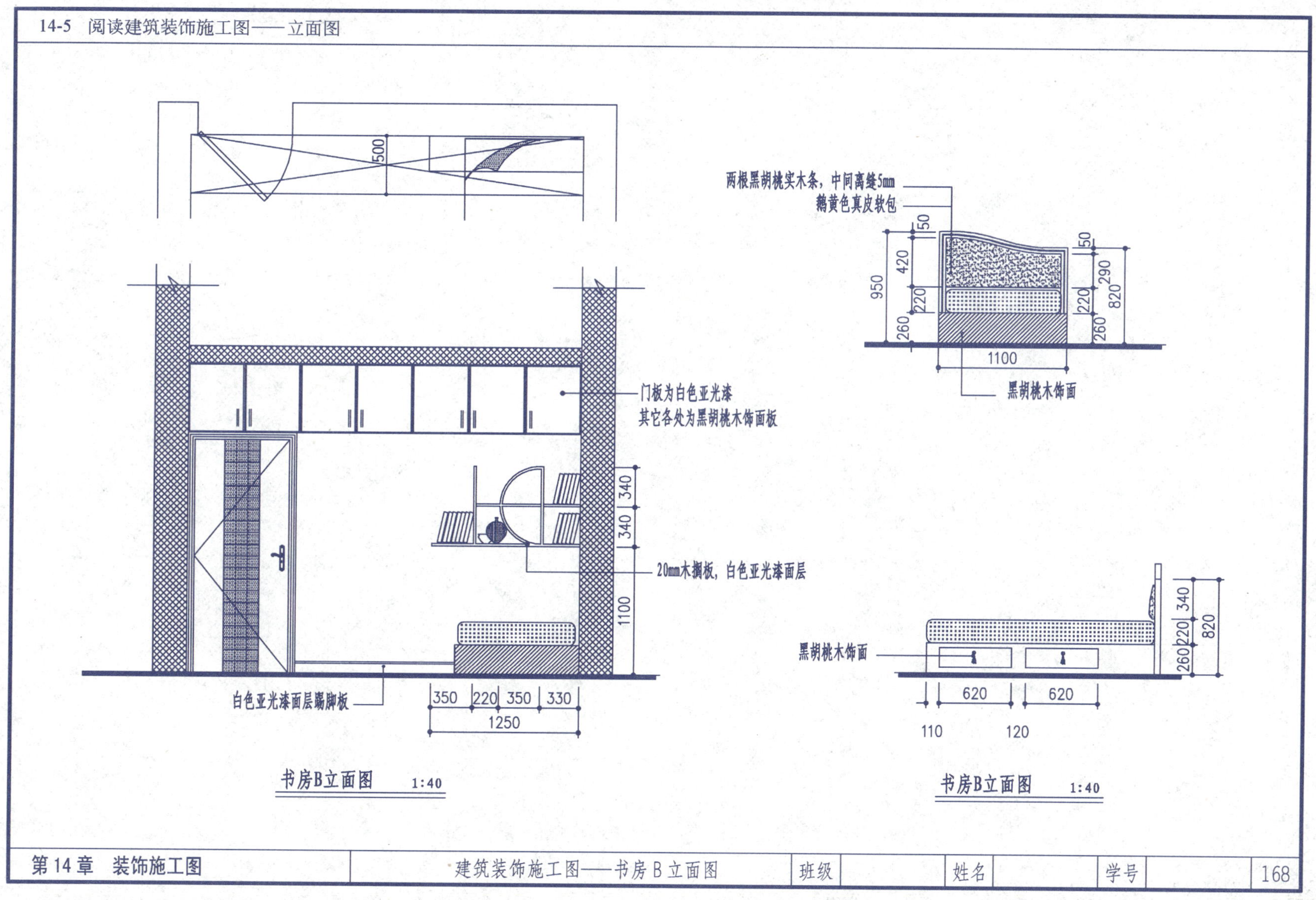

书房B立面图 1:40

书房B立面图 1:40